Schnitte und Stanzen

Ein Lehr- und Nachschlagebuch

für Studium und Praxis

von

Ernst Göhre

Betriebsingenieur

Erster Band: Schnitte

Mit 183 Abbildungen im Text

und auf 2 Tafeln

Leipzig

Verlag von Otto Spamer

1927

ISBN-13: 978-3-642-98911-7   e-ISBN-13: 978-3-642-99726-6
DOI: 10.1007/978-3-642-99726-6

Vorwort

Das Bestreben der Massenfertigung in der feinmechanischen Industrie, durch vielseitigste Anwendung von Stanzteilen eine Verbilligung der Fabrikation zu erreichen, hat der Stanzerei in diesem Produktionszweige zu einem großen Aufschwung verholfen, so daß manche Firmen heute ihre Fabrikate als reines Stanzgut auf den Markt bringen. Da aber in der Feinmechanik viel größere Anforderungen an die Sauberkeit und Genauigkeit der Einzelteile gestellt werden als in anderen Industriezweigen, so mußte sich notwendigerweise auch der Schnitt- und Stanzenbau diesen Ansprüchen gemäß verfeinern. Durch seine Umstellung auf Fertigung von präziseren Werkzeugen ist die ausgiebige Anwendung von gestanzten Konstruktionsteilen erst zur Tatsache geworden. Die Erfahrungen, die zur Anfertigung von gut funktionierenden Werkzeugen, zur richtigen Wahl der Werkzeugart und zur Konstruktion derselben für einen betreffenden Stanzteil notwendig sind, mußte man sich zum großen Teil in der Praxis selbst oder durch persönliche Übermittlung von Fachkollegen verschaffen. Man bedurfte jahrelanger Praxis in der Anfertigung von Stanzereiwerkzeugen, um sich ein gewisses Maß von Kenntnissen zu erwerben; denn der bereits weiter fortgeschrittene Fachkollege hielt vorsichtig mit seinen Erfahrungen zurück und hütete sie als Geheimnis. Aus der bereits erschienenen Fachliteratur kann wohl der Fachmann viel Anregung entnehmen, aber der sich in dieses Gebiet einarbeitende Industriejünger findet nicht die erforderliche Grundlage, die er, wie bereits betont, nur in der Praxis erreichen kann. Den Weg zum Können und die dazu erforderliche Praxis abzukürzen soll Zweck dieser Lehrschrift sein. — Die Anregung, auf diesem Gebiet etwas Grundlegendes zu schaffen, verdanke ich Herrn Betriebsdirektor Büngner der AEG.

Um den Gesamtstoff der Stanzereitechnik in der feinmechanischen Industrie systematisch aufzubauen, war eine weitestgehende

Zergliederung in die Elementarteile dieses großen Gebietes notwendig. Der vorliegende erste Band beschäftigt sich nur mit den
Schnitten, deren verschiedenartigste Formen und Arbeitsweisen
dem Leser vor Augen geführt werden sollen. Mancher wird vielleicht
eine Behandlung der vereinigten Schnittbiege- oder Schnittstanz-
werkzeuge, die auch allgemein als Verbundwerkzeuge angesprochen
werden, in diesem Buche vermissen. Diese wurden absichtlich dem
ersten Teile ferngehalten, weil erst nach der Besprechung der
Biege- und Stanzwerkzeuge ein volles Verständnis für die Wirkung
und Anwendbarkeit der Verbundwerkzeuge erhofft werden kann.
Ebensowenig wird der Leser genaue Angaben über die Anfertigung
der Schnitte in den vorliegenden Zeilen finden. Sie sind einer
späteren Arbeit vorbehalten, die auch eine Besprechung der in der
Stanzerei gebräuchlichen Maschinen sowie eine betriebswissen-
schaftliche Untersuchung der Stanzerei bringen soll.

Berlin, im Januar 1926.

Der Verfasser.

Inhalt

———

A. Allgemeines

Baustoffe

Die Werkstoffe, aus denen die Schnitte gefertigt werden, sind Stahl und Eisen. Stahl wird in der Hauptsache für die schneidenden Elemente verwendet. Das Eisen bildet den Baustoff für die übrigen Teile des Schnittes. Für die schneidenden Elemente kann nicht jeder beliebige Stahl verwendet werden, sondern es sind hierfür Stahlsorten von besonderer Zähigkeit und Härte notwendig, die sich beim Härten nicht verziehen dürfen, da sonst die Schneidelemente nicht mehr zueinander passen. Ein Stahl von diesem Gütegrad kommt mit der Bezeichnung „extra zähhart" in den Handel. Diese Qualität wird besonders für normalbeanspruchte Schnitte bevorzugt. — Für Schnitte, von denen eine hohe Schneidhaltigkeit verlangt wird, haben die Stahlfirmen einen mit Chrom legierten Stahl hergestellt. Dieser Spezialstahl darf nur in Öl oder Luft gehärtet werden und wird deshalb als Öl- oder Lufthärter bezeichnet. Er besitzt bei genügender Zähigkeit höchste Härte und bietet größte Gewähr gegen Schwinden und Verziehen beim Härten. Deshalb wird der Ölstahl nicht allein für hochbeanspruchte Schnitte, sondern auch vorzugsweise für komplizierte Schnittformen verwendet. Er ist jedoch für hohen Schnittdruck, auf die Umfangseinheit bezogen, infolge seiner außerordentlichen Härte und geringen Elastizität nicht besonders geeignet, weil er leicht springt. Man nehme deshalb für Schnitte, von denen das Verarbeiten starker Bleche verlangt wird, guten Werkzeugstahl. Gegenüber dem extra zähharten Stahl, dessen Härtetemperatur bei etwa 750° oder Dunkelrotglut liegt, hat er seine Härtetemperatur bei 850 bis 950° oder Rotgelb- bis Gelbglut. Der extra zähharte sowie der Öl-Stahl können je nach Bedarf angelassen werden.

Bei Beschaffung des Stahles für Schnitte sollte man sich nicht vom Preise beeinflussen lassen. Billige Qualitäten entsprechen meist nicht den an sie zu stellenden Anforderungen; die teurere, aber bessere Qualität ist stets die billigere, weil man weniger Ausfall durch Verziehen und Zerspringen beim Härten hat und die Schneidhaltigkeit eine bessere ist. Außerdem soll man nicht vergessen, daß das Nacharbeiten der verzogenen und die Neuanfertigung der gesprungenen Schneidelemente dem Werkzeugmacher die Freude an der Arbeit nehmen. Das Nacharbeiten des verzogenen Schneidelementes oder dessen Neuanfertigung wird dann meist mit weniger Gewissenhaftigkeit ausgeführt.

Außer den angeführten Stahlsorten, die in der Hauptsache in rechteckigen und runden Profilen in den verschiedensten Dimensionen Verwendung finden, ist rundgezogener Silberstahl für kleine runde Schnittprofile gut geeignet und bevorzugt. Der gezogene Silberstahl ist in Abmessungen von 0,1 mm steigend erhältlich. Gute Qualitäten haben höchstens eine Differenz von 0,02 mm in der Stärke und sind im gezogenen Zustand ohne jede Bearbeitung für die Schneidelemente verwendbar. Dieser Stahl erspart das sonst bei gewalztem Material notwendige Bearbeiten durch Drehen auf den gewünschten Durchmesser.

Die in den meisten Fällen anzuwendenden Bearbeitungsmethoden für die Baustoffe sind Hobeln, Fräsen, Feilen, Bohren und Drehen. Gehärtete Teile werden auf der Rund- oder Flächenschleifmaschine bearbeitet.

Die richtige Auswahl der hier angeführten Stahlsorten ist der folgenden Aufstellung zu entnehmen:

Für Eisen, Messing, Kupfer usw. bis Papier und papierähnliche Werkstoffe wird extra zähharter Stahl in entsprechend abgestuften Härtegraden durch Anlassen bis Dunkelgelb (für Metalle) verwendet, für Papier und papierähnliche Werkstoffe extra zähharter Stahl in Naturhärte, d. h. also: nichtgehärteter Stahl.

Für Stahlblech, Dynamoblech, legiertes Blech, Bronze, Bandstahl oder sonstige federharte Werkstoffe wird Öl - Stahl benutzt.

Für Isolierstoffe wie Pertinax, Glimmer usw., welche die Schneidelemente infolge ihrer Zusammensetzung schnell stumpfen, ist Öl-stahl zweckmäßig.

Die Arbeitsbegriffe Ausschneiden und Lochen

Mit den Schnittwerkzeugen kann man zwei Arbeitsoperationen vornehmen, und zwar Ausschneiden und Lochen. Das „Ausschneiden" eines Teiles aus der Platte bezweckt die Verwertung desselben als Gebrauchsware, während der übriggebliebene Werkstoff Abfall darstellt (Abb. 1). Im Gegensatz hierzu versteht man unter „Lochen" das Ausschneiden eines beliebig umgrenzten Teiles aus einer Platte in der Absicht, nicht den ausgeschnittenen Teil als Gebrauchsware zu verwenden, sondern den Restteil (Abb. 2).

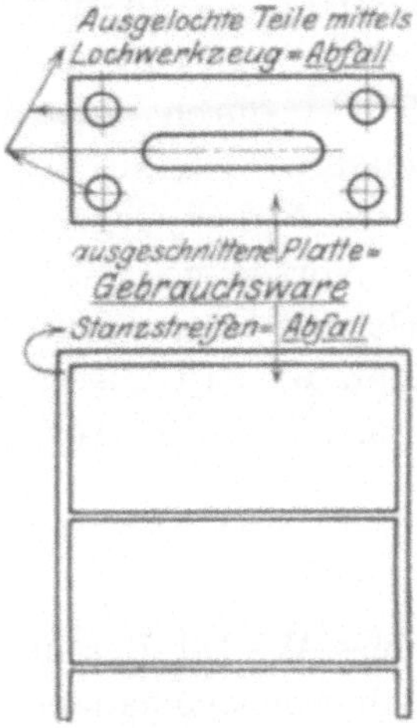

Abb. 1 u. 2.

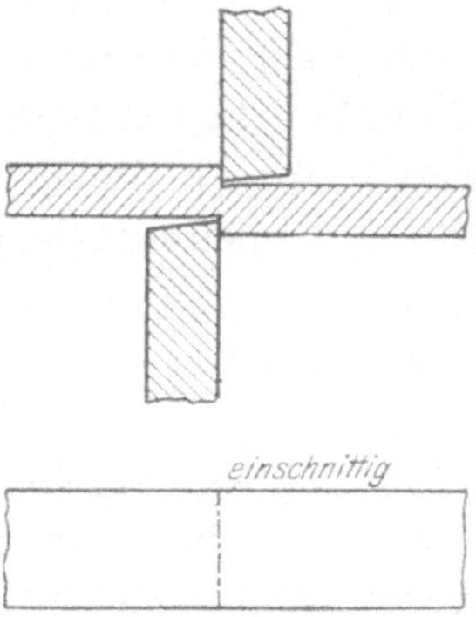

Abb. 3.

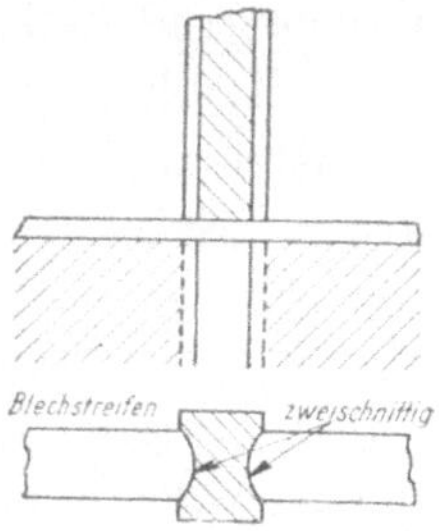

Abb. 4.

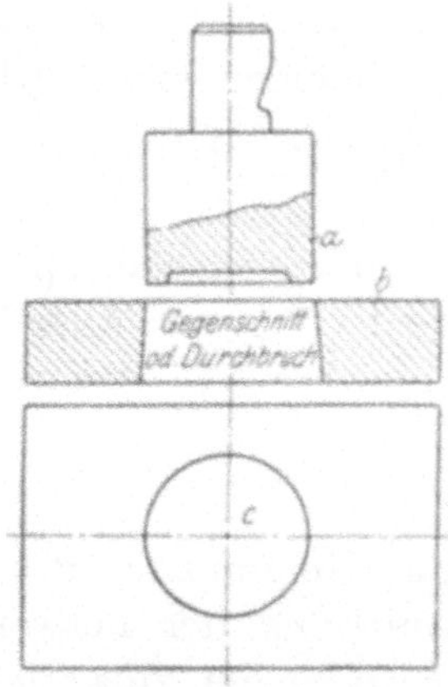

Abb. 5.

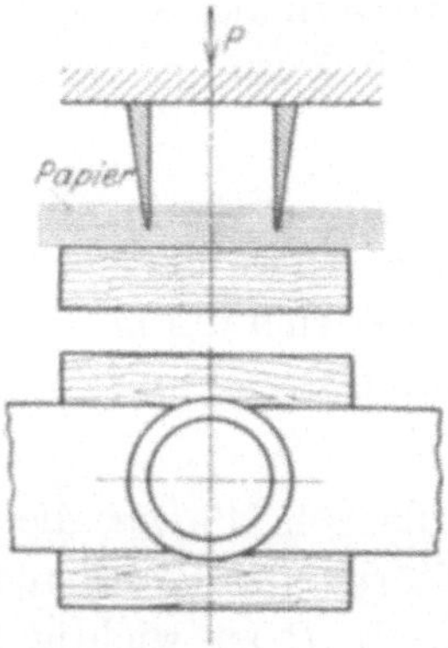

Abb. 6.

Das zu der ersten Arbeitsoperation benötigte Werkzeug bezeichnet man als „Umgrenzungsschnitt", hingegen wird für die zweite der sogenannte „Lochschnitt" verwandt. Beiden Arbeitsoperationen, dem Ausschneiden sowie Lochen von Teilen, liegt der Schervorgang zugrunde. In beiden Fällen haben wir es mit einem ge-

1*

schlossenen Schnitt im Sinne des Verlaufs der Scherlinie zu tun. Von diesem unterscheidet man einen einschnittigen Schervorgang (Abb. 3, Arbeitsweise der Schere) und einen zweischnittigen Schervorgang (Abb. 4, Arbeitsweise des Abhackschnitts). — In der Metallstanztechnik haben wir es stets mit Werkzeugen zu tun, die gegenschnittig arbeiten, bei denen also der Effekt durch einen Schneidstempel a und eine Schnittplatte b erzeugt wird (Abb. 5). Hierbei bildet der Durchbruch der Schnittplatte b den Gegenschnitt c. Ohne Gegenschnitt arbeiten meist die Werkzeuge in der Papier- und Lederindustrie. An die Stelle des Gegenschnittes tritt eine Hartholz- oder Stanzpappenunterlage (Abb. 6). In dieser Industrie werden diese Werkzeuge als „Messerschnitte"[1] (alter Ausdruck „Stanzmesser") bezeichnet.

Der Schervorgang

Unter Scheren versteht man das Trennen eines Werkstoffes in der Weise, daß die Körperteilchen zweier unmittelbar nebeneinander liegender Flächen parallel zu diesen verschoben werden. Den Widerstand, den der Werkstoff dem Verschieben seiner Körperteilchen entgegengesetzt, bezeichnet man als Scherfestigkeit. Die erforderliche Kraft P für das Ausschneiden eines Cylinders nach Abb. 7 ist

$$P = d \cdot \pi \cdot s \cdot Ks,$$

worin s die Werkstoffdicke und Ks die Scherfestigkeit pro mm² bedeuten. Diese Formel hat nur Gültigkeit für runde Ausschnitte. Handelt es sich um beliebig umgrenzte Ausschnitte, so benutze man die Formel

$$P = F \cdot Ks.$$

F ist die Scherfläche, die sich ergibt aus Umgrenzung des Teiles mal Stärke des Werkstoffes. Die Ermittlung der notwendigen Scherkraft P ist wichtig für die Innehaltung der zulässigen Belastung einer vorhandenen Schnittpresse und bewahrt diese vor Überlastung. Die zum Ausschneiden bzw. Lochen erforderliche Scherkraft P hängt außer von den in der gebräuchlichen Formel auftretenden Größen: der Art des Werkstoffes (Ks), dessen Stärke (s), dem Durchmesser des Scherstempels ($d\,\pi$), auch von der Beschaffenheit der Schneidfläche des Scherstempels (ob eben

---

[1] Vorgeschlagen vom Ausschuß für Stanzereitechnik.

oder hohl), von dem Schärfegrad der Schnittkanten der Schneidelemente (Schneidstempel und Schnittplatte) und dem Unterschied
zwischen Schneidstempel- und Gegenschnittdurchmesser ab. — In
der Praxis gibt es nie einen vollkommenen Schervorgang, sondern
es tritt zu diesem stets eine Biegebeanspruchung des Werkstoffes.
Die bereits aufgeführten Formeln für die Berechnung des Schnittdruckes geben trotz Vernachlässigung dieser Nebenerscheinung für
die Praxis noch genügend genaue Resultate.

Die folgende Darstellung des Schervorganges, wie er
ausschließlich beim Ausschneiden bzw. beim Lochen von Werkstoff
auftritt, soll zeigen, in welcher Weise die Veränderung der Werkstoff-
fasern stattfindet. Bei dem Versuch kam es nicht darauf an, irgend-
welche zahlenmäßigen Werte festzu-
legen, sondern in ganz drastischer
Weise die Veränderung der Werkstoffasern während des Scherens zu
zeigen. Um dieses zu erreichen, mußte
von der Verwendung eines gewöhnlichen Werkstoffes abgesehen und ein
gefaserter Werkstoff geschaffen werden. Durch abwechselndes Aufeinan-
derlöten von Messing- und Kupfer-
blechscheiben wurde das gewünschte

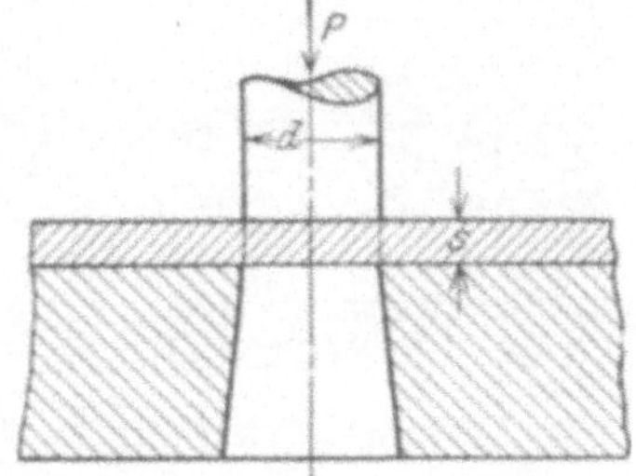

Abb. 7.

Stück erreicht. Die aufeinander gelöteten Scheiben hatten einen
Durchmesser von 60 mm und eine Stärke von 0,3 mm. Das so
zusammengesetzte Messing-Kupferscheibenpaket besaß eine Stärke
von etwa 15 mm. Der zu dem Lochversuch verwendete Stempel
hatte einen Durchmesser von 14,25 mm, der Gegenschnitt 15 mm.
Gelocht wurde ohne Festhaltung des Werkstoffes. Aus Gründen
des Platzbedarfes muß von der vollständigen Aufführung und
eingehenden Beschreibung der Versuchsreihe abgesehen werden,
nur das Endergebnis soll an dieser Stelle veröffentlicht werden.
Abb. 8 zeigt in ganz deutlicher Weise, wie der Verlauf des Scherens
des Werkstoffes vor sich geht. Beim Aufsetzen des Schneidstempels
(Lochstempels) auf den Werkstoff werden zunächst die oberen
Werkstoffasern zusammengedrückt. Ihre Verdichtung ist aber in
diesem Fall nicht sehr erheblich, da die Körperteilchen einen be-
quemen Ausweg in den Gegenschnitt finden bzw. dort hinein-
fließen. Ein Fließen der Körperteilchen in radialer Richtung quer

zum Stempel ist an der Rundung des oberen Lochrandes und den
in gleicher Form veränderten Werkstoffasern zu erkennen. Das
Verschieben der Körperteilchen nach oben, um den Stempel herum,
ist ganz unmerklich und kann vernachlässigt werden. Doch tritt
diese Erscheinung um so stärker auf, je kleiner der Gegenschnitt
wird, und findet ihr Maximum, wenn der Gegenschnitt gleich
dem Stempel wird. Hieraus ist zu schließen, daß mit zunehmender
Differenz des Durchmessers zwischen Schneidstempel und Gegenschnitt der Schnittdruck sich verringert. Da der Werkstoff in

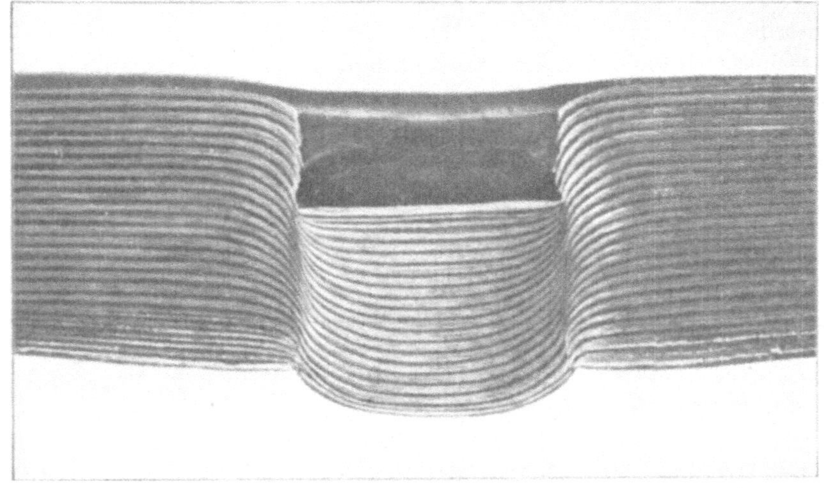

Abb. 8.

diesem Falle, wie in allen in der Stanzerei vorkommenden Fällen,
keine vollkommen dichte Masse bildet, so wird der Schnittdruck
sich nicht gleichmäßig durch den ganzen Werkstoff fortpflanzen,
d. h. die obere Materialfaserschicht wird stärker gepreßt werden und
demzufolge die Schneidkanten des Schneidstempels eher aktiv wirken, als dies durch den Gegenschnitt bei den unteren Werkstoff-
fasern der Fall ist. Dies zeigte sich im zweiten Versuchsstadium
darin, daß die unteren Werkstoffasern sich leicht in den Gegenschnitt hineinbogen und an den Schneidkanten des Gegenschnittes
eingeschnürt wurden, ohne von ihm durchschnitten zu werden, dagegen bei den oberen Werkstoffasern eine Überschreitung ihrer
Scherfestigkeit bereits erfolgt war und sie getrennt waren. — Ganz
auffällig ist bei der Abb. 8 das Recken der Werkstoffasern der mitt-

leren Partien zu erkennen, die sich so stark in der Senkrechten verjüngen (Kontraktion), daß ein Zerreißen eintritt. Hieraus ist zu entnehmen, daß tatsächlich Schneidstempel und Gegenschnitt aktiv nur auf die äußersten Werkstoffasern wirken und die dazwischenliegenden Fasern durch das Vorwärtsdringen des Schneidstempels einer Zug- und Biegebeanspruchung bis zum Zerreißen unterliegen. — Der Scherwiderstand wächst mit dem Eindringen des Stempels von 0 bis zu einem Maximum, bei dem die vollständige Trennung der Werkstoffasern erfolgt. Alsdann sind nur noch die Reibungswiderstände der sich gegeneinander verschiebenden Werkstoffasern zu überwinden. — Die Scherfläche hat stets Kegelform, jedoch bildet sich oft unter bestimmten Verhältnissen ein Doppelkegel, was an dem in der Abb. 9 dargestellten Lochputzen zu erkennen ist. (Weicher Werkstoff, z. B. Kupfer.) Nicht unerwähnt sollen die beim Lochen bzw. Ausschneiden auftretenden Querkräfte zum Stempel bleiben. Bei starken Blechen sind sie zuweilen so groß, daß sie die Schnittplatte zum Zerspringen bringen. Die Querkräfte nehmen aber mit zunehmender Differenz zwischen Schneidstempel und Gegenschnitt ab, was bei der Dimensionierung beider Schneidelemente für besonders starken Werkstoff zu beachten ist.

Abb. 9.

Eigenschaften der für die Stanzerei wichtigsten Werkstoffe

Den Vorrang in der Verarbeitung zu Stanzteilen nimmt das Eisen- und Messingblech ein. Da die durch Schnittwerkzeuge ausgeschnittenen Teile in der Mehrzahl der Fälle noch durch Biegen, Stanzen oder Hohlziehen weiter geformt werden — Arbeitsweisen, bei welchen die Beanspruchung des Werkstoffes auf Streckung und Stauchung beruht, also die Formgebung eine Funktion der Dehnbarkeit und Festigkeit des Werkstoffes darstellt —, ist bei der Wahl der Qualität des Werkstoffes diesen Umständen Rechnung zu tragen.

Für eine auszuschneidende Platte, die keiner weiteren Formveränderung mehr zu unterliegen hat oder nur einer solchen, bei der die Dehnbarkeit des Werkstoffes keine Rolle spielt, wird man kein Blech von höchster Dehnung und Festigkeit verwenden, denn dieses ist im Preise höher und die Güte des Bleches nicht ausnutzbar.

Es genügt in diesem Falle gewöhnliches Stanzblech oder nach Art des Hüttenmännschen Verfahrens hergestelltes Thomas-Eisenblech. Verlangt aber die weitere Verarbeitung der Teile einen Werkstoff von hoher Dehnung und Festigkeit, so kommt man mit jenem Blech nicht mehr aus. Diesen Anforderungen entspricht ein nach dem Hüttenmännschen Verfahren hergestelltes Material, welches als doppelt dekapiertes[1]), kistengeglühtes Siemens-Martin-Tiefstanzblech bezeichnet wird und eine Festigkeit von ca. 42 kg, sowie eine Dehnung von ca. 34% besitzt. Unter Dekapieren versteht man das Befreien des Bleches vom Zunder durch Beizen. — Zum Beizen nimmt man verdünnte Schwefelsäure. Die dem Blech nach dem Beizen anhaftende Schwefelsäure wird durch Kalkwasser neutralisiert und das Blech dann getrocknet. Das dabei entstehende Gipswasser übt keinen schädlichen Einfluß aus. Während des Walzens der Bleche wird das Dekapieren zweimal in Zwischengängen vorgenommen; alsdann wird nach dem letzten Beizen, welches auf das Kalibrieren folgt, das Blech geglüht. Dieses Glühen wird in großen Eisenbehältern vorgenommen, die bis zu 300 Zentner Eisenblech fassen und mit einem Deckel, der das Eindringen von Luft verhindert, geschlossen werden. Die Fugen sind mit Sand abgedichtet. Die Kästen werden in einen entsprechend großen Glühofen geschoben und bis zur Rotglut erhitzt. In diesem Zustand verharren sie ca. 20 Stunden, worauf sie aus dem Ofen gezogen und zum langsamen, völligen Erkalten gebracht werden. Ein solches unter Luftabschluß geglühtes Eisenblech entspricht den Forderungen der das Blech am stärksten beanspruchenden Arbeitsmethode des Tiefziehens. — Es ist bei der Verwendung von gewöhnlichen Stanzblechen nicht ratsam, sich ganz von dem Preis der Bleche leiten zu lassen und mit Zunder behaftetes oder rostiges Blech zu verarbeiten. Zunder und Rost reiben, schleifen und stumpfen die Schnittkanten des Schnittes schnell ab. —

Verschiedene schon im Kapitel „Baustoffe" angeführte Materialien zeigen bei der Verarbeitung mit dem Schnitt ein die Fabrikation erschwerendes Verhalten. So greift z. B. Glimmer die Schnittkanten stark an. Ferner zerspaltet es sehr leicht beim Schneiden durch sein blättriges Gefüge. Deshalb ist die Verarbei-

---

[1]) Wird von den Hüttenwerken in 2 Qualitäten geliefert:
    Doppelt-dekapiertes Stanzblech für mittlere Beanspruchung
        „   „   Tiefziehblech   „   hohe   „

tung desselben mit gewöhnlichen Schnitten nicht immer möglich (siehe S. 137). Hartgummi, das auch sehr spröde ist, läßt sich durch Anwärmen auf einer Heizplatte schneidbar machen. Desgleichen bakelisierte Werkstoffe, wie Hartpapier, Pertinax usw., die die Grenze der Schneidbarkeit etwa bei 2 mm Stärke haben. Darüber hinaus neigen diese Werkstoffe stark zum Platzen. Diesen Hartpapieren ähnliche Isolierstoffe zeigen gleiches Verhalten. Hieraus ist zu ersehen, daß Werkstoffe, die erwärmt werden müssen und einen großen Ausdehnungskoeffizienten haben, andere Abmessungen der Schneidelemente bedingen, als unter normalen Umständen. Zum Beispiel müssen bei Schnitten für Hartgummi die Schneidelemente größer im Durchmesser als das Nennmaß sein, weil nach dem Erkalten des ausgeschnittenen Teiles derselbe sich zusammenzieht. Ein Loch, welches in warmes Hartgummi geschnitten .wird, wird nach dem Erkalten des Teiles kleiner ausfallen. Das Schneidelement muß deshalb um das Maß des Zusammenziehens größer gehalten werden. — Auch Bandstahl stellt besondere Anforderungen an die Schneidelemente. Neben besonderer Härte derselben müssen die Schneidelemente dicht passen, also kein Spiel haben, da der Bandstahl infolge seiner eigentümlichen Struktur leicht platzt. Schnitte für Bandstahl bedingen die präziseste Ausführung der Schneidkanten.

Ausbildung der Schnittkanten

Von ganz besonderem Einfluß auf die Qualität der auszuschneidenden Teile ist die Ausführung der Schnittkanten. Der Schnittbauer muß deshalb beim Herstellen der Schnittkanten ein Höchstmaß von Geschicklichkeit im Feilen aufweisen. Eine bucklig gefeilte Schnittkante verdirbt von vornherein den Schnitt, der nicht einen gratfreien Teil erzeugen wird. Je feiner die Schnittkanten geschlichtet sind — am besten geschieht das durch eine Raulfeile —, um so länger währt die Schneidhaltigkeit derselben. Was in dieser Beziehung gesündigt wird, ist kaum beschreiblich; oft sind noch ganz rauhe Feilstriche zu sehen, die unter der Lupe als kleine Zähnchen zu erkennen sind. Daß diese Zähnchen von geringer Widerstandsfähigkeit sind und sich nach kurzer Beanspruchung abgenutzt haben — d. h. die Schnittkante wird stumpf —, ist wohl ohne weiteres klar. Es muß deshalb bei der Revision hier äußerste

Strenge herrschen und jede unsachgemäße Ausführung der Schnittkante an den Schnittbauer zurückgewiesen werden.

Eine falsche Ansicht ist es, daß mit Fläche gearbeitete Schnittkanten (meist bis 4,0 mm Fläche und darüber) vorteilhaft wären (Abb. 10). Die mit Fläche gearbeitete Schnittkante bewirkt gerade das Gegenteil. Der ausgeschnittene Teil wird förmlich durch den abgeflächten Teil hindurchgezogen und schleift die Schnittkante allmählich aus. Bei sehr eng gearbeiteten Schnitten, bei denen der Stempel dicht an den Schnittkanten läuft, tritt bald eine „Vorweite" der Schnittöffnung ein (Abb. 11), und das Material zieht sich dann zwischen dem Stempel und der Schnittöffnung, wodurch Grat an den geschnittenen Teilen entsteht. Beim Schärfen der Schnittkanten, das bekanntlich durch Abschleifen der Schnittplatte geschieht, muß diese Vorweite beseitigt werden. Aus der Abb. 11 ist zu ersehen, daß durch die Vorweite bedeutend größere Schleifarbeit zu leisten ist, als wenn die Schnittkante eine natürliche Stum-

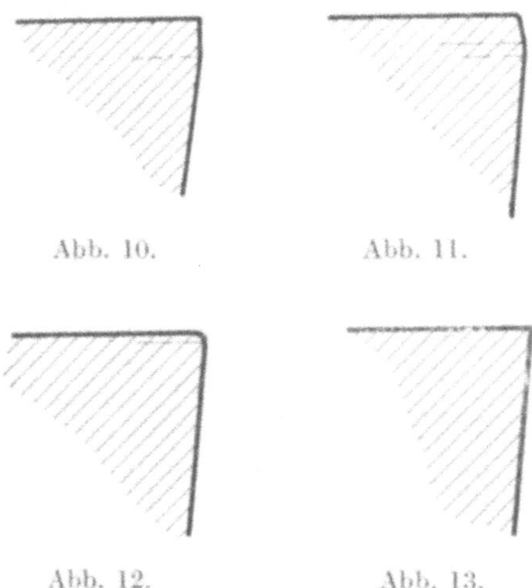

Abb. 10.   Abb. 11.

Abb. 12.   Abb. 13.

pfung (Abb. 12) durch die Schneidbeanspruchung erhält. Deshalb soll man die Schnittkanten von oben bis unten konisch gestalten (Abb. 13). Das Ausreiben der Schnittkante wird dadurch auf das äußerste herabgesetzt. Die Schräge wird so gewählt, daß trotz häufigen Schärfens der Schnittplatte die Vergrößerung der Schnittöffnung nicht merklich und ein gratfreies Schneiden noch gewährleistet ist. (Man nimmt praktisch eine Neigung von 0,75 bis 2,0°, je nach Stärke des Werkstoffes.) Auch ist die damit verbundene Vergrößerung des Teiles, wenn praktisch überhaupt von einer Vergrößerung gesprochen werden kann, belanglos, da ja in den weitaus meisten Fällen eine Maßhaltigkeit des Umfanges des Teiles bis zu einer Toleranz von 0,2 mm und mitunter noch mehr keine Rolle spielt; hierbei wird vorausgesetzt, daß die Teile in weiteren Vorrichtungen, in denen die Aufnahme der Werkstücke durch den Umfang geschieht, weiter verarbeitet werden. Die Vergrößerung durch Abschleifen der Platte beträgt dagegen nur einen

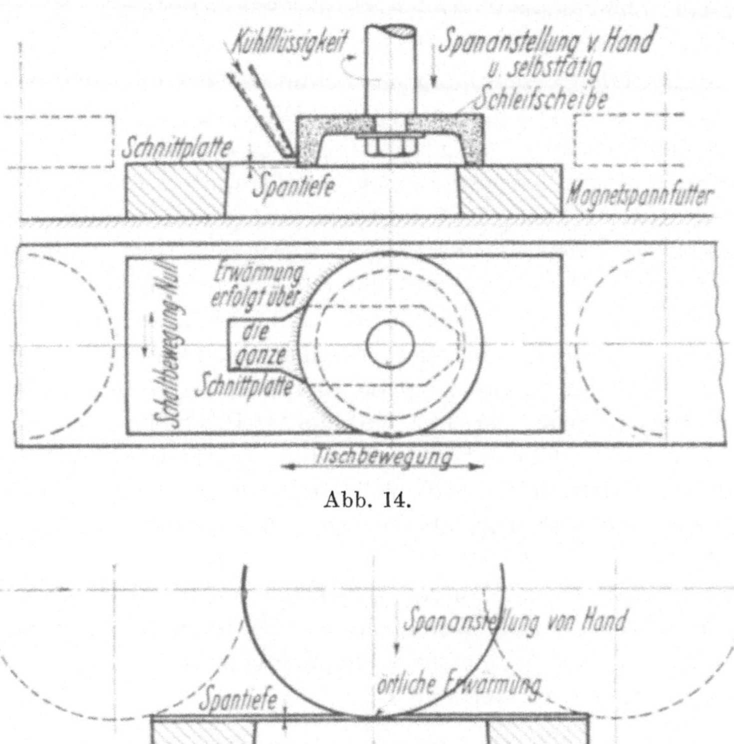

Abb. 14.

Abb. 15.

Bruchteil eines Zehntelmillimeters. Nehmen wir an, eine stumpfe Schnittplatte ist zwecks Schärfens um 0,1 mm abzuschleifen. Die Schnittkanten derselben sind um die in der Praxis gut bewährte Schräge von 1,0° (bis 1,5 mm starker Werkstoff) unter sich gefeilt, das ist also eine Vergrößerung des Durchmessers der Schnittöffnung beim Schärfen um 0,0034 mm. Die Schnittplatte kann bei solch einer Veränderung der Schnittöffnung, wenn die Stumpfung stets eine natürliche ist, d. h. nicht durch unsachgemäße Ausführung oder Behandlung des Schnittes hervorgerufen ist, um ca. 3 mm heruntergeschliffen werden. Die Qualität der Teile leidet nicht im entferntesten darunter. Hierbei ist zu betonen, daß solche Resultate bei stumpf gewordenen Schnittkanten nur durch einwandfreie[1]) Ausführung des Schnittes erzielt werden können. Ist die Schnittkante soweit abgenutzt, daß durch Schleifen nichts mehr erreicht werden kann, so muß der Schnitt aufgearbeitet werden.

Als besonders günstig hat sich das S c h l e i f e n der Schnittplatte mit der Topfscheibe auf der Vertikalschleifmaschine erwiesen (Abb. 14). Die Erwärmung der Schnittplatte ist hierbei keine örtlich begrenzte wie bei der Horizontal-Flächenschleifmaschine (Abb. 15), und da hier mit Wasserkühlung gearbeitet werden kann, ist für die Ableitung der Schleifwärme Sorge getragen. Außerdem erzielt man mit der Topfscheibe einen viel feineren Schliff.

Zusammenfassend möchte ich sagen: Schnittkanten, die mit Fläche gearbeitet sind, nutzen sich stark und schnell ab; sie erfordern häufiges und beträchtliches Nachschleifen. Konische Schnittkanten haben eine große Schneidhaltigkeit und brauchen seltener geschärft zu werden.

---

[1]) Der heutige Schnittbau ist erst in vereinzelten Fällen in der Lage, Passungsgenauigkeiten des Stempels, der Führung und des Gegenschnittes wie bei Welle und Bohrung einzuhalten. Es sei jedem Schnittfachmann empfohlen, sich mit dieser Angelegenheit aufs ernsthafteste zu befassen, d. h. Fertigungsmethoden für Schnitte zu ersinnen, bei denen größte Passungsgenauigkeit erreicht wird. Der Erfolg wird eine längere Lebensdauer der Schnitte sowie eine Verbesserung der Präzision der Schnitteile sein. Die Lösung dieser hochwichtigen Fabrikationsfrage wird sicherlich nur durch Einschränkung der individuellen Handarbeit und deren Ersatz durch maschinelle Fertigung erreicht werden.

B. Einteilung der Schnitte[1]

Die Schnittwerkzeuge lassen sich nach folgenden Gesichtspunkten unterteilen bzw. bezeichnen, und zwar soll die Hauptbezeichnung der Schnitte von ihrer Arbeitsverrichtung abgeleitet werden.

Hauptbezeichnung der Schnitte nach Art der Arbeitsverrichtung			
Art der Arbeitsverrichtung	Bezeichnung des Schnittes	Zeichen	Symbol
Teil nur in der Umgrenzung ausschneiden	Umgrenzungsschnitt		U
Umgrenzung des Teiles wird durch Abschneiden von gezogenem oder Bandwerkstoff erzeugt[2]	Abhackschnitt		A
Ausgeschnittenes Teil lochen	Lochschnitt		L
Teil in der Folge lochen und ausschneiden	Folgeschnitt (Schnitt mit Vorlocher)		F
Teil aus gezogenem oder Bandwerkstoff in der Folge lochen und abschneiden[3]	Folge-Abhackschnitt (Abhackschnitt mit Vorlocher)		F A
Teil gleichzeitig lochen und ausschneiden	Gesamtschnitt		G

[1] Den Versuch, die vielen Arten von Schnittwerkzeugen sinngemäß zu bezeichnen und unter ihnen eine Gruppierung nach ihrer Eigenart vorzunehmen, hatte ich früher schon einmal unternommen. Das damals veröffentlichte Gruppierungssystem (Prakt. Maschinen-Konstrukteur, Heft 20, 1925) der Schnitte kann aber nicht befriedigen, weil es in der Haupteinteilung Bezeichnungen der Schnitte sowohl nach Art ihrer Führung als auch nach Art ihrer Arbeitsverrichtung enthält. Es ist aber zur Erzielung eines geschlossenen Systems wichtiger, bei der Gliederung von Maschinen oder Werkzeugen in der Haupteinteilung bzw. Hauptbezeichnung nur von ihrer Arbeitsverrichtung.

Des weiteren kann man eine Bezeichnung der Schnitte nach ihrer typischen Ausführung vornehmen. So sind die verschiedenen Führungen des Schneidstempels ein auffälliger Konstruktionsunter-

Unterbezeichnung der Schnitte nach Art der Führung			
Art der Führung	Bezeichnung des Schnittes	Zeichen	Symbol
Ohne Führung	Freischnitt	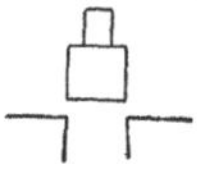 [4]	F
Platte	Schnitt mit Plattenführung	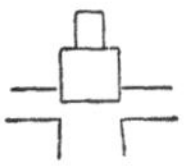 [4]	P
Säule	Schnitt mit Säulenführung	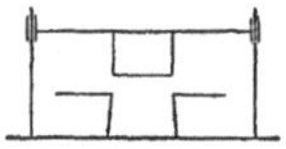	S
Platte und Säule	Schnitt mit Verbundführung	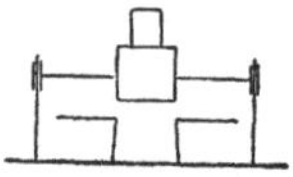	V
Zylinder	Schnitt mit Zylinderführung	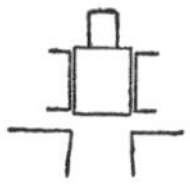	Z

d. h. von der Frage auszugehen: Was tut die Maschine oder das Werkzeug? und als Unterbezeichnungen Konstruktionseigenarten zu wählen. Denn bei Herstellung eines Teiles auf stanztechnischem Wege wird man sich so wie bei allen anderen Fabrikationsmethoden zuerst fragen, welche Art der Gestehung des Teiles die geeignetste ist, also ob man z. B. bei einem Teil mit Löchern denselben erst in der Umgrenzung ausschneidet und dann gesondert locht, oder in der Folge in einem Schnitt locht und dann ausschneidet, oder in einem Schnitt in einem Hub locht und gleichzeitig ausschneidet. Ist hierin die Wahl erfolgt, dann wird man erst die geeignetste Konstruktion des Werkzeuges bestimmen. — Von diesen Anschauungen habe ich mich bei der Gruppierung der Schnitte leiten lassen und hoffe, der Lösung dieser Aufgabe nähergekommen zu sein.

Dem Vorschlag des Unterausschusses für Stanzereitechnik beim Reichskuratorium für wirtschaftliche Fertigung, die Bezeichnung der Schnitte auch durch Zeichen und Symbole zu treffen, bin ich gefolgt. Eine solche Kennzeichnung ist für Bestellung von Werkzeugen und Karteiführung von Vorteil, da diese lange Umschreibungen der Werkzeuge vermeiden und kurz und klar die Art und Ausführung der Werkzeuge bestimmen.

[2]) Abart des Umgrenzungsschnittes.

[3]) Abart des Folgeschnittes.

[4]) Zeichen vom Ausschuß für Stanzereitechnik übernommen.

schied der Schnitte. Auch ist die Art der Vorschubbegrenzung des Werkstoffstreifens bei Schnitten ein charakteristisches Merkmal und der Einbau von nur einem oder mehreren gleichartigen Ausschneidstempeln in die Schnitte ein Kennzeichen der Stückleistung pro Hub derselben. Also lassen sich nach diesen Eigenheiten die Schnitte unterteilen (siehe Tabellen S. 14 und 15).

Unterbezeichnung nach Art der Vorschubbegrenzung			
Art der Vorschubbegrenzung	Bezeichnung des Schnittes	Zeichen	Symbol
Von Hand	Schnitt ohne Vorschubbegrenzung		H
Einhängestift	Schnitt mit Einhängestift		E
Suchstift	Schnitt mit Suchstift[1])		Su
1 Seitenschneider	Schnitt mit Seitenschneider		Se
2 Seitenschneider	Schnitt mit 2 Seitenschneidern		2 Se

Unterbezeichnung nach Anzahl der Ausschneidstempel bzw. Teile pro Hub			
Anzahl der Ausschneidstempel	Bezeichnung des Schnittes	Zeichen	Symbol
1 Stück	Einfachschnitt		1
2 Stück	Zweifachschnitt		2
3 Stück	Dreifachschnitt		3
5 Stück	Fünffachschnitt		5

---

[1]) Hat stets Einhängestift.

Ferner ist eine Unterteilung der Lochschnitte nach der Art ihrer Teileinlage und eine Unterteilung der Gesamtschnitte nach Art der Betätigung ihrer Auswerf- und Abstreifelemente möglich.

Zusatz-Bezeichnung der Lochschnitte nach Art ihrer Einlagen.

Art der Einlagen	Bezeichnung des Schnittes	Zeichen	Symbol
Offene Einlage	Lochschnitt mit offener Einlage		o
Halboffene Einlage	Lochschnitt mit halboffener Einlage		ho
Geschlossene Einlage	Lochschnitt mit geschlossener Einlage[1])		g

Zusatz-Bezeichnung der Gesamtschnitte nach Art der Betätigung ihrer Auswerfelemente

Art der Betätigung der Auswerfelemente	Bezeichnung des Schnittes	Zeichen	Symbol
Federbetätigter Teilauswerfer und federbetätigter Abstreifer	Gesamtschnitt mit federndem Teilauswerfer und federndem Abstreifer		$\frac{F}{F}$
Zwangsweise betätigter Teilauswerfer durch den Schnitt und federbetätigter Abstreifer	Gesamtschnitt mit zwangsweisem Teilauswerfer, betätigt durch den Schnitt und federndem Abstreifer		$\frac{Zs}{F}$
Zwangsweise betätigter Teilauswerfer durch die Schnittpresse und federbetätigter Abstreifer	Gesamtschnitt mit zwangsweisem Teilauswerfer, betätigt durch die Schnittpresse und federndem Abstreifer		$\frac{Zm}{F}$
Federbetätigter Teilauswerfer und Abstreifer betätigt durch Federdruckapparat	Gesamtschnitt mit federndem Teilauswerfer und Abstreifer, betätigt durch Federdruckapparat		$\frac{F}{Fd}$
Zwangsweise betätigter Teilauswerfer durch die Schnittpresse und Abstreifer betätigt durch Federdruckapparat	Gesamtschnitt mit zwangsweisem Teilauswerfer, betätigt durch die Schnittpresse und Abstreifer, betätigt durch Federdruckapparat		$\frac{Zm}{Fd}$

Die Ausführungen von Lochschnitten für gebogene oder gezogene Teile weisen fast stets das gleiche Konstruktionsprinzip oder zum mindesten stets wiederkehrende charakteristische Konstruk-

---

[1]) Hat stets Teilauswerfer.

tionselemente auf, die dem Werkzeug ein typisches Aussehen verleihen. Es erscheint deshalb auch für diese Schnitte eine Unterteilung nach dieser Richtung angebracht.

Zusatz-Bezeichnung der Lochschnitte für gebogene oder gezogene Teile nach ihrer Konstruktions-Eigenart			
Konstruktions-Eigenart	Bezeichnung des Schnittes	Zeichen	Symbol
Der Aufbau gleicht einem Bock, die Schnittplatte einem Horn	Bock- oder Hornlocher		B L
Schneid- und Rückhub des Schneidstempels werden durch ein Bewegungselement, ähnlich einem Krebsfuß, bewerkstelligt	Locher mit Krebsfuß		L Kf
Schneid- und Rückhub des Schneidstempels werden durch Keil und Feder bewerkstelligt	Locher mit Keil und Federrückzug		L Kl

Im Anhang sind die Zeichen und Symbole der Schnittart entsprechend zusammengestellt.

J. Der Umgrenzungsschnitt

Der Umgrenzungsschnitt ohne Führung: „Freischnitt".

Die einfachste und billigste Ausführung eines Schnittes ist der in Abb. 16 dargestellte Scheibenschnitt, auch Rundschnitt genannt. Das Ausschneiden des Teiles geschieht durch den Schneidstempel a, den man gewöhnlich 60 mm lang macht. Diese Länge ist auch bei allen anderen Schnitten üblich. Als Gegenschnitt dient die Öffnung (Durchbruch) der Schnittplatte b. Zum Einspannen des Schneidstempels dient der an denselben angedrehte Zapfen. Das Prinzip der Festspannung des Zapfens in den Schnittpressenbär ist in Abb. 17 dargestellt. Die Schraube a bezweckt nur den Anzug des Stempels gegen den Spannkopf. Aus diesem Grunde hat der Stempelzapfen eine schräge Druckfläche d für die Anzugsschraube a. Die Festspannung des Zapfens geschieht also lediglich durch Flächenpressung, bewirkt durch das Anziehen der Spannbacke b mittels Schraube c.

Der Werkstoffstreifen für die auszuschneidenden Teile wird auf die Schnittplatte gelegt, worauf der Schneidstempel durch Nieder-

gang auf den Gegenschnitt die Scheibe austrennt. Der Stößelhub
der Schnittpresse wird so eingestellt, daß der Stempel den Teil
gerade in den Durchbruch hineindrückt. Beim Aufwärtsgang des
Schneidstempels muß der über denselben geschobene Abfallstreifen
abgezogen werden, wozu der aus Eisen gefertigte Abstreifer c
dient. Das Spiel des Stempels im Abstreifer beträgt ca. 0,5 mm.

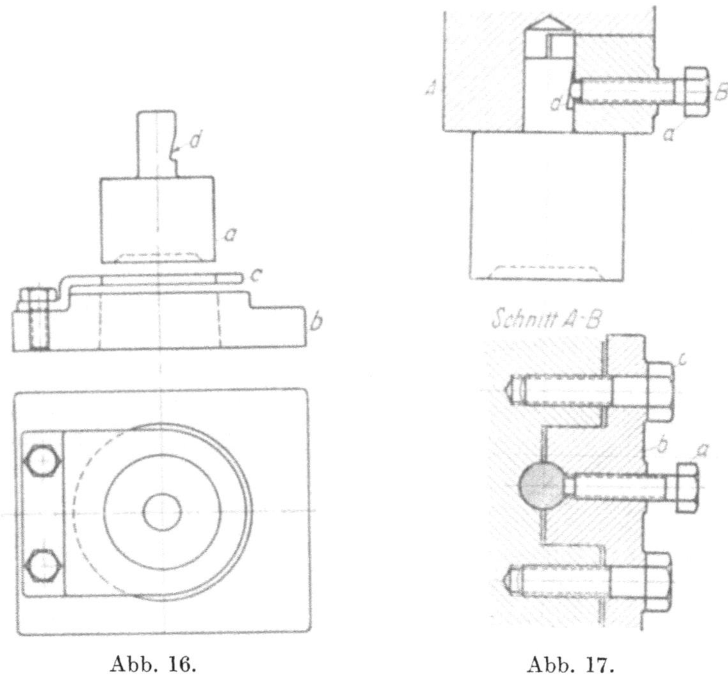

Abb. 16.

Abb. 17.

Der an der Schnittplatte angebrachte Abstreifer gestattet nur die
Verarbeitung von Streifenwerkstoff. Die Zuführung des Streifens
erfolgt von Hand. Zum leichteren Herausfallen der Scheiben ist
der Gegenschnitt nach unten erweiternd konisch ausgedreht. —
Um beim Schärfen des Schnittes die Schleifarbeit zu verringern, ist
der Schneidstempel und die Schnittplatte aus- bzw. angedreht.
Schneidstempel und Schnittplatte bestehen aus „extra zähhartem"
Gußstahl und sind gehärtet und angelassen. Da durch den Härte-
prozeß der Schnitt sich bei Verwendung von Gußstahl verzieht
oder schwinden kann, ist es zweckmäßig, Schnittstempel und Gegenschnitt größer bzw. kleiner zu drehen, um beide nach dem Härten
durch Schleifen ineinander zu passen. Das Schleifen hat auch den

Vorteil der Erlangung einer sauberen Schnittkante. — Bei ungenau geführtem Pressenstößel wird oft wegen der Gefahr des Aufsetzens des Stempels auf dem Gegenschnitt der Schneidstempel weich gelassen und zur Anfertigung desselben härterer Stahl verwendet. Der Stahl wird in diesem Fall vor der Verarbeitung nicht geglüht; er behält also seine Naturhärte, das ist die Härte, die durch das Walzen des Stahles entsteht. Ist der Schneidstempel stumpf geworden oder hat er auf dem Gegenschnitt aufgesetzt, so wird er durch leichtes Anstauchen, auch Dengeln genannt, wieder schneidfähig gemacht. Ist der Pressenbär gut geführt, dann ist das Härten beider Teile solider; man macht jedoch den Schneidstempel in diesem Fall nur halbhart. — Das Festspannen der Schnittplatte erfolgt am vorteilhaftesten durch eine Spannplatte, auch als Frosch bezeichnet. Zwei Ausführungen solcher Spannplatten sind in Abb. 18 bis 19 dargestellt. Die Abb. 18 stellt einen

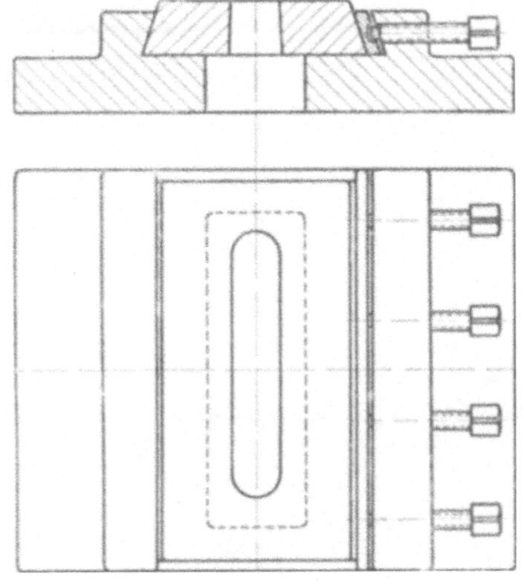

Abb. 18.

Abb. 19.

gewöhnlichen Frosch für viereckige Schnittplatten dar. Die Abb. 19 zeigt einen Spannfrosch ähnlich einem Maschinenschraubstock, welcher die Aufnahme von Schnittplatten in größeren maßlichen Unterschieden gestattet. Da an diesen Spannfröschen keine Abstreifer vorhanden sind, benutzt man den Universal-Maschinenabstreifer Abb. 20. Die Anwendung des Maschinenabstreifers gestattet die Verarbeitung breiterer Streifen, weil die Schnittplatte nach allen Seiten hin freibleibt. Bei weit ausladender Schnittpresse ist auch die Verarbeitung von ganzen Werkstofftafeln möglich. Das bedeutet eine Ersparnis des Zuschneidens der Streifen.

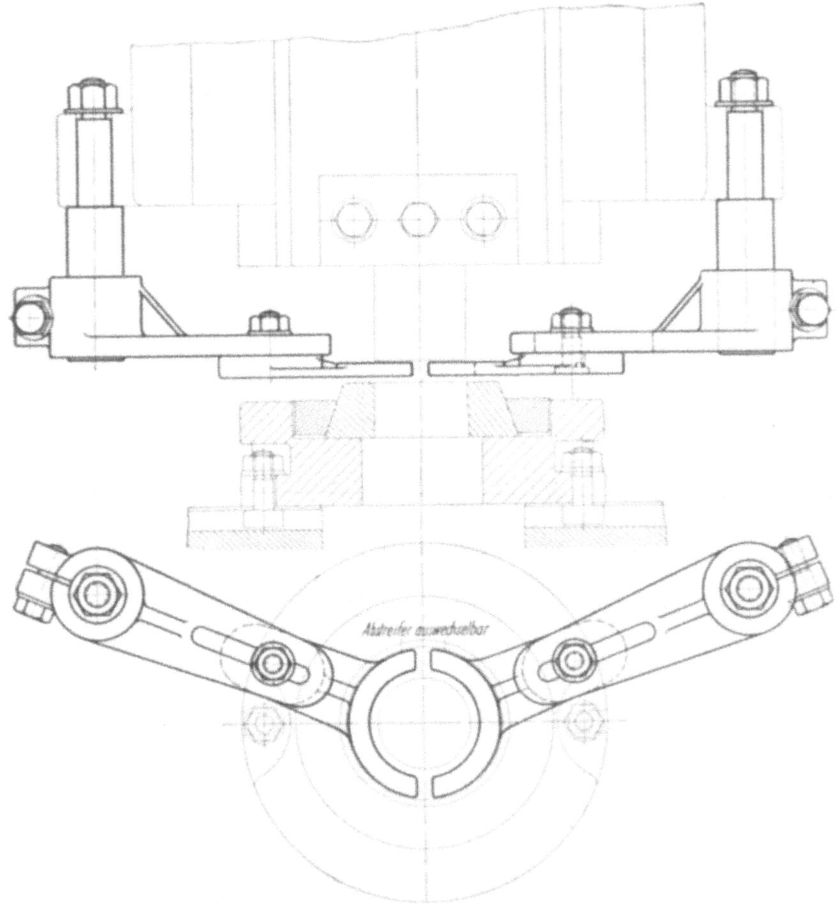

Abb. 20.

Von besonderer Wichtigkeit bei der Herstellung von Schnitten ist es, mit möglichst wenig Stahl auszukommen. Das ist bei dem Freischnitt in Abb. 21 in vollem Maße berücksichtigt worden. Die Schnittplatte *a* ist als Ring ausgebildet und in einen Frosch *b* aufgenommen. Die Herstellung der Schnittöffnung bzw. des Durch-

Kupferbutzen
d
h
i
6.Schrb a.d Umfang
3.Schrb a.d Umfang
k
Lehre hierfür
ähnlich Lehre für
Stempel u Stempel-
kopf
g
l
e
f
Ausdrehen verringert
die Schleiffläche
Faltenhalter für
Stempel 75 ⌀
78 ⌀
a
m
b
Lehre für
Stempel u Stempelkopf
Frosch N.º IV.
Streifenanschlag
q
p
o
n
Lehre u. Gegenlehre
f. Schnittplatte
Frosch N.º IV

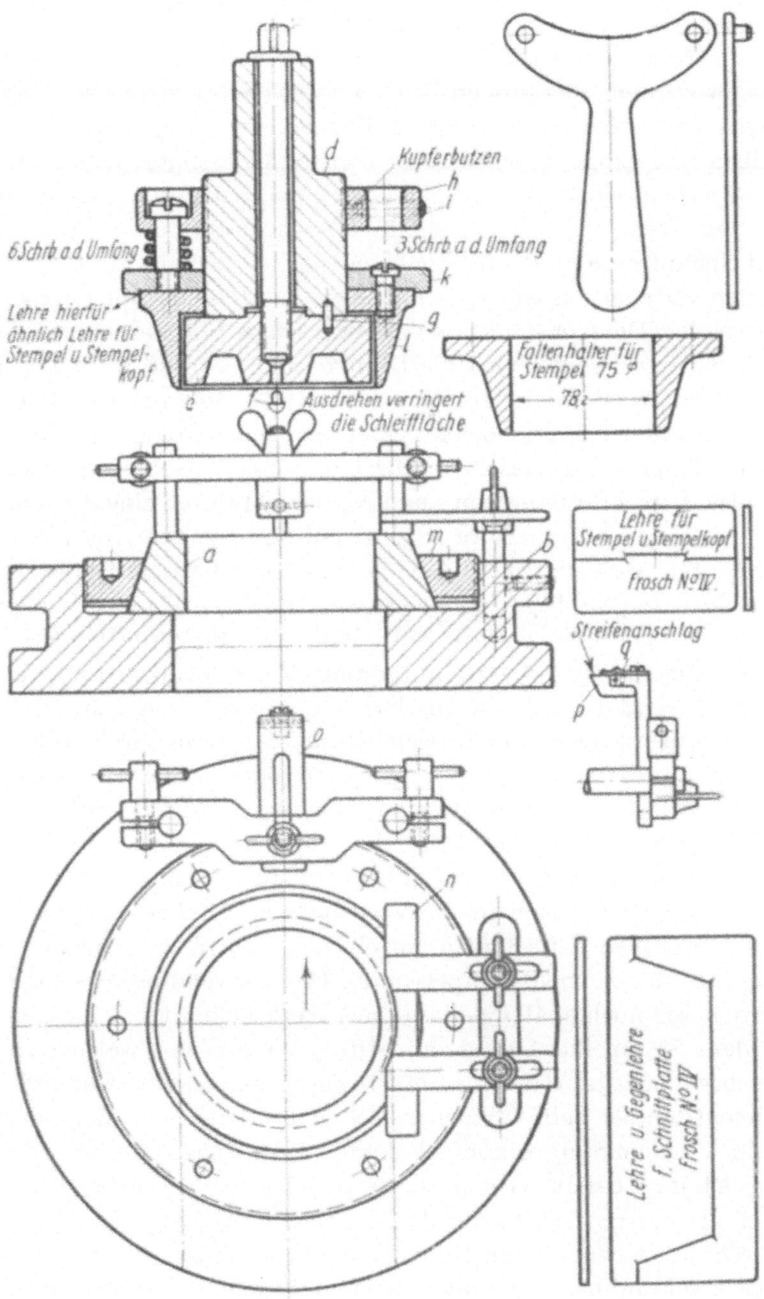

Abb. 21.

bruches erfolgt durch Ausstechen auf der Drehbank. Die ausfallende
Scheibe kann für kleine Schnittringe oder zu anderen Zwecken verwendet werden. Bei großen Ringen ist das Schmieden von Schnitt-
ringen wirtschaftlicher. Es gibt Firmen, die diese Spezialität be-
treiben und Ringe in den verschiedensten Größen auf Lager halten.
Die Stahlersparnis bei dem Schnittstempel c ist durch Anschrauben
an den Stempelkopf d erreicht. Dieser dargestellte Freischnitt
und Spannfrosch sind mit verschiedenen wirtschaftlichen Vorrichtungen versehen; es ist deshalb eine genaue Beschreibung derselben
notwendig: Die Konstruktion des Werkzeuges läßt eine Auswechsel-
barkeit der Schneidelemente erkennen, und zwar ist dieses bei dem
fraglichen Werkzeug in der Grenze von $75 \div 100$ mm Durchmesser
der Schneidelemente möglich. Der Schneidstempel c ist in den
Stempelkopf d eingelassen, wodurch er gegen Verschieben gesichert
ist. Die Verschraubung von c und d geschieht durch eine Schraube e,
die durch den Stempelkopf d geht und den Stempel von oben an-
zieht. Das Gewinde im Schneidstempel c geht nicht ganz durch
denselben hindurch, weswegen er sich noch mit einem Loch von
5 mm versehen läßt, das zur Aufnahme eines verkuppelten Stiftes f
dient. Dieser Stift f wird nur dann in den Schneidstempel eingesetzt, wenn es sich darum handelt, aus Platten größere Ausschnitte zu erzeugen. Die Ausschnitte werden dann durch vorheriges
Anreißen derselben kleiner vorgebohrt, oder, wenn die Stückzahl
der Platten und Ausschnitte eine größere ist, man bohrt mit Hilfe
der Bohrschablone vor. Sind die Platten in dieser Weise vor-
gerichtet, so dient der Stift f als Zentrierstift, d. h. man führt denselben der Reihe nach in die vorgebohrten Löcher ein und locht
nun die großen Ausschnitte einzeln aus. Die Platte macht dann
den Hub des Schneidstempels mit. Die Verwendung des Stiftes f
werden wir noch später bei anderen Werkzeugen kennenlernen. —
In dem Stempelkopf d ist ein Stift g vorgesehen, welcher in ein
gleiches Loch des Schneidstempels leicht hineingeht, wodurch der
Schneidstempel beim Anziehen der Schraube e sich nicht drehen
kann. An dem Stempelkopf d befindet sich ein sogenannter f e d e r n -
d e r A b s t r e i f e r im Gegensatz zu dem vorher beschriebenen, den
man als starren Abstreifer bezeichnet. Der federnde Abstreifer
besteht aus einem oberen Montagering h, welcher mit dem Stempelkopf d schraubbar verbunden ist und durch die Druckschraube i
und Kupferputzen festgestellt werden kann. Mit ihm ist wiederum

mittels Distanzschrauben der untere Montagering k verbunden, welcher zur Aufnahme des Abstreifringes l dient und mit ihm verschraubt ist. Die um die Distanzschrauben sitzenden Federn halten den Montagering k bzw. Abstreifring l unter Spannung. Beim Einspannen des Werkzeuges ist der Abstreifer hochgeschraubt, so daß der Schneidstempel in den Gegenschnitt eingeführt werden kann, um denselben zum ersteren ausrichten zu können. Ist dies geschehen, so wird der Abstreifer so eingestellt, daß der Abstreifring l um ca. 1 mm über dem Schneidstempel c vorsteht; alsdann wird er festgestellt.

Zu den Schneidelementen von 75 ÷ 100 mm gehören 8 Abstreifringe, und zwar:

Schneidelemente von	75 ÷ 78	78 ÷ 81	81 ÷ 84	84 ÷ 87	87 ÷ 90	90 ÷ 93
Abstreifringe	78,2	81,2	84,2	87,2	90,2	93,2

Schneidelemente von	93 ÷ 96	96 ÷ 100
Abstreifringe	96,2	100,2

Das Bohren des Sackloches für den Stift g in den Schneidstempel c und der Schraubenlöcher in dem Abstreifring l geschieht zweckmäßig unter Verwendung einer Bohrschablone, da man Schneidstempel und Abstreifringe nach Bedarf anfertigt. Desgleichen fertige man für den Zentrieransatz des Schneidstempels und des Abstreifringes Lehre und Gegenlehre an. — Der Frosch b ist mit einer Ringnut versehen und gestattet dadurch das Festspannen desselben von allen Seiten. Der Schnittring a, welcher außen konisch ist und auch zweckmäßig nach Lehre gedreht wird, wird mittels des Spannringes m in dem Frosch festgespannt. Bei größeren Fröschen ist an der Auflagefläche derselben nach der strichpunktierten Linie eine Öffnung vorgesehen, um bei kleinerem Durchgang des Schnittpressentisches als die ausgeschnittene Scheibe dieselbe aus der Öffnung herauszuholen. Desgleichen ist der Frosch mit einem Streifenführungslineal n versehen, welches je nach Bedarf seitlich und vertikal verstellt werden kann. — Um einen gleichmäßigen Vorschub des Streifens zu bewerkstelligen, dient die Einhängevorrichtung o, welche je nach der Größe der Scheibe verstellt wird und ebenfalls vertikal einstellbar ist. Die Einhängevorrichtung trägt vorn einen gelenkigen Knacken p, welcher abgeschrägt ist und durch eine Feder q stets in der gezeichneten Stellung gegen den Winkel gedrückt wird. Die Funktion dieser Vorrichtung ist wie folgt: Nachdem die Vorrichtung so eingestellt ist, daß die Anschlagkante des Knackens p von der Schnittöffnung des Schnittringes um Abfall plus Durchmesser der Scheibe entfernt ist, und die Unterkante des Knackens in gleicher Höhe mit der Schnittringoberfläche reguliert ist, schiebt man den Werkstoffstreifen in Pfeilrichtung um den Abfall über den Gegenschnitt. Die erste Scheibe im Streifen schneidet man also ohne Einhängung aus. Man beachtet aber, daß derselbe an dem Lineal n geführt wird. Beim Niedergang des Stempelkopfes setzt zunächst der Abstreifring l auf den Werkstoffstreifen auf und hält denselben fest. Nach weiterer Niederbewegung schneidet erst der Stempel c die Scheibe aus dem Streifen, wobei die Federn unter Spannung kommen. Kehrt der Hub um, so wird der Streifen durch den gespannten Abstreifring l auf die Schnittplatte niedergehalten, bis der Stempel aus dem Werkstoffstreifen sich entfernt hat. Jetzt erst hebt sich der Abstreifring von demselben ab. Der Werkstoffstreifen macht somit keine Aufwärtsbewegung wie beim starren Abstreifer mit, sondern bleibt auf der Schnittplatte liegen. Bei der Montage der Abstreifvorrichtung ist zu beachten, daß die Länge der verwendeten Federn derart gewählt wird, daß bei Ruhestellung der Abstreifvorrichtung die Federn schon unter kräftiger Spannung stehen, um ein sicheres Funktionieren des Abstreifers zu gewährleisten.

Ist der Ausschnitt getan, so führt man den Streifen so weit in Pfeilrichtung weiter, bis der Knacken p durch den Abfall des Streifens angehoben wird und in den Ausschnitt des Streifens schnappt, alsdann wird der Werkstoffstreifen entgegen der Vorschubrichtung zurückgezogen, so daß der Abfall gegen die Anschlagkante des Knackens zu liegen kommt. Der Streifen ist jetzt eingehängt. In Abb. 22 ist ein in die Schnittpresse eingespannter Frosch, nebst Stempelkopf, Schneidelementen und eingehängtem Werkstoffstreifen zu sehen.

Für eine wirklich durchgeführte Sparwirtschaft an Stahl ist die Lagerhaltung der Frösche und Stempelköpfe in den verschiedensten Größen notwendig. Bei zu großer Abstufung der Frösche würde bei kleinem Scheibendurchmesser der Schnittring zu stark werden. Besonders große Schnittringe werden auch mit aufgeschrumpftem Frosch versehen. Bei dieser Ausführung wird der Außendurchmesser des Schnittringes nach dem Härten genau rund geschliffen. Die Ausdrehung des Frosches für die Aufnahme des Schnittringes wird ca. 0,3 mm kleiner gemacht. Um den Schnittring in den

Frosch einzusetzen, wird letzterer leicht erwärmt, bis der Schnittring sich leicht in die Ausdehnung hineindrücken läßt, worauf das Ganze in warmem Wasser abgekühlt wird.

Bei Viereckschnitten wird die Stahlersparnis durch Zusammensetzen des Schneidstempels aus einzelnen Stahlleisten er-

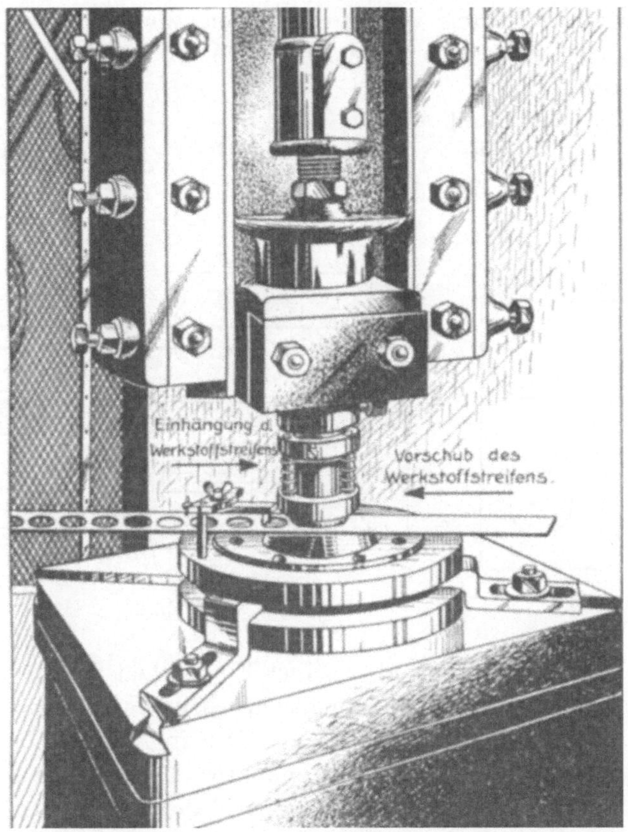

Abb. 22.

reicht. Die den Gegenschnitt bildenden Stahlleisten sind in einen entsprechend ausgearbeiteten Frosch aufgenommen und mit ihm verschraubt oder auf einer Grundplatte in flache Nuten, der Stahlleistenbreite entsprechend, eingelassen. Die Nuten dienen zur seitlichen Abstützung der Leisten bzw. zum Abfangen des seitlichen Schnittdruckes.

Anwendung des Freischnittes:

1. Vorwiegend für Scheiben und Platinen zum Stanzen und Tiefstanzen. Bei diesen Teilen werden große Genauigkeit und sauberer Schnitt für die Umgrenzung nicht gefordert.

2. Bei Anfertigung geringer Stückzahlen von kleinen einfach umgrenzten Teilen, wegen seiner Billigkeit.

3. Zur Herstellung von Ausschnitten zur Erleichterung von Grundplatten, Seitenteilen usw. (Abb. 23), wobei wie auf S. 22 verfahren wird.

Nachstehend soll noch ein Schnitt beschrieben werden, der

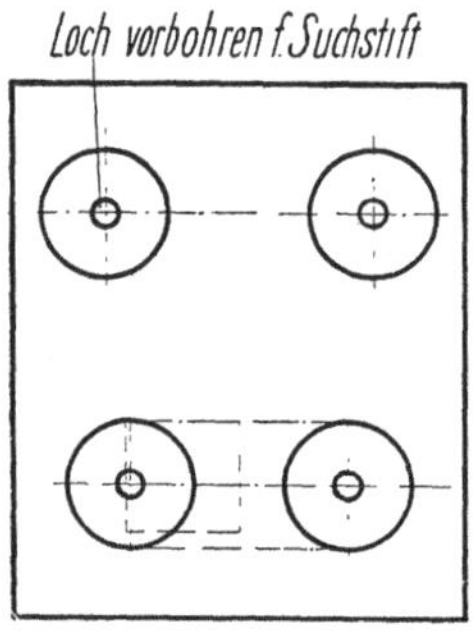

Abb. 23. 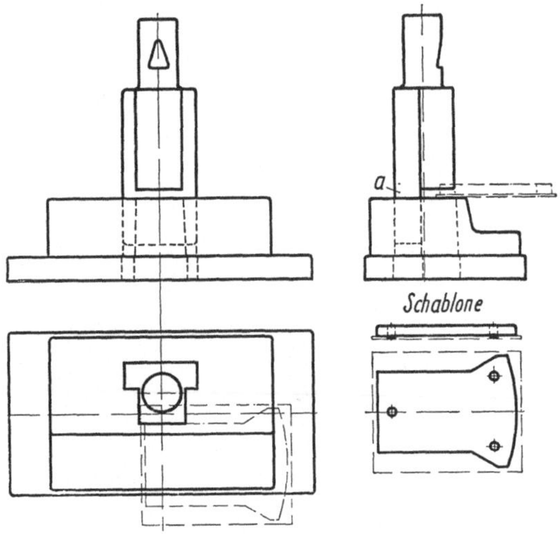   Abb. 24.

zwar kein Freischnitt ist, aber seiner Einfachheit wegen an dieser Stelle Erwähnung findet. Er eignet sich besonders für geradlinig umgrenzte Teile in geringer Stückzahl. Der in Abb. 24 dargestellte Schnitt ist ein Schnitt mit sogenannter Unterführung. Die Unterführung ist deshalb notwendig, weil der Schnitt nur einseitig schneidet und das Abdrängen des Stempels durch die Unterführung verhindert wird. (Die Unterführung wird durch die Verlängerung a des Schneidstempels erzielt, welche breiter als, dieser gehalten ist und in einem genau gleichen Durchbruch der Schnittplatte gleitet.)

Das Ausschneiden der Form des Teiles wird durch eine Schablone (Abb. 24) erreicht. Man schneidet erst den Teil etwas größer, den Hauptmaßen entsprechend in viereckiger Form, und versieht ihn mit den notwendigen Löchern unter Zuhilfenahme einer Bohrschablone. Dieser vorgeschnittene Teil wird von der sogenannten

Schneidschablone mittels Stiften aufgenommen. Sind es Teile ohne Löcher, kann man den Teil und die Schneidschablone mit Schraubzwingen zusammenhalten, allerdings müssen die Schraubzwingen mehrere Male umgespannt werden. Das Schneiden geschieht nun in der Weise, daß die Schablone gegen den Stempel gelegt wird, wozu die Bewegungshöhe des Stempels entsprechend eingestellt ist. Auf diese Art kann man durch fortschreitendes Schneiden die gewünschte Form durch Abschneiden erreichen. Solch ein Schnitt darf in keinem Betriebe fehlen. — Mit schwachen Blechschablonen zu arbeiten ist nicht zu empfehlen, da der Hub einer Schnittpresse meist nicht unter 10 mm ist und deshalb das zu schneidende Blech gegen die Schnittfläche des Stempels gehalten werden muß, d. h. das Blech sowie die Schablone macht den Hub mit. Es ist klar, daß durch den plötzlich einsetzenden Schnitthub die Lage der Schablone an dem Stempel nicht in gleichem Maße gesichert ist wie bei Ruhelage auf der Schnittplatte.

Der Umgrenzungsschnitt mit Plattenführung (mit Einhängestift).

Macht man den in Abb. 16 dargestellten Abstreifer fast dreimal so stark, seinen Durchlaß für den Stempel so passend, daß der Stempel schwer schiebbar in ihm steckt, und wird der Abstreifer mit der Schnittplatte gegen Verschieben durch Stellstifte gesichert, so hat man einen Führungsschnitt mit Plattenführung. Wir können deshalb den Freischnitt als einen Vorläufer des Führungsschnittes betrachten. Einen nach der heutigen Bauart ausgeführten Schnitt dieser Art zeigt die Abb. 25. Für die Folge sollen die einzelnen Teile des Schnittes mit Plattenführung nachstehende Bezeichnungen führen:

Schnittelemente	Werkstoff
a) Spannzapfen ⎫	SM-Stahl
b) Kopfplatte ⎬ Stempelkopf	SM-Stahl
c) Stempelplatte ⎭	SM-Stahl (in Kali gehärtet)
d) Schneidstempel (bei Lochern Lochstempel)	Werkzeugstahl (gehärtet und angelassen)
e) Führungsplatte (ist zugleich Abstreifer)	SM-Stahl (in Kali gehärtet, oder auch Naturhärte)
f) Zwischenlage ⎫ Schnittkasten	SM-Stahl
g) Schnittplatte ⎭	Werkzeugstahl (gehärtet und angelassen)
k) Kastenstifte (konisch od. zylindrisch)	Werkzeugstahl (Naturhärte)
) Einhängestift oder Fangstift	Werkzeugstahl (gehärtet und angelassen)

Die Bezeichnung Umgrenzungsschnitt ist deshalb berechtigt, weil er nur die Umgrenzung des Teiles ausschneidet. Der zur Herstellung solcher Teile verwendete Werkstoff, z. B. Eisenblech, wird mit der Maschinenschere in Streifen geschnitten. Die Durchführung B_D des Schnittes entspricht der Streifenbreite $B + 1$ mm. Der Abstand der linken Zwischenlage bis zum Stempel bzw. Durchbruch beträgt δ, das ist der seitlich stehenbleibende Abfall, rechts $\delta + 1$ mm. Das Plusmaß von 1 mm für die rechte Seite dient als Ausgleich für Streifen, die eventuell beim Zuschneiden etwas breiter ausfallen, also breiter sind als B. — Bei dieser Gelegenheit möchte ich auf einen Sonderfall hinweisen, bei welchem der Abstand der rechten Seite zwischen Schneidstempel und Zwischenlage größer als $\delta + 1$ sein muß. Es gibt Teile, bei denen die Schnittfläche an zwei Enden so unterschiedlich ist, daß die Streckung des Werkstoffstreifens an beiden Seiten zu diesem Unterschied im Verhältnis steht, wodurch der Streifen krumm wird

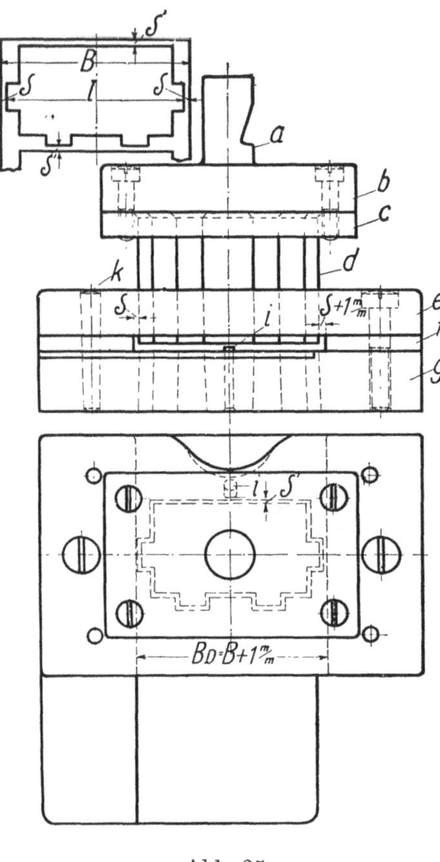

Abb. 25.

(Abb. 26). Es ist klar, wenn die Durchführung B_D entsprechend B wäre, könnte der Streifen nicht durch den Schnitt gezogen werden. Bei Werkstoff unter 1 mm ist dies kaum von Belang, aber von dieser Stärke ab wird es schon merkbar. Je stärker der Werkstoff und je geringer seine Härte ist, desto mehr tritt diese Erscheinung auf.

Den Abfall δ wählt man entsprechend der Tabelle III (Seite 164).

Zum Anlegen des Streifens bzw. zur Führung desselben dient ausschließlich die linke Zwischenlage, und zwar geschieht dies durch Andrücken des Streifens gegen dieselbe. Zur besseren Führung des Streifens wird die linke Zwischenlage über den Schnittkasten hinaus verlängert und mit einem Auflageblech versehen. Um den Streifen gut andrücken zu können, ist das Auflageblech etwas schmaler als der Streifen.

Damit beim Vorschub des Streifens der Abfall δ' immer der gleiche ist, ist ein Einhänge- oder Fangstift i vorgesehen. δ' ist ebenfalls aus Tabelle III zu ersehen. Bei größerer Breite des Teiles werden zwei Einhängestifte eingesetzt. Um die Festigkeit der Schnittkante des Gegenschnittes nicht zu beeinträchtigen, ist der Einhängestift nicht zu dicht an die Schnittkante zu setzen. Derselbe ist deshalb, wie ersichtlich, bis δ' umgebogen. Der Sitz des Einhängestiftes in der Schnittplatte gleicht dem eines Stellstiftes, außerdem ist er unten vernietet. Die Nietsenkung ist vorteilhaft mit Feilkerben zu versehen, um größere Sicherheit gegen Verdrehen des Einhängestiftes zu gewähren. Die Stärke seiner Zunge mache man nicht unter 2 mm. Zu niedrige Einhängestifte erschweren das Einhängen des Streifens. Bei schmalen Teilen arbeitet man die Führungsplatte an der Stelle, wo der Einhängestift sitzt, aus, um das Gefühl des Einhängens durch Beobachten zu unterstützen. Um den Ausschnitt nicht zu dicht an den Schnittstempel heranzuführen, was sonst die Stabilität der Führungsplatte beeinträchtigt, ist die erforderliche Tiefe desselben durch Untersicharbeiten nach der gestrichelten Linie ausgeglichen. — Es ist noch von Wichtigkeit zu erwähnen, daß die im Augenblick des Schneidens auftretenden Querkräfte (seitliche Verdrängung des um den Schneidstempel stehenbleibenden Werkstoffes) bei starkem Werkstoff den Einhängestift so stark beanspruchen, daß derselbe abgeschert wird. Durch Einsetzen von zwei Einhängestiften ist das Übel oft beseitigt. — Sollten trotzdem die Einhängestifte nicht den Querkräften standhalten, so benutzt man einen Kunstgriff. Die Anordnung der Einhängestifte und das Einhängen des Streifens erfolgt dann derart, daß der seitliche Druck des Werkstoffes keinen Einfluß mehr auf die Einhängestifte ausübt. Die Abb. 27 veranschaulicht diese Methode. Der Streifen wird jetzt entgegen seiner Vorschubrichtung an den Einhängestift gezogen. Das Ausklinken der Führungsplatte zur Beobachtung,

Abb. 26.

ob der Streifen richtig eingehängt ist, ist hierbei besonders am
Platze. Die Einhängestifte sind soweit wie möglich an die Ecken
des Ausschnittes zu setzen, wo der Abfall den größten Widerstand
gegen Durchbiegen hat. Bei kleinen Teilen genügt auch ein Einhängestift. Setzt man jedoch bei großen Teilen nur einen Einhängestift ein, so kann bei zu kräftigem Anziehen des Streifens
an den Einhängestift der Abfallsteg so weit durchgebogen werden,
daß der Ausschnitt im Streifen bis über den Gegenschnitt gezogen
wird (Abb. 28). Der Teil kann dann unvollständig ausgeschnitten
werden und die Schnittbeanspruchung des Schneidstempels dadurch eine einseitige sein. Als weitere Folge würde der Stempel seitlich
abgedrängt werden und die Schnittkanten beider Schneidelemente

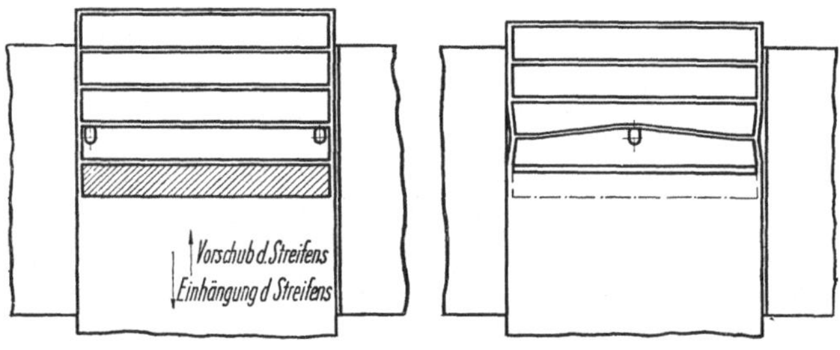

Abb. 27 und 28.

aneinander reiben bzw. Schaden leiden. Deshalb ist es unbedingt
notwendig, bei großen Teilen zwei Einhängestifte anzuordnen. Die
beschriebene Methode ist meist bei starkem Werkstoff in Anwendung.

Die Passung des Stempels in der Führungsplatte ist Schiebesitz. Der Stempel ist gegen Herausziehen aus der Stempelplatte
durch Zuhämmern eines Nietkopfes gesichert. Um dem Schnittkasten einen besseren Zusammenhalt zu geben, ist die Führungs-
und Schnittplatte durch zwei Schrauben gehalten. Beim Bau eines
Schnittes mit Plattenführung ist zu beachten, daß die Kastenstifte
sowie die Kastenschrauben nicht unter dem Stempelkopf sitzen,
da sonst bei erforderlicher Demontage des Schnittes für das Schärfen
des Stempels und der Schnittplatte der Schneidstempel aus der
Führung gezogen werden muß. Der hier besprochene Schnitt ist
mit konischen Kastenstiften versehen. Ebenso ist die Anwendung
zylindrischer Kastenstifte verbreitet.

Die Abb. 29—32 zeigen verschiedene im Schnittbau übliche
Spannzapfenverbindungen mit der Kopfplatte. Für kleine
Ausführungen werden oft gepreßte Stempelköpfe verwendet
(Abb. 29), die durch Drehen und Hobeln auf die entsprechenden
Maße gearbeitet werden. Die Spannzapfen-
befestigung Abb. 30 und 31 findet man in
Kleinbetrieben. Spannzapfen und Kopfplatte werden erst nach Verbindung beider bearbeitet. Eine neuzeitliche, für ra-
tionelles Arbeiten geeignete Ausführung
zeigt die Abb. 32. Der Spannzapfen wird
auf der Revolverbank hergestellt. Die
Durchmesser c und d werden nach Kaliber
gepaßt. Der Durchmesser c bekommt Preß-
sitz. Die Kopfplatte wird auf die fraglichen
Maße gehobelt, gebohrt, gerieben und mit
einem Formsenker gesenkt. Beide Teile
werden dann unter der Handspindelpresse
zusammengepreßt und sind gebrauchs-
fertig. Bei großem Bedarf an Schnitten ist
es zweckmäßig, Schnittkästen und Stempelköpfe normalisiert auf Lager zu halten.

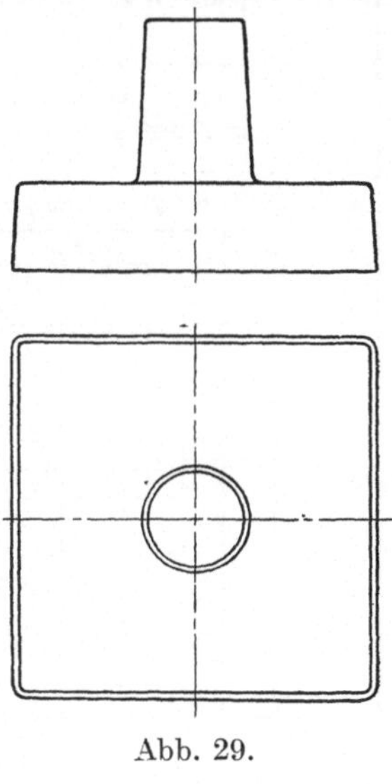

Abb. 29.

Die Tabelle I zeigt ein Beispiel normalisierter Schnittkästen und
Stempelköpfe.

Der Vorteil, den der Führungsschnitt gegenüber dem Freischnitt
aufzuweisen hat, beruht auf der Tatsache, daß der Abstreifer als

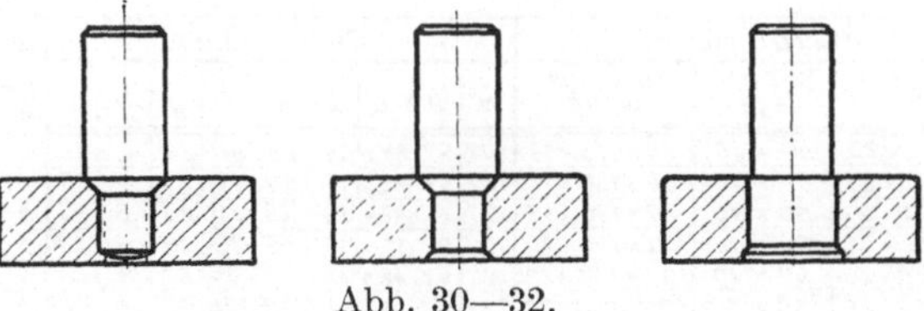

Abb. 30—32.

Führungsplatte ausgebildet ist. Dadurch ist ein Abweichen des
Schneidstempels aus der Bewegungsrichtung bei ungenau geführtem
Bär der Schnittpresse nicht möglich. Dies hat dem Schnitt mit
Plattenführung die größte Anwendungsmöglichkeit gegeben, so daß
er für die kleinsten bis zu den größten, für die einfachsten bis zu
den kompliziertesten Teilen verwendet wird.

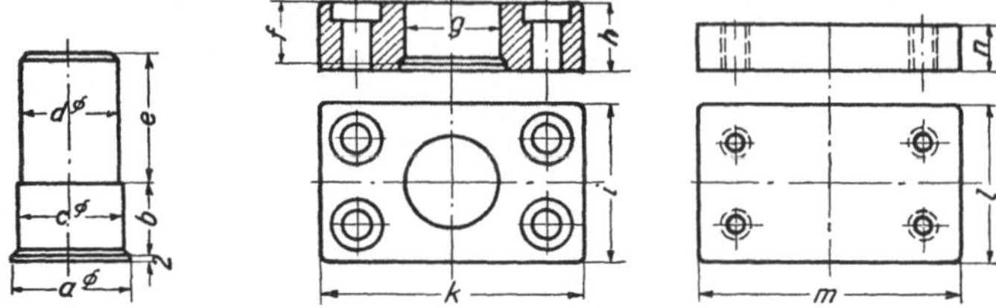

Für **g** ist Formsenker N⁰ I, II, III, für **c** u. **d** Kaliberringe N⁰ I, II, III zu verwenden

N⁰	Zapfen						Kopfplatte						Stempelplatte				Schrauben	N⁰
	Material roh	a	b	c	d	e	Material roh	f	g	h	i	k	Material roh	l	m	n		
1	25	23	16	20	19	35	60×20	16	20	18	53	40	60×11	57	40	8	6×20 Din 84	1
	"	"	"	"	"	"	"	"	"	"	"	58	"	"	57	"	" "	2
	"	"	"	"	"	"	"	"	"	"	"	80	"	"	80	"	" "	3
	"	"	"	"	"	"	"	"	"	"	"	100	60×13	"	100	10	8×20 Din 84	4
2	32	30	22	27	26	45	"	22	27	23	"	120	"	"	120	"	" "	5
	"	"	"	"	"	"	80×26	"	"	"	77	77	80×13	77	77	"	" "	6
	"	"	"	"	"	"	"	"	"	"	"	100	"	"	100	"	" "	7
	"	"	"	"	"	"	"	"	"	"	"	120	"	"	120	"	" "	8
	"	"	"	"	"	"	"	"	"	"	"	150	80×16	"	150	14	" "	9
3	36	34	24	31	30	50	100×26	24	31	23	97	98	105×16	97	97	"	" "	10
	"	"	"	"	"	"	"	"	"	"	"	120	"	"	120	"	" "	11
	"	"	"	"	"	"	100×30	"	"	27	"	150	"	"	150	"	" "	12
	"	"	"	"	"	"	130×30	"	"	"	127	128	130×20	127	127	"	" "	13
	"	"	"	"	"	"	"	"	"	"	"	150	"	"	150	17	" "	14

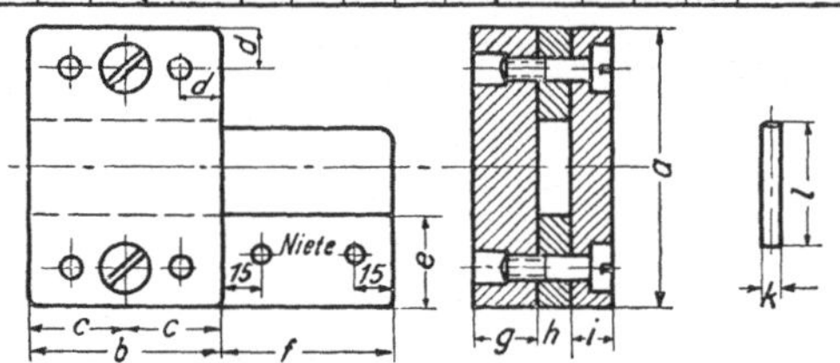

Material roh			Dimensionen									Kastenstifte			N⁰
Schnittplatte	Zwischenlage	Führungsplatte	a	b	c	d	e	f	g	h	i	Reibahl N⁰	k	l	
60×110×23	50×10	60×110×16	107	57	28,5	14	49	80	20	6	13	3	5	50	1
60×130×23	60×10	60×130×16	127	57	28,5	14	59	80	20	6	13	3	5	50	2
80×130×23	60×10	80×130×16	127	77	38,5	14	59	80	20	6	13	4	5	65	3
100×110×23	50×10	100×110×20	107	97	48,5	14	49	79	20	6	18	4	5	65	4
100×130×26	50×10	100×130×20	127	97	48,5	16	49	95	23	8	18	4	6	65	5
100×160×26	50×10	100×160×20	157	97	48,5	16	49	125	23	8	18	4	6	65	6
100×200×26	60×13	100×200×23	197	97	48,5	16	59	120	23	8	20	4	6	65	7
130×130×26	60×13	130×130×26	127	127	63,5	16	59	120	23	8	23	4	6	65	8
130×160×26	60×13	130×160×26	157	127	63,5	20	59	117	23	8	23	4	6	65	9
130×200×30	60×13	130×200×26	197	127	63,5	20	59	157	27	10	23	4	6	65	10
160×160×30	60×13	160×160×26	157	157	78,5	20	59	120	27	10	23	4	7	65	11
160×200×35	80×13	160×200×26	197	157	78,5	20	79	157	32	10	23	4	7	65	12
200×200×35	70×13	200×200×26	197	197	98,5	20	69	120	32	10	23	4	7	65	13
												5	8	80	14

Tabelle I.

Umgrenzungsschnitt mit Säulenführung (mit Einhängestift)

Der Schnitt Abb. 33 unterscheidet sich im wesentlichen von
dem Führungsschnitt mit Plattenführung durch die Art der Schneid-
stempelführung. Dieselbe wird hier durch einen säulengeführten
Stempelkopf übernommen, welcher aus Gußeisen besteht. Weitere
Einzelheiten über Säulenführung
siehe S. 139. Die Führung des
Schneidstempels ist also eine in-
direkte. Zur Befestigung desselben
an der Kopfplatte dient die übliche Stempelplatte, deren Lage
jedoch durch Stellstifte gesichert
sein muß. Um dem Schneidstempel
eine sichere Stütze zu geben, wird
die Stempelplatte 1,5 ÷ 2 mal so
stark wie bei dem plattengeführten
Schneidstempel ausgeführt. Größere Stempel werden direkt an der
Kopfplatte angeschraubt und
ebenfalls durch Stellstifte gegen
seitliches Verschieben gesichert.

Für das Abstreifen des Werkstoffstreifens ist ein starrer Abstreifer a angebracht. Dieser
Abstreifer sowie die Streifenführung ist eine verbesserte Form der
sonst üblichen Ausführung (Strei-
fenführungsleisten zu beiden Seiten und ein auf denselben auf-

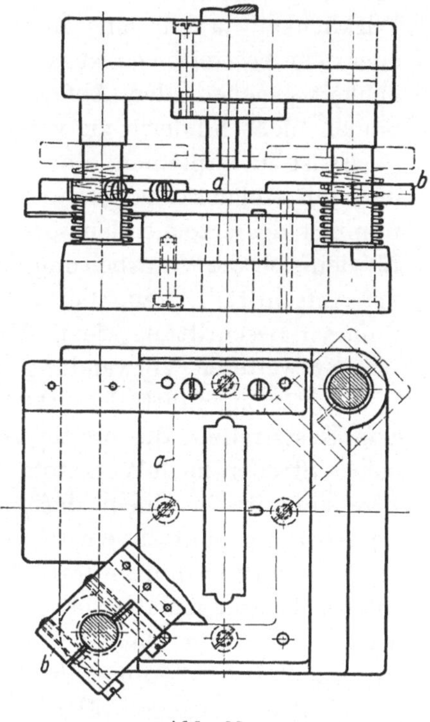

Abb. 33.

geschraubtes Abstreifblech). Die eigentliche Abstreifplatte a ist
an zwei auf den Säulen schiebbaren Klemmen b befestigt; dadurch
können die Klemmen normalisiert auf Lager gehalten werden, und
es braucht nur von Fall zu Fall die Abstreifplatte a ensprechend
der Größe des Teiles und des Schnittes besonders angefertigt zu
werden. Durch die Verstellbarkeit des Abstreifers in der Höhe
kann man Abfallstücke verarbeiten; denn durch Hochstellung desselben ist ein leichtes Einlegen der Abfallstücke und ein bequemes
Wegnehmen des übrigbleibenden Werkstoffes möglich. Der Ab-

streifer ist bei Hochstellung nicht festgestellt, sondern geht, wenn die Stempelplatte infolge des für die Abfallverarbeitung höhergestellten Hubes auf den Abstreifer a aufschlägt, mit dem Hub mit. Die Federn bringen den Abstreifer a bzw. die Klemmen b stets gegen den Ansatz der Säulen zur Anlage. In dieser Stellung erfolgt auch das Abstreifen des über den Schneidstempel geschobenen Abschnittes. Die sonst übliche zweite Führungsleiste, die in Wirklichkeit ja nur eine Zwischenlage unter der Plattenführung oder dem Abstreifblech ist, kann hier fortfallen. Damit ist die Möglichkeit gegeben, den Abfall in verschiedener Größe, soweit die Säulen nicht hindern, zu verarbeiten.

Es ist zu empfehlen, eine Mustertafel von Abfallausschnitten in der Stanzerei auszuhängen und die Abfallmuster mit der Werkzeugnummer des erzeugenden sowie desjenigen Schnittes zu versehen, für den sich die Verarbeitung desselben eignet. 'Sammelkästen mit der Aufschrift: ,,Brauchbarer Abfall'' und der gleichen Werkzeugnummer-Beschriftung wie die Mustertafel dienen zur Aufbewahrung bis zur weiteren Verwendung desselben.

Der säulengeführte Schnitt ist besonders geeignet zur Verarbeitung von Reststreifen, die breiter als notwendig sind. Man sammelt solche Streifen nach Werkstoff, Stärke und Breite von 10 zu 10 mm Streifenbreite in einem dafür besonders bestimmten Regal und verarbeitet sie mit diesem Schnitt bei passender Gelegenheit. — Der säulengeführte Schnitt erfordert weniger Werkzeugmacherarbeit. Es fällt die Führungsplatte weg, bei der bekanntlich die gleiche Präzision wie bei der Schnittplatte verwendet werden muß. Auch ist dadurch unreelle Arbeit (Stemmen der Führung), wie sie bei der Anfertigung von Plattenführungen oft zu finden ist, nicht mehr möglich. Die eigentliche Hauptarbeit des Schnittbauers beschränkt sich auf das Durchbringen des Schneidstempels durch die Stempelplatte und Schnittplatte. Die gußeiserne Kopfplatte und Grundplatte, auf die der Schnitt montiert ist, sowie die Säulen — das Ganze auch als ,,Gestell'' bezeichnet — hält man zweckmäßig in verschiedenen Größen auf Lager. Die Anordnung der Säulen bei diesem Gestell ist sehr zweckmäßig, da sie freie Sicht des Schneidvorganges gestatten. Zu erwähnen ist noch, daß der Schneidstempel kürzer gehalten werden kann als bei Plattenführung. (Vorteilhaft, weil bei möglichem einseitigen Schnitt die Gefahr des Abdrängens verringert wird.)

Anwendung:

Besonders geeignet für Verarbeitung von Abfallwerkstoff in Stücken und Reststreifen. Wenn der Stückabfall einzeln in den Schnitt eingeführt wird, ist die aufgewendete Zeit für das Ausschneiden des Teiles größer als bei Verarbeitung von Streifen, bei der die Schnittpresse meist ohne Hubpause arbeiten kann. Es ist also bei ausschließlicher Verwendung des Schnittes für Stückabfall zu prüfen, ob die Ersparnis an Neuwerkstoff zum mindesten den erhöhten Lohn plus Unkostenzuschläge der Stanzerei deckt. Die Anwendung des Schnittes wird in solchem Falle besonders günstig sein, wo der Erstehungspreis von Neuwerkstoff zu seinem Abfallwert in großem Unterschied steht, z. B. bei Isolierwerkstoff. Handelt es sich aber um Nutzbarmachung von Reststreifen, so beträgt der Lohn für ihre Verarbeitung nicht mehr als bei Verwendung eines Führungsschnittes mit Plattenführung.

Erhält man in der Zuschneiderei eine größere Anzahl Reststreifen eines bestimmten Werkstoffes in gleicher Stärke und genügender Breite, aus denen sich ein betreffender Teil schneiden läßt, so ist die Anwendung ohne weiteres von Vorteil.

In bezug auf seine Betriebssicherheit ist der Schnitt nicht geeignet für kleine Schnitteile aus starkem Werkstoff von hoher Scherfestigkeit wie Messing hartblank, Eisen und Stahlblech, da schwache, freistehende Stempel leicht durch den Schnittdruck abweichen und aufsetzen.

II. Der Lochschnitt

Vorangehend ist die Konstruktion und Anwendung des Umgrenzungsschnittes gezeigt worden. Sein Verwendungszweck ist die Herstellung beliebig umgrenzter Teile. Um derartige Teile zum Bau von Apparaten usw. verwenden zu können, ist es meist notwendig, dieselben mit Gewindelöchern, Lagerlöchern und zweckentsprechend geformten Ausschnitten zu versehen. Der Spiralbohrer, welcher sonst den Vorrang in der Erzeugung von Löchern einnimmt, ist von der Stanztechnik durch die Anwendbarkeit des Schnittes in der Konstruktion eines Lochwerkzeuges fast verdrängt. Bei sehr dünnen Blechen ist die Herstellung von Löchern mittels des Lochers der des Bohrers weit überlegen. Nur in besonderen Fällen ist man auf seinen Gebrauch angewiesen.

Der ausschlaggebende Faktor, der dem Lochschnitte gegenüber dem Bohrer den Vorrang verschafft, ist die Wirtschaftlichkeit des ersteren. die sich ergibt aus:

1. dem Bruchteil der Herstellungszeit für sämtliche Löcher einer Platte gegenüber dem Bohren von nur einem Loch;
2. der Herstellung von Löchern in harten Werkstoffen (Federbandstahl), bei denen die Arbeit des Bohrens versagt;
3. der Herstellung von Löchern in Faserstoffen, wobei der Bohrer im Moment des Durchbohrens die letzte Schicht durchdrückt und aufreißt;
4. der Billigkeit der Rundstempel gegenüber den teuren Spiralbohrern;
5. der Ersparnis an Schmierflüssigkeit;
6. dem Fortfall des Abgratens der Löcher;
7. der vollständigen und reinen Rückgewinnung des Abfalls (ausgelochte Putzen) gegenüber den großen Verlusten durch Ausblasen der Späne bei der Bohrlehre und Verschmutzung derselben durch die Schmierflüssigkeit.

Nachstehendes aus der Praxis entnommene Beispiel soll die aufzuwendenden Zeiten für beide erwähnten Arbeitsmethoden zeigen:

Es sind zu bohren 1000 Platten aus Messingblech 2,5 mm, Anzahl der Löcher: 20 Stück 5 mm und 5 Stück 3 mm.

Herstellungszeit mit einer zweispindel. Bohrmaschine
pro 1000 Stück . . . . 3000 Min.
Dieselben Teile gelocht pro 1000 Stück . . . . . . 105 ,,

Dieses Beispiel zeigt ganz klar, daß man sich bei Massenfertigung für das Lochen zu entscheiden hat. — Für das Bohren wird die Gestehungszeit des Teiles noch ungünstiger, wenn alle Löcher verschieden sind, so daß mehrmaliger Bohrerwechsel vorgenommen werden muß.

Inwieweit der Entscheid zugunsten des Lochers fällt, muß von Fall zu Fall nachgeprüft werden, da die Praxis ergeben hat, daß die Möglichkeit des Lochens bei denjenigen Werkstücken ihre Grenze findet, deren Lochdurchmesser gleich der Werkstoffstärke ausfallen sollen.

Lochschnitt mit Plattenführung und offener Einlage.

Der Lochschnitt mit offener Einlage (Abb. 34) stellt den einfachsten Führungslocher dar. Die Einlage ist vorn offen und wird deshalb „offene Einlage" genannt. Der zu lochende Teil wird von Hand in die Einlage gelegt und durch Gegendrücken desselben an die hintere Umgrenzung der Einlage fixiert. Um ein Verbiegen durch Reiben des Teiles an der Einlage beim Aufwärtshub der

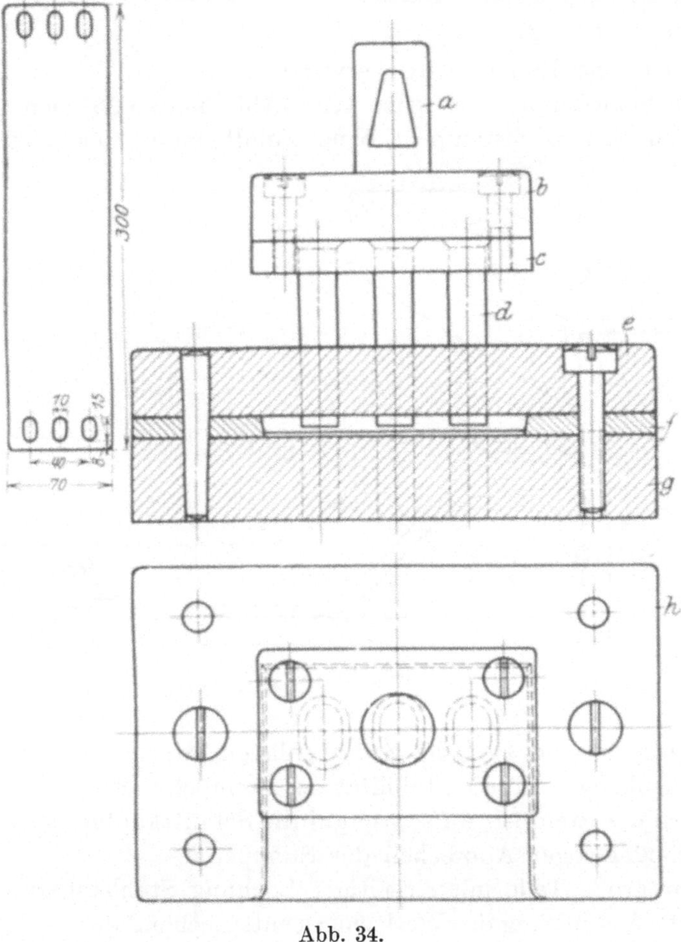

Abb. 34.

Schneidstempel zu vermeiden, ist diese nur zwei Drittel der Stärke des zu lochenden Teiles parallel gearbeitet, von da ab verläuft sie nach oben erweitert konisch. Außerdem wird dadurch auch das Einlegen des Teiles erleichtert. Der Teil muß wieder von Hand aus der Einlage entfernt werden. Die Passung der Lochstempel in der Führungsplatte ist Schiebesitz. Die Stempel sind gegen Herausziehen aus der Stempelplatte durch Zuhämmern eines Nietkopfes gesichert. Kleine, stark beanspruchte Lochstempel drücken sich leicht in die Kopfplatte ein, es ist deshalb zwischen Kopf- und Stempelplatte eine Stahlzwischenlage zu legen.

Anwendung:

Die offene Einlage wird verwendet:

Für Schienen und gebogene Teile (Abb. 35 und 36), deren Fixierung zu den Lochstempeln ohne Zuhilfenahme der Hand sehr

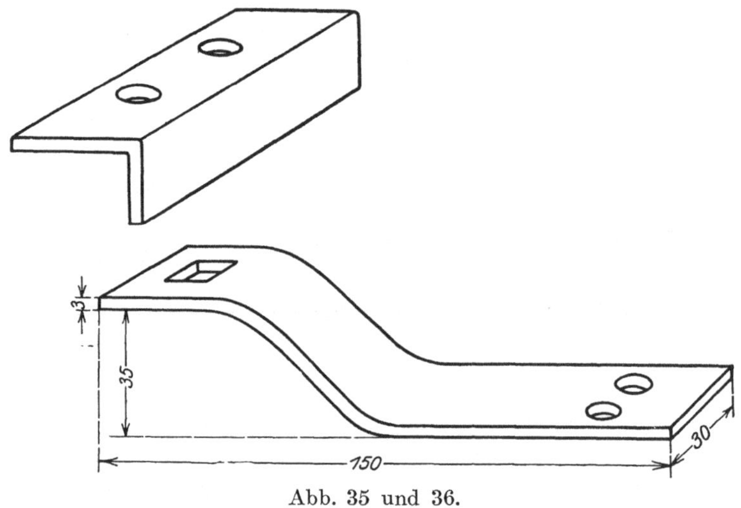

Abb. 35 und 36.

schwierig ist und zu hohe Zwischenlagen erfordert. Durch hohe Zwischenlagen wird die Stabilität der Stempel stark beeinträchtigt (Federn der Stempel, Aufsetzen auf die Schnittkanten der Schnittplatte oder sogar Abbrechen der Stempel).

Für große Teile mit einseitiger Lochung Stahlersparnis durch kleinste Ausführung des Werkzeuges entsprechend der Lochgruppe.

Für Teile Abb. 37, die in der Umgrenzung Toleranzen aufweisen können, deren Lochabstände von zwei Kanten aber genau eingehalten werden müssen (mit der Schere zugeschnittene Teile). Das Anlegen der Teile erfolgt bei a und b. Bei a wird die Anlage des Teiles sicherer durch eine federnde Leiste bewerkstelligt (Abb. 38), die, um das Einlegen des Teiles zu erleichtern, mittels Knopf c beim Einlegen des Teiles zurückgezogen wird.

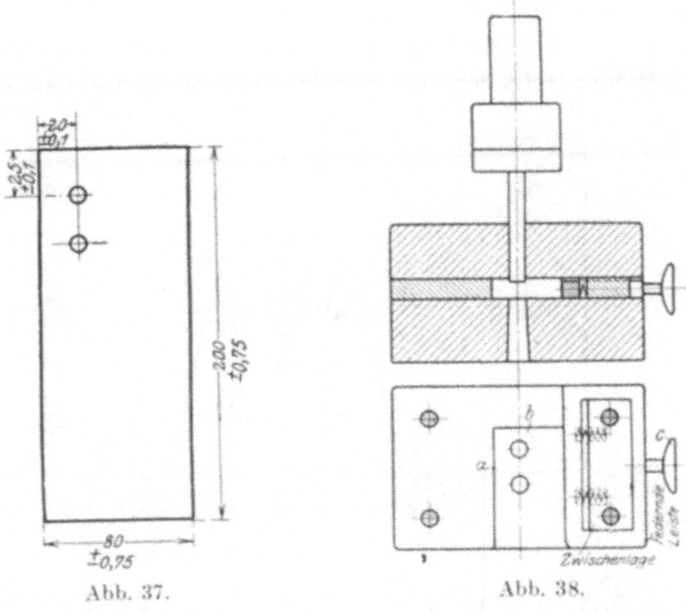

Abb. 37.   Abb. 38.

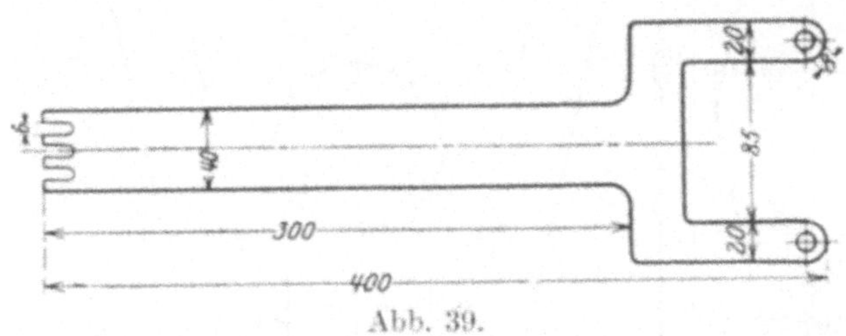

Abb. 39.

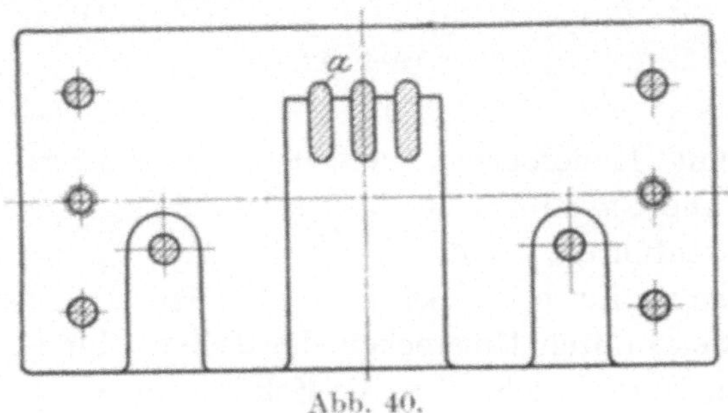

Abb. 40.

Für Teile mit beiderseitiger Lochung, bei denen sich wegen zu geringer Stückzahl die Anfertigung eines großen Werkzeuges nicht lohnt. Hierzu stellt der Teil Abb. 39 einen Sonderfall dar: die eine

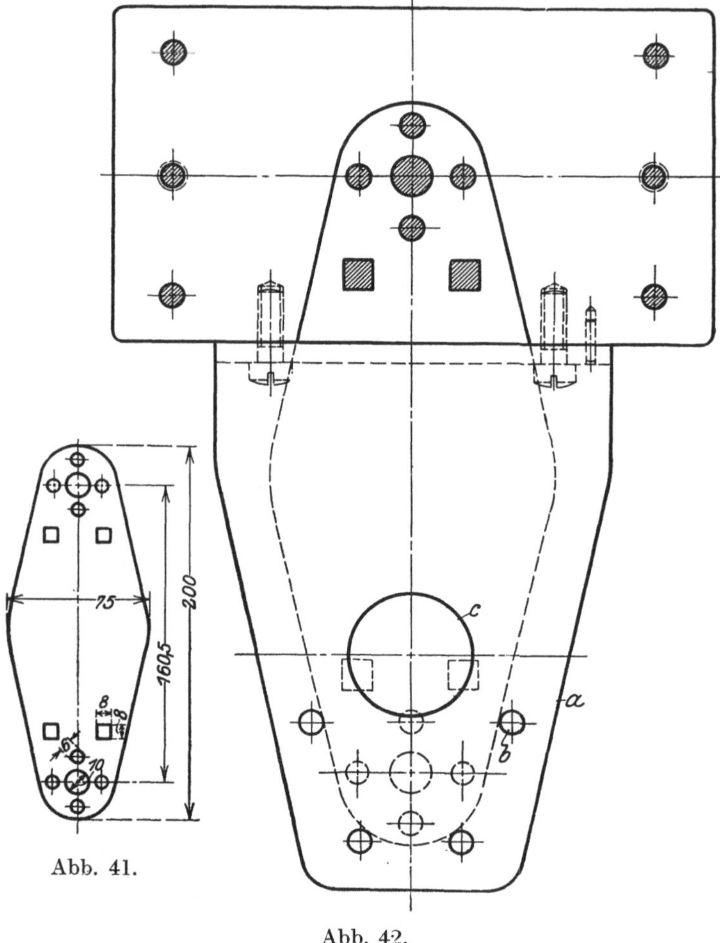

Abb. 41.

Abb. 42.

Seite ist mit Rundlöchern versehen, die andere mit offenen Schlitzen. Die Gabelform des Teiles läßt es zu, die Einlage nach Abb. 40 auszuführen. Dadurch ist die Anfertigung eines großen Lochwerkzeuges für beide Seiten vermieden. Das Lochen erfolgt operationsweise durch Umstecken des Teiles. Zur leichteren Herstellung des Durchbruches für die Schlitzstempel sind diese bei a

ebenfalls mit einer Kreisrundung versehen. Die Stempel für die Schlitze stehen etwas über die Umgrenzung des Teiles hinaus, um sie gut auszuschneiden.

Beim Lochen des Teiles nach Abb. 41, das durch einen Umgrenzungsschnitt hergestellt ist, ist man wegen der genauen Einhaltung der Lochgruppen gezwungen, die offene Einlage (Abb. 42) durch ein Auflageblech a mit Aufnahmestiften b zu verlängern. Diese verlängerte Aufnahme macht das Gelingen der Arbeit weniger von der Aufmerksamkeit der Arbeiterin abhängig. Das Loch c im Auflageblech dient zum leichteren Herausnehmen des Teiles.

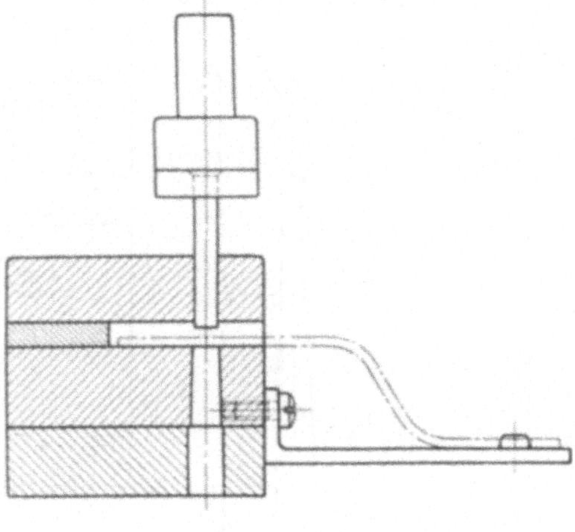

Abb. 43.

Bei dem Teil nach Abb. 36 läßt sich die Innehaltung des Abstandes der Löcher auf ähnliche Art erreichen. Der Locher für diesen Teil (Abb. 43) bekommt ebenfalls ein Auflageblech mit Aufnahmestift für das Vierkantloch. Der Aufnahmestift kann in diesem Fall rund sein und muß stark verkuppelt werden. Bei einem zylindrischen Aufnahmestift würde der Teil beim Aufwärtshub infolge Durchhängens an dem Aufnahmestift ecken.

Lochschnitt mit Plattenführung und halb offener Einlage.

Die halb offene Einlage bietet ebenso wie die offene Einlage ein gutes Mittel, um die Größe des Lochers auf ein Mindestmaß zu beschränken. Doch ist die halb offene Einlage nur bei

Teilen anwendbar, bei denen ein Teil der Umgrenzung des Wert-
stückes so von der Einlage aufgenommen werden kann, daß es von
allen Seiten fixiert ist. Solche Teile, die für halb offene Einlagen
besonders günstig sind, zeigen Abb. 44 und 45. Abb. 46 stellt einen
Locher mit halb offener Einlage dar.

Die Einlage entspricht der schraffierten Umgrenzung des Teiles.

Im allgemeinen gelten bei den
halb offenen Einlagen dieselben Aus-
führungsbedingungen wie bei der
offenen Einlage.

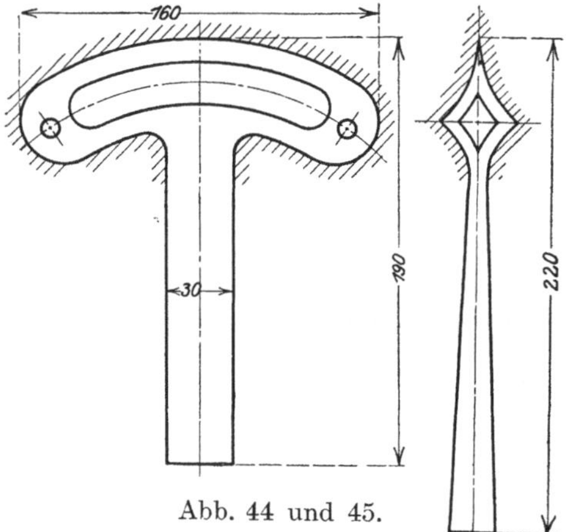

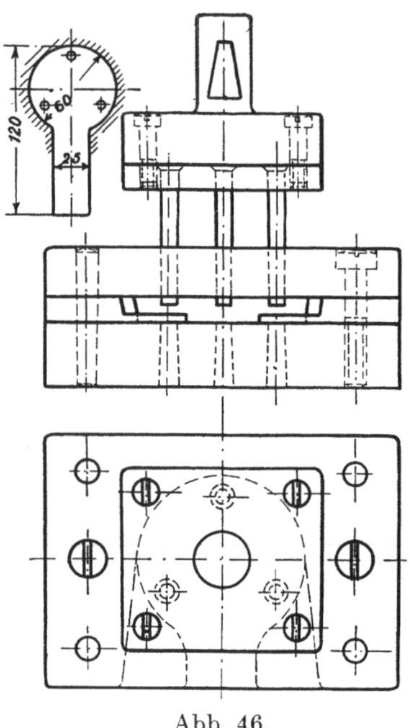

Abb. 44 und 45.   Abb. 46.

Lochschnitt mit Plattenführung und geschlossener Ein-
lage mit federndem Teilauswerfer.

Alle Teile, die mittels des Umgrenzungsschnitts hergestellt sind,
und deren Lochung zum Umfang genau eingehalten werden muß,
können vorteilhaft mit dem Lochschnitt mit geschlossener Einlage
(Abb. 47) gelocht werden.

Die Einlage e ist derart ausgebildet, daß sie den Teil in der
ganzen Umgrenzung aufnimmt, also geschlossen ist; sie wird darum
„geschlossene Einlage" genannt. Zum leichteren Einlegen der Teile
ist die Führungsplatte vorn frei gearbeitet.

Um den Teil nach erfolgtem Abstreifen herauszuwerfen, ist ein
Auswerfer i vorgesehen, der durch die Blattfeder k betätigt wird.
Der Auswerfer ist in einer Nut gelagert, welche in die zu einem

Stück vereinigte Ein- und Zwischenlage hineingearbeitet ist. — Die
Funktion des Auswerfers ist folgende: Beim Hochgehen der Stempel
nehmen diese den Teil durch die Reibung der Stempel innerhalb
der Löcher mit hoch. Der etwas über die Einlageumgrenzung
hervorstehende abgeschrägte Auswerfer wird dabei durch den Teil
um das vorstehende Ende zurückgedrückt und die Feder k mithin
gespannt (Abb. 48). Nach erfolgtem Abstreifen des Teiles schnellt

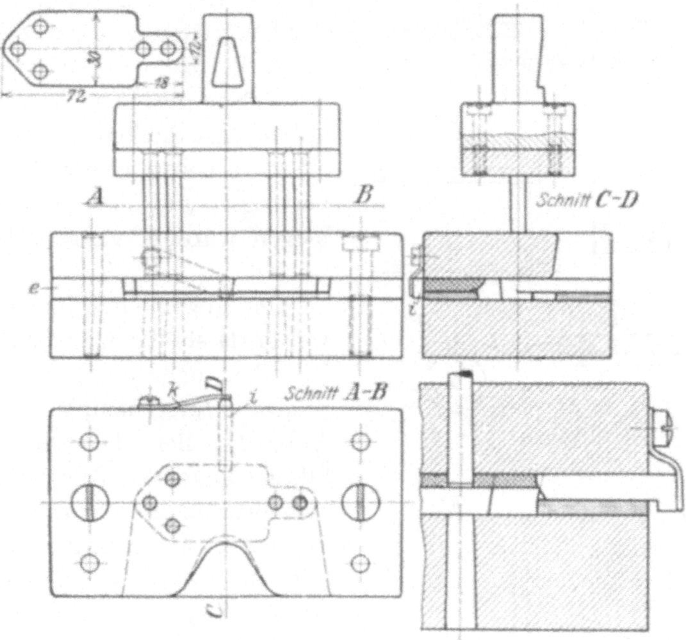

Abb. 47 und 48.

der Auswerfer infolge der sich jetzt entspannenden Feder nach
vorn und wirft den Teil heraus. — Die gute Wirksamkeit eines Auswerfers hängt von der richtigen Wahl der Abschrägung und von
der Stärke der Federkraft ab. Die Stärke der zum Auswerfen notwendigen Schleuderkraft ist eine Funktion der Masse des Teiles.
Bei großen Teilen muß die Schleuderkraft durch mehrere Auswerfer
bewirkt werden. Maßgebend für die Anwendung mehrerer Auswerfer sind folgende Punkte:

1. Teile wie Abb. 49, die durch Lochen die Symmetrie ihres
Schwerpunktes verloren haben, würden bei nur einem Auswerfer

infolge ihrer ungleichen Massenverteilung sich zu drehen versuchen und dabei an der Zwischenlage anecken. Durch den starken und den dünnen Pfeil sollen die Größenverhältnisse der notwendigen Schleuderkräfte gedeutet werden. Zu dieser Art gehören auch Teile (Abb. 50), denen eine ungleiche Massenverteilung durch die Form der Umgrenzung eigen ist.

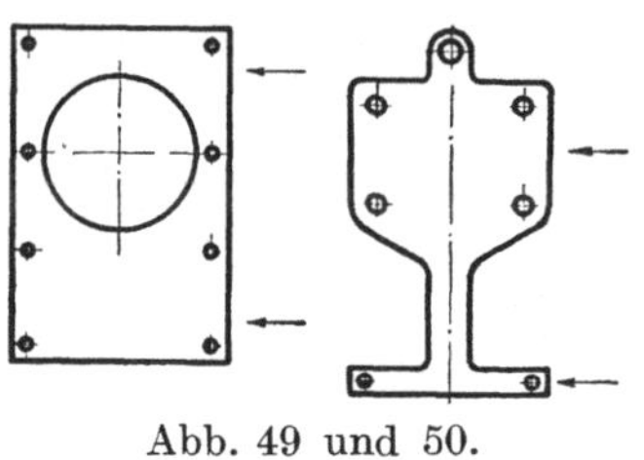

Abb. 49 und 50.

2. Bei dünnen Teilen, die infolge ihrer geringen Stabilität die notwendige Schleuderkraft, durch einen Auswerfer erzeugt, nicht vertragen und sich dadurch verbiegen würden, versagt der Auswerfer.

Im allgemeinen sollen Auswerfer da sitzen, wo sich Stempel befinden, oder dicht daneben.

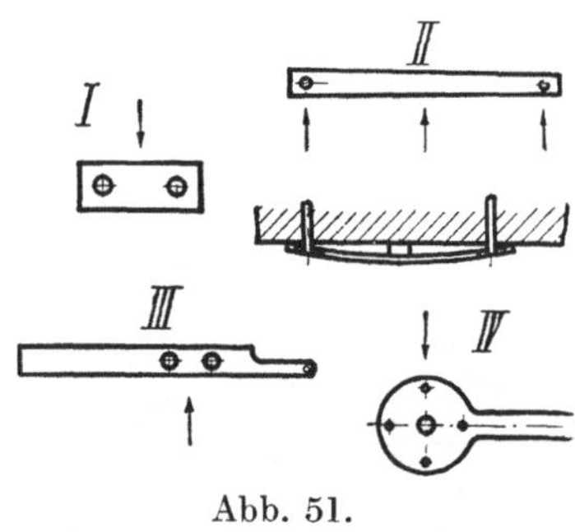

Abb. 51.

Die vorstehenden Beispiele Abb. 51 sollen die richtige und falsche Lage der Auswerfer zum auszuwerfenden Stück zeigen. Teil I zeigt einen einfachen Stanzteil, eine Isolierzwischenlage. Die richtige Lage des Auswerfers ist durch den Pfeil gekennzeichnet. — Teil II ist ein Teil aus 0,3 Bronzeblech mit richtiger Lage des Auswerfers. In derselben Abbildung bezeichnet der dünne Pfeil die falsche Lage des Auswerfers, der ein Durchbiegen des Teiles bewirkt. Durch die unrichtige Anbringung des Auswerfers biegt

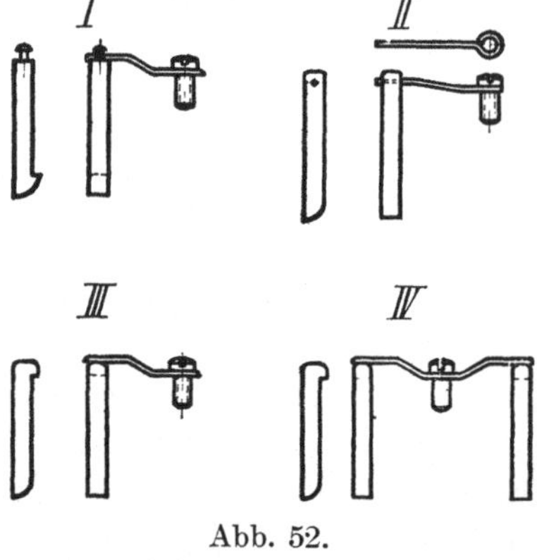

Abb. 52.

sich der Teil durch und bleibt an den Lochstempeln hängen. Der Teil wird dadurch in die Einlage zurückgeworfen. — Bei Teil III ist der beste Sitz des Auswerfers zwischen den großen Nadeln. Die schwache Nadel ist einige Zehntel Millimeter kürzer, um ein Hängenbleiben des Teiles zu vermeiden. — Für Teile ähnlich Teil IV ist die günstigste Lage des Auswerfers diejenige, die der Pfeil angibt. Die Regulierung der Federkraft erfolgt durch Schwächerschleifen der Feder nahe der Befestigungsschraube. Man erspart dadurch die mehrmalige Anfertigung der Blattfeder bis zum Passen. Diese Methode ist auch üblich, wenn es an passendem Bandstahl mangelt.

Die Abb. 52 zeigt verschiedene Ausführungen von Auswerfern. Auswerfer I und II sind die vorteilhaftesten Ausführungen, weil diese mit der Feder verbunden sind und sie nicht verlorengehen

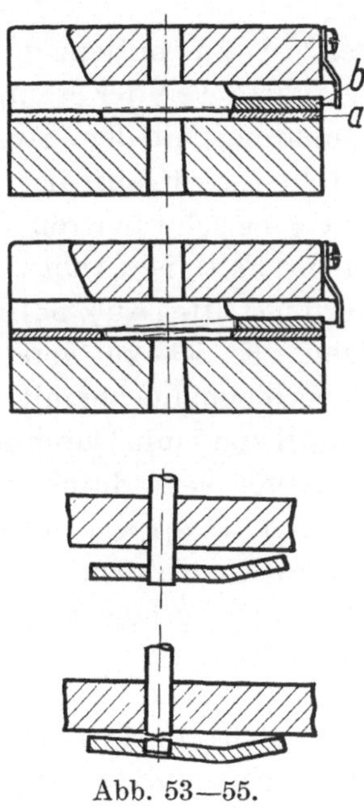

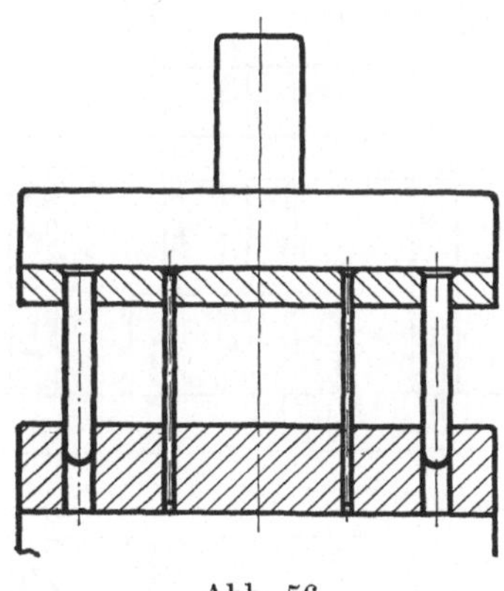

Abb. 53—55.   Abb. 56.

können. Die Ausführungen III und IV machen das Abhandenkommen der Auswerfer zur Regel, wenn die Federn nicht gegen seitliches Verschieben gesichert werden. Eine gemeinsame Feder für zwei Auswerfer ist bei geringen Abständen üblich.

Bei den bisherigen Lochschnitten war die Einlage aus einem Stück gearbeitet und der Werkstoff Eisen. Bei sehr großen Stückzahlen zu lochender Teile hat diese Einlage den Nachteil des sehr schnellen Verschleißes, was sich besonders bei federharten Werkstoffen, wie Bronze, Nickelin, Federbandstahl usw., bemerkbar macht. Um diesem Übelstand abzuhelfen, wendet man die Einlage und Zwischenlage in geteilter Form an (Abb. 53). Die Einlage besteht aus Stahlblech. — Bei Anfertigung der Einlage a ist besonders darauf zu achten, daß die Einlageumgrenzung mit der Zwischenlage bündig ist.

Abb. 54 zeigt das Gegenstück dazu. Beim Einlegen des Teiles kann der Teil auf die hintere Umgrenzungskante der Einlage gelegt werden. Bei stärkeren Teilen und schwächeren Stempeln kann durch die schiefe Lage des Teiles der Stempel abweichen und auf die Schnittkante aufsetzen, oder der Stempel bricht beim Abstreifen des verbogenen Teiles (Abb. 55) durch das Ecken an der Führungsplatte bei a ab.

Bei Anfertigung von Lochschnitten ist zu prüfen, ob der ungeführte Teil der Stempel in Verbindung mit dem Stempelkopf ein starres Ganzes ist; wenn nicht (bei schwächeren Stempeln der Fall), ist es notwendig, Führungsstifte (Abb. 56) einzusetzen. Es ist zu verstehen, daß bei einem Locher mit einem Stempel von 1 mm Durchmesser (krassester Fall) durch unvorsichtigen Transport oder ungenaues Einspannen desselben der Stempel verbogen wird oder sogar abbricht.

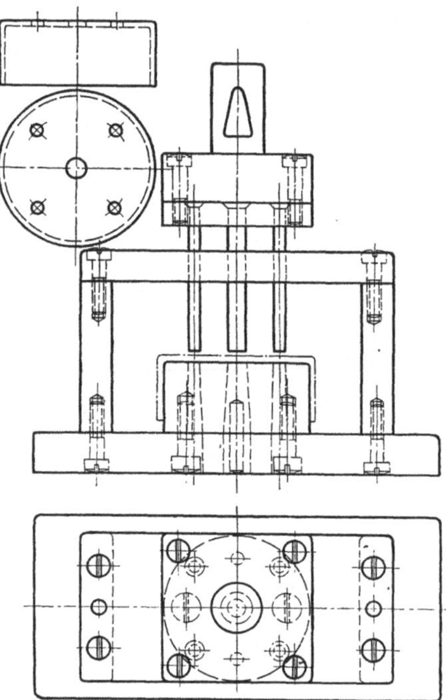

Abb. 57.

Lochschnitt mit Verbundführung (mitgehende Plattenführung).

In Abb. 57 ist ein Lochschnitt für den nebenstehenden Teil dargestellt, der durch seine ihm anhaftenden Mängel erst die Anregung zu dem Lochschnitt mit mitgehender Führung gegeben hat. Der Topf des Bodens soll mit 5 Löchern versehen werden. Durch die Höhe des Topfes wird auch die Höhe des Lochschnittes bestimmt. Der Topf wird über die dem Innendurchmesser des Topfes entsprechende Schnittplatte gestülpt. Um die Schnittplatte nachschleifen zu können, ist es erforderlich, daß sie höher ist als der Topf. Die Höhe der Zwischenlage muß ein bequemes Einführen des Topfes ermöglichen. Dadurch müssen die Stempel, um zum Schnitt zu gelangen, um mehr als die Höhe des Topfes aus der

Führungsplatte heraustreten. Die Folge ist ein starkes Federn der Lochstempel; es folgt Aufsetzen oder gar Abbrechen der Stempel. Die vielen Reparaturen solcher Lochschnitte behindern die Fabrikation und verursachen unnötige Kosten. Derartige Werkzeuge sind noch sehr viel in Gebrauch, man merzt sie am besten aus.

Alle die vorerwähnten Übelstände sind durch die Konstruktion des Lochers nach Abb. 58 beseitigt. Vier gehärtete und geschliffene Säulen a dienen zur Führung der Führungsplatte b, die aus SM-Stahl besteht und in Kali gehärtet ist. Die Spitzschrauben i in der Grundplatte f verhindern ein Verdrehen der Säulen. Die Säulen gleiten in Gußbuchsen c. Gußeisen ist für diese Zwecke durch die schmierende und glättende Wirkung des eingelagerten Graphits besonders geeignet.— Buchsen c und Grundplattenbohrung d haben Einheitsbohrung. Der Führungsteil der Säulen hat Gleitsitz, das Stück in der

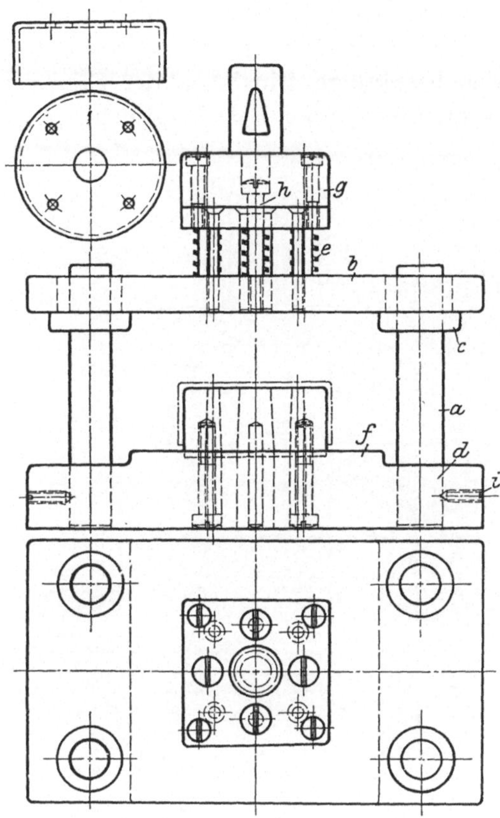

Abb. 58.

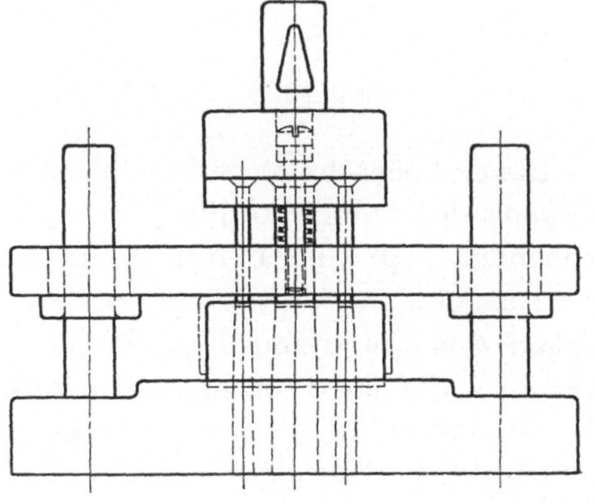

Abb. 59.

Grundplatte f Haftsitz. Stempelkopf g und Führungsplatte b sind durch vier Schrauben h verbunden. Die Federn e sorgen für das beständige Einziehen der Stempel in die Führungsplatte b, wenn diese außer Schnitt stehen.

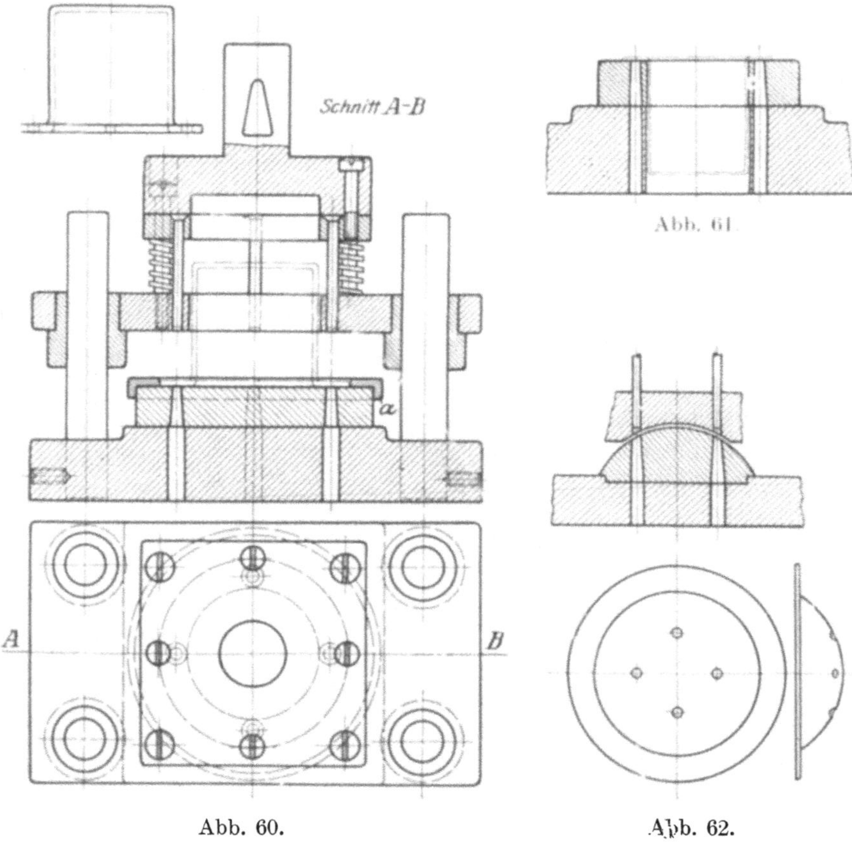

Abb. 60.   Abb. 62.

Dieser Lochschnitt besitzt folgende Arbeitsweise. Beim Niedergang des Stempelkopfes g geht die Führung b bis auf den zu lochenden Topf mit. Den noch für den Schnitt erforderlichen Hub machen jetzt nur die Stempel (Abb. 59). Nach Umkehr des Hubes ziehen sich die Stempel durch die niederhaltende Wirkung der Federn b auf die Führungsplatte unter gleichzeitigem Abstreifen des Topfes in die Führung b zurück. Alsdann beginnt erst das Abheben der Führung b von dem Topf durch die Köpfe der vier Schrauben h.

Die Abb. 60 zeigt die Anwendung des Lochschnittes für einen Topf mit Flansch. Zur Fixierung des Topfes dient die fest aufgedrückte Einlage, die den Flansch im Umfang aufnimmt. Diese Art der Befestigung der Einlage hat den Vorteil, daß die Schraubenlöcher fortfallen, die immer einen ungünstigen Einfluß beim Härten der Schnittplatte haben. Die Aufnahme des Topfes durch eine ringförmige Schnittplatte (Abb. 61) ist aus Herstellungsgründen nicht zu empfehlen, auch neigt sie leicht zum Verziehen beim Härten.

Beim Lochen der Glocke Abb. 62 werden die Lochstempel stark auf Knickung beansprucht. Der Lochschnitt mit mitgehender Plattenführung ist aus diesem Grunde nicht zu umgehen. Die zweckmäßigste Ausführung der Führungsplatte und Schnittplatte ist in gleicher Abbildung dargestellt.

Lochschnitt mit Säulenführung und federndem Abstreifer.

Für die Bauart des Lochwerkzeuges Abb. 63 war die sehr dichte Lage der Löcher am inneren Rand des Topfes maßgebend. Nach Abb. 64 hätte die Schnittplatte an den Löchern l zu wenig Werkstoff, und die Widerstandsfähigkeit wäre in diesem Fall für die Schnittbeanspruchung zu gering. Diese Ausführung ist auch für die Anfertigung und Reparatur des Werkzeuges sehr bedenklich. — Bei der Herstellung des Lochers nach Abb. 63 ist für den Oberteil a und die Grundplatte b Gußeisen verwendet worden. Die Ausführung mit zwei Säulen ist durch die achsiale Lage der Löcher des Topfes und durch die lange Führung des Oberteils begründet. Da das Lochen des Topfes von innen erfolgt, mußte von der Anwendung der mitgehenden Führung abgesehen werden und die Stempelführung durch die Säulenführung ersetzt werden.

Das Abstreifen des gelochten Topfes von den Stempeln besorgt der federnde Abstreifer c, welcher der mitgehenden Führung ähnelt. Es ist zweckmäßig, die Lochstempel in dem Abstreifer dicht zu führen; sie geben dadurch einander einen guten Halt und können bei etwaiger ungünstiger Schnittbeanspruchung nicht leicht aus ihrer Stellung abweichen. — Die Wirkung des Werkzeuges ist die gleiche, wie im vorhergehenden Abschnitt beschrieben.

Für den in Abb. 65 dargestellten Topf von 100 mm Höhe wäre, wenn man den Locher nach Abb. 58 ausführen wollte, eine Schnittpresse von mindestens 110 mm Hub erforderlich. Die normal ge-

bauten Schnittpressen weisen aber im Höchstfall einen Hub von
60 mm auf. Wählt man die Bauart des Lochers nach Abb. 65, so
läßt sich der Topf unter einer Schnittpresse von 40 mm Hub lochen,
den durchschnittlich jede Presse besitzt. Das Werkzeug ist ebenfalls mit Säulenführung ausgebildet und gleicht in der Bauweise

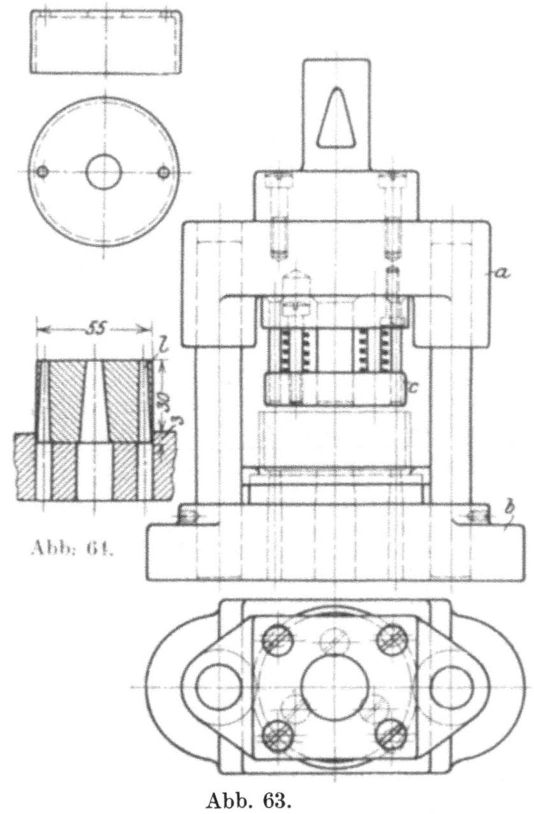

Abb. 64.

Abb. 63.

dem in Abb. 63, nur daß die Grundplatte *a* in einer Schlittenführung
ruht und der Oberteil *b* bei Hochstellung sich außerhalb der Führungssäulen befindet. Zwecks Einführung des Topfes in den Locher
wird die schiebbare Grundplatte *a* so weit nach vorn gezogen, daß
ein bequemes Aufsetzen des Topfes auf die Schnittplatte *c* von
oben erfolgen kann. Das auf der Grundplatte eingelassene, mit
Schrauben und Stellstiften montierte Zwischenstück *d* und auf
diesem die in gleicher Weise angebrachte Schnittplatte *c* (Stahl-

ersparnis) werden jetzt mittels des Handgriffes *f* bis an den Anschlag *g* geführt. Nun kann das Lochen erfolgen. Die verkuppelten
Säulen korrigieren die Stellung der Schnittplatte, falls der Unterteil

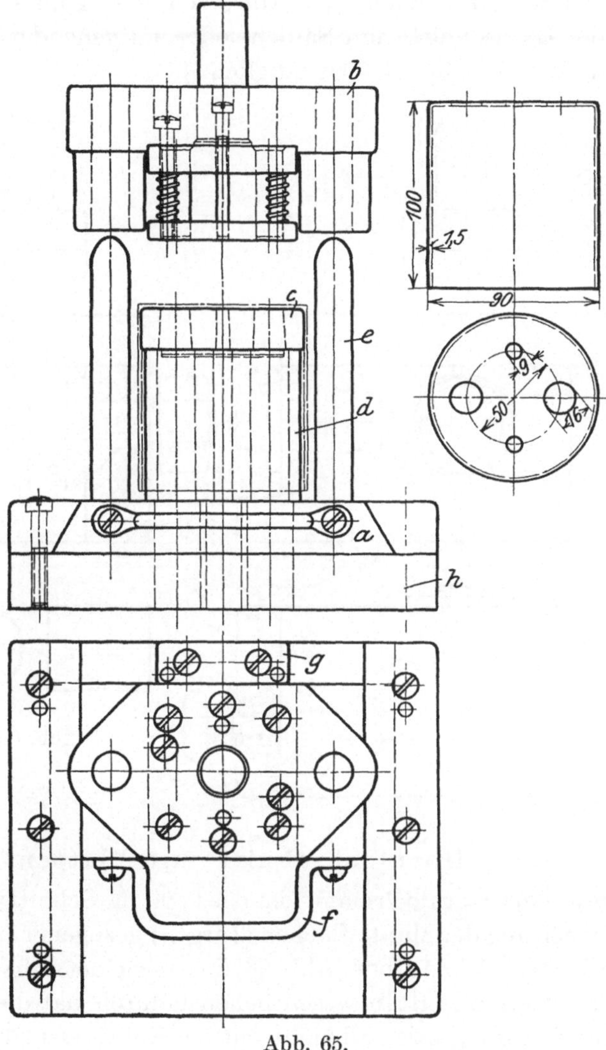

Abb. 65.

nicht an den Anschlag geführt wurde. Der Schneidvorgang und
das Abstreifen vollzieht sich in gleicher Weise wie bei den vorher
beschriebenen Werkzeugen. Die ausgelochten Putzen fallen durch
die großen gebohrten Durchfallöcher des Zwischenstückes *d*, der

4*

Grundplatte *a* und der Schlittenführung *h*. Zur Vermeidung unnötiger Reibung des Topfes an dem Zwischenstück *d* ist dasselbe kleiner im Durchmesser gehalten als die Schnittplatte *c*. Diese. Maßnahme erleichtert auch das Aufsetzen des Topfes. — Das Schärfen der Lochschnitte mit Säulen- oder mitgehender Führung ist nur bei demontierten Säulen möglich.[1])

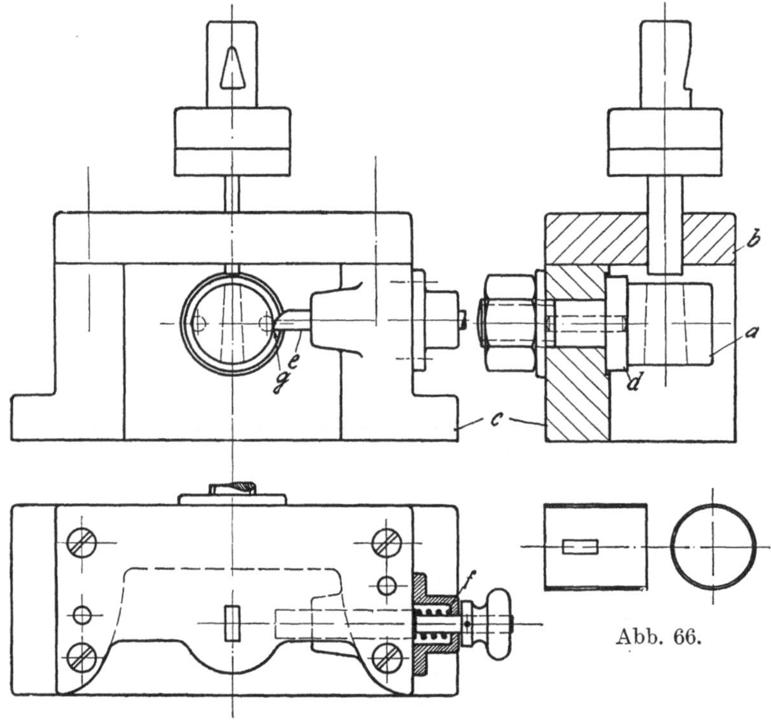

Abb. 66.

Der Bock- oder Hornlochschnitt mit Plattenführung

Der Bock- oder Hornlochschnitt ist das typische Schnittwerkzeug für die Bearbeitung der Mantelflächen (Zargen) gezogener und gebogener Hohlkörper. Sein Aufbau (Abb. 66) unterscheidet sich von einem normalen Führungsschnitt im wesentlichen dadurch, daß die Schnittplatte *a* einem Horn ähnelt und nicht mit der Führungsplatte *b*, sondern mit dem Bock *c* verschraubt ist. Die Schnittplatte ist gegen Verdrehen durch Stellstifte gesichert. Das Rohr, welches mit vier auf

---

[1]) Bei Schnitten mit Säulen jeglicher Art, bei denen die Schnittplatte aus einem Stücke besteht, empfiehlt es sich jedoch, die Schnittplatte von der Grundplatte abzuschrauben und zu schleifen.

dem Umfang gleichmäßig verteilten Schlitzen versehen werden soll, wird über die Schnittplatte *a* gesteckt und mit dem Daumen gegen den Bund *d* derselben gedrückt. Beim Lochen des ersten Schlitzes wird der Indexstift *e* nicht benutzt, er dient erst als Anschlag für das Lochen der nächstfolgenden drei Schlitze. Um ein genaues Umschalten des Rohres zu sichern, ist darauf zu achten, daß der Indexstift eine lange Lagerung erhält. Das Umschalten des Rohres erfolgt in der Weise, daß durch Rechtsdrehung des Werkstückes der Indexstift infolge seiner Abschrägung zurückgedrückt wird und auf der Mantelfläche des Rohres bis zum nächstfolgenden Schlitz entlang gleitet; alsdann springt er durch die Feder *f* in den Schlitz ein. Durch Ausübung eines Drehmomentes an dem Rohre nach links wird die untere Schlitzkante sicher zur Anlage an der Kante *g* des Indexstiftes *e* gebracht. Diese Bauart des Werkzeuges stellt die meist verwendete dar.

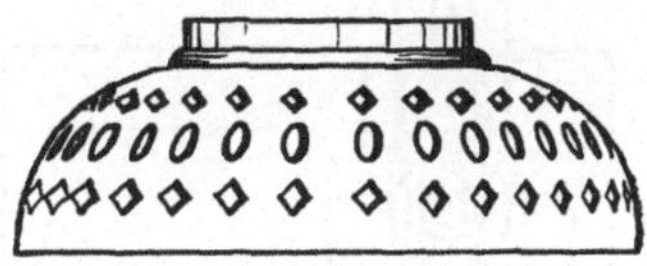

Abb. 67.

Man kennt ferner Bocklocher mit selbsttätigem Umschaltmechanismus, die sich auf gewöhnlichen Schnittpressen einrichten lassen; jedoch lohnen sich solche Werkzeuge nur bei sehr hohen Stückzahlen. In der Lampenindustrie werden Werkzeuge dieser Art als Galerieschnitte für gezogene Teile auf halbautomatisch arbeitende Schnellschnittpressen gebraucht. Als „Galerie" bezeichnet man auf einem Blechstreifen oder Hohlkörper (Brennerteil) fortlaufend nebeneinander gereihte Durchbrüche (Abb. 67). Das Umschalten des Teiles erfolgt bei diesen Schnittpressen vollständig selbsttätig.[1]) Ist die Galerie fertig gelocht, so schaltet sich die Maschine ebenfalls selbsttätig aus. Über die verschiedenartigen Konstruktionen von Galerieschnitten für Schnellschnittpressen sowie über die Bauart der letzteren wird in einem weiteren Buche berichtet werden.

Universallochschnitt mit Plattenführung

Nicht immer ist der Bau eines besonderen Lochwerkzeuges für jeden Einzelfall geboten, besonders dort nicht, wo es sich um geringe Stückzahlen zu lochender Teile handelt und die Fabrikation sich nie wiederholt. Trifft diese Feststellung z. B. auf Teile mit Rund-

---

[1]) Durch ein an der Presse vorhandenes Wechselrädersystem ist jede gewünschte Teilung zu erreichen.

löchern zu, so hilft man sich in primitiver Weise durch Anwendung
der Freilochschnitte (Rundschnitt), welche meist in größeren Stan-

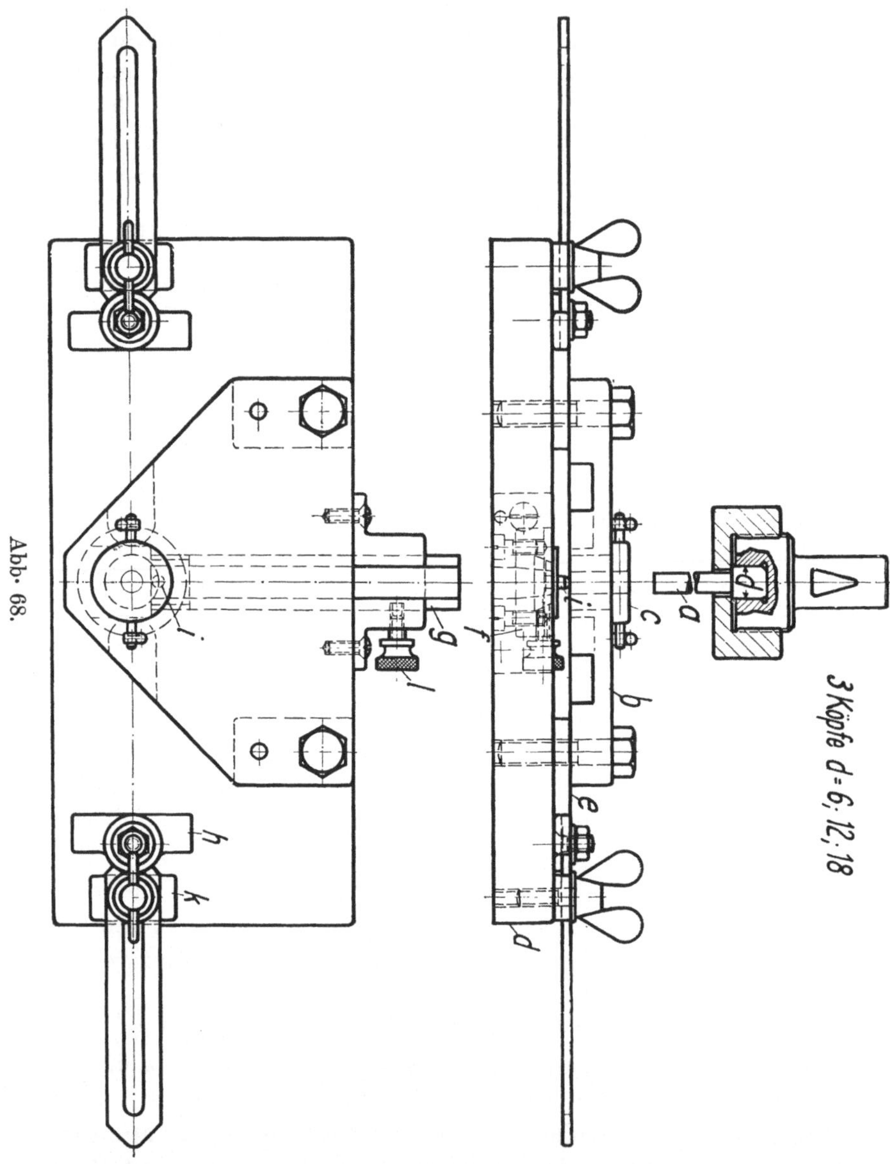

zereien in genügender Anzahl und Größe vorhanden sind. Das
Fixieren des Teiles erfolgt durch eine provisorische Einlage aus

Eisenblech. Die Einlage wird zugleich mit der Schnittplatte mittels des Spannzeuges festgespannt. Das Einrichten eines solchen Lochwerkzeuges ist aber sehr zeitraubend und umständlich.

Ein Lochschnitt, der in viel kürzerer Zeit für die Fabrikation hergerichtet werden kann und keiner besonderen Anfertigung von Einlagen bedarf, ist in Abb. 68 dargestellt. Im wesentlichen gleicht dieses Werkzeug einem Führungsschnitt. Der auswechselbare Lochstempel a wird in einer gleichfalls auswechselbaren Führungsbuchse c geführt. Die Platte b ist die Führungsplatte, e bezeichnet

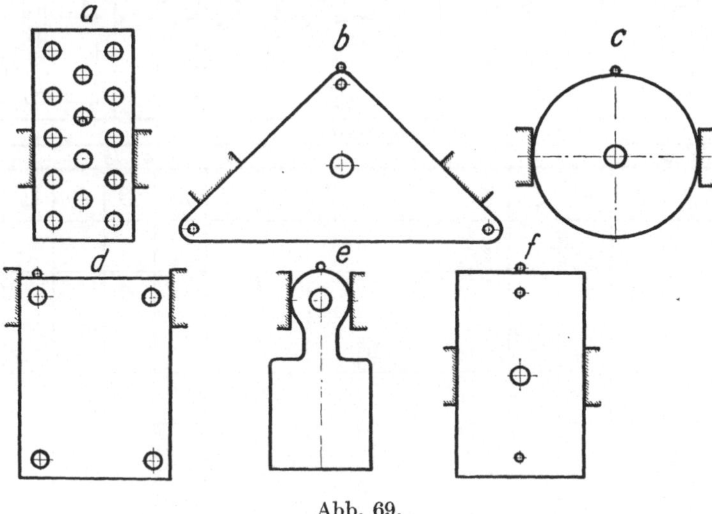

Abb. 69.

die Zwischenlagen. Die Grundplatte d nimmt den auswechselbaren Lochring f auf, welcher von unten mit der Grundplatte verschraubt ist. Um beim Schleifen des Lochringes die Grundplatte nicht mit anzugreifen, steht derselbe ca. 1 mm über die Grundplatte vor. Ist dieser Vorsprung durch öfteres Nachschleifen abgenommen und ein weiteres Schleifen noch zulässig, so legt man unter den Lochring Scheiben zur nochmaligen Erhöhung über die Grundplatte. Als Einlage für die zu lochenden Teile dienen die verstell- und drehbaren Anschläge h und der verschiebbare Einhängestift i. Die Anschläge h sind in der Unterlage k eingelassen. Der Fangstift i sitzt in einer prismatischen Leiste g, die in einer entsprechenden Nut der Grundplatte verschiebbar gelagert ist. Die Feststellung der Leiste erfolgt durch die Schraube l.

Die Anwendungsmöglichkeiten des Universallochschnittes zeigen die Abb. 69a bis f.

Bei Anfertigung eines solchen Werkzeuges ist es zweckmäßig, für die auswechselbaren Teile eine Aufstellung zu machen. Die

Universal-Locher Nº I

Stempel	Führungsplatte	Schnittplatte von 2 ÷ 10 m/m	Schnittplatte von 10 ÷ 16 m/m	Verstellbarkeit d. Einlage

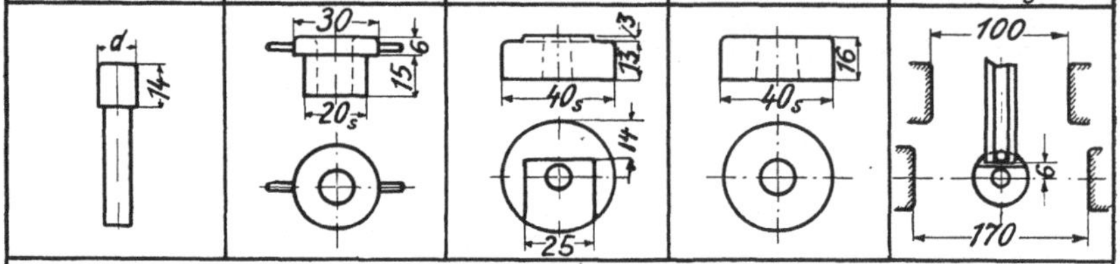

Millimeter

	d = 6			d = 12					d = 18						
0,0	2	3	4	5	6	7	8	9	10	11	12	13	14	15	16
0,1			◢		◢										
0,2						◢		◢	◢						
0,3				◢			◢								
0,4				◢								◢			
0,5	◢	◢	◢	◢	◢	◢	◢	◢	◢	◢	◢				
0,6							◢				◢				
0,7				◢				◢					◢		
0,8		◢					◢								
0,9					◢				◢			◢			

Tabelle II.

Tabelle II stellt eine derartige Übersicht vorhandener Lochringe dar. Die Querspalte führt die vollen Millimeter auf, für die sämtlich Lochringe auf Lager sind, die senkrechte Spalte gibt die Zehntelmillimeter an. Die vorhandenen Lochringe sind durch schraffierte Dreiecke gekennzeichnet. Beispielsweise sind für die Zehnerreihe Locher von 10,2, 10,5, 10,9 Durchmesser vorhanden. Bei Neuanfertigung von Lochplatten werden die Rubriken entsprechend ausgefüllt. Außerdem enthält die Tabelle Skizzen und Maße für die auswechselbaren Teile, so daß bei Nachanfertigung nach der Tabelle gearbeitet werden kann. Die genau einzuhaltenden Maße werden nach Toleranzlehren gepaßt, die mit dem Index der entsprechenden Passung versehen sind. Die letzte Rubrik gibt die Verstellbarkeit der Einlage an. — Eine solche Tabelle ist bei Herstellung von Fabrikationsplänen unentbehrlich. Fabrikationsbureau, Werkzeugbau und Stanzerei erhalten je eine Tabelle.

Sonderkonstruktion von Lochschnitten

Im allgemeinen kann man sagen, daß man mit den bisher angeführten Typen von Lochwerkzeugen in der Stanztechnik in den meisten Fällen gut auskommt. Anders verhält es sich, wenn ausgeschnittene Teile gelocht und darauf mit dem Biegewerkzeug weiter bearbeitet werden. Hierbei ergibt es sich oft, daß durch das Biegen bzw. die dadurch erfolgte Materialfaserstreckung und -stauchung der Abstand der Löcher sich verändert. Sitzen die Löcher sehr dicht an der Biegestelle a (Abb. 70), so ziehen sie sich auf. Daraus ist zu ersehen, daß Löcher an Biegestellen nicht vor dem Biegen gelocht werden dürfen.

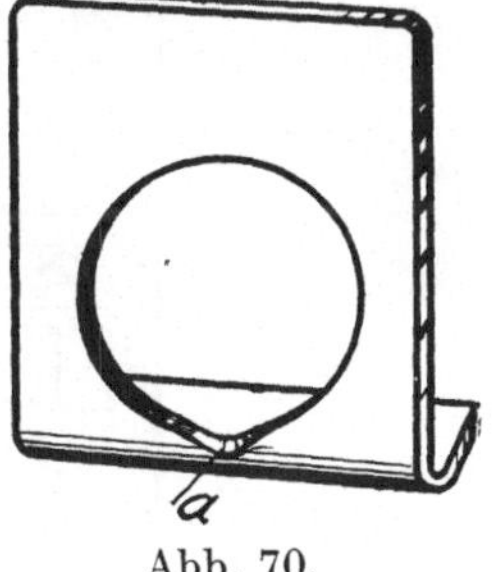

Abb. 70.

Allerdings kann man bei Teilen, bei denen es auf Genauigkeit nicht ankommt, das Lochen im gestreckten Zustand als zulässig betrachten. Ist es technisch möglich, nach dem Biegen den Teil getrennt zu lochen, und ist durch eine hohe Stückzahl der Teile die Wirtschaftlichkeit des Lochens gegeben, so ist zum Lochen ein besonders konstruiertes Werkzeug notwendig.

In den Teil der Abb. 71 wurden z. B. früher im gestreckten Zustand alle Löcher mit dem Schnitt mit Vorlocher gestanzt; darauf erfolgte das Biegen. Obwohl die Entfernung der Lochstempel für die seitlichen Löcher ausprobiert war, so entstand doch bei der Fabrikation etwa 25% Ausschuß durch Unstimmigkeiten der Lochentfernung von der Biegekante aus. Diese Differenzen waren auf die praktisch unvermeidbaren Unterschiede in den Blechstärken zurückzuführen, die bis 0,2 mm ausmachten und infolge des Biegens sich auf die Länge der Schenkel auswirkten. Wie gesagt, es mußte unter solchen Umständen von dieser Fabrikationsmethode ab-

gesehen werden. Jetzt wurden die zwei Stempel für die seitlichen
Löcher aus dem Schnitt entfernt, so daß nur noch das mittlere
Loch mit dem Schnitt hergestellt wurde, da dieses von dem Biegen
unbeeinflußt blieb. Die Herstellung der seitlichen Löcher erfolgte
dann durch Bohren. Hiermit war alles Bemängelte beseitigt. Aber
abgesehen von der bedeutend teureren Arbeitsmethode des Bohrens, die ja schließlich in solchen Fällen bei ungenügender Stückzahl
der einzige Ausweg ist, trat jetzt ein neues Übel auf: die Beseitigung

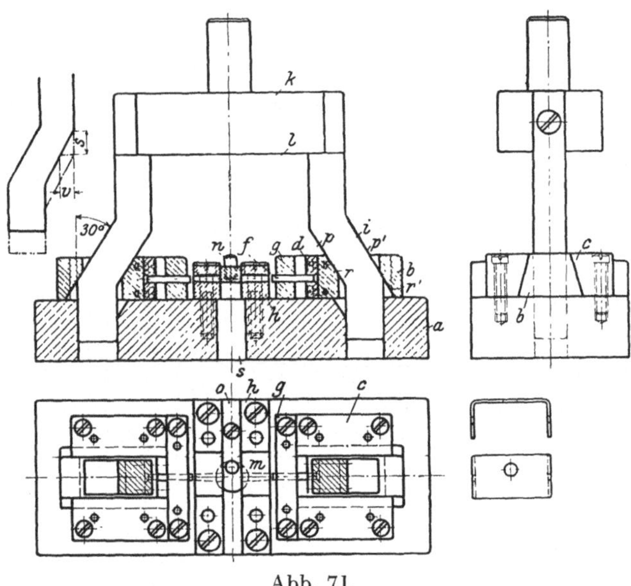

Abb. 71.

des innen entstandenen Bohrgrates. Da der Auftrag sich eines
Tages zu einer laufenden Fabrikation steigerte, erwog man an
Hand der großen Stückzahl, eine Herabsetzung der Herstellungs-
kosten durch Lochen zu erreichen. Weil es technisch möglich war,
den Teil von der Seite zu lochen, und das hierfür notwendige Werkzeug sich bezahlt machte, konstruierte man den in Abb. 71 dargestellten Lochschnitt:

Auf der Grundplatte a sind die Schieber b durch die Leisten c
beweglich gelagert. Die an einem Schieber durch zwei Schrauben
befestigte Platte d nimmt den Lochstempel f auf. Die Leiste g
dient als Führung für den Lochstempel f. Die Führung ist wie
üblich in Kali gehärtet. h ist die Schnittplatte. Die gekröpften

Schieberstangen i, sogenannte „Krebsfüße", tragen für die Bewegung der Schieber b Sorge. Jene sind mit dem Kopf k durch Schrauben verbunden und durch den Ansatz l abgestützt. Als Einlage für den Teil dient die in beide Schnittplatten eingehobelte Nut m. Der Stift n, welcher auf der Leiste o befestigt ist, soll ein verkehrtes Einlegen des Teiles verhindern. Die Bewegung der Schieber bzw. der Stempel geschieht durch die Krebsfüße in der Weise, daß bei Niedergang des Kopfes die Schräge p des Krebsfußes an der

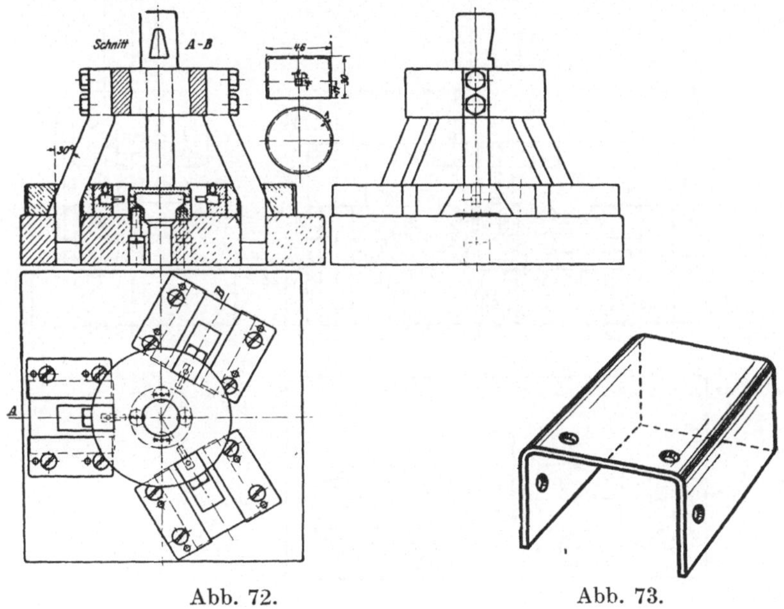

Abb. 72.   Abb. 73.

Schräge r des Schiebers abgleitet und somit denselben um die Komponente v der Senkrechtbewegung s des Krebsfußes auf die Schnittplatte zu bewegt, bis das Lochen erfolgt ist. Geht der Kopf k wieder aufwärts, so tritt die Schräge p' und r' in Funktion und zieht den Schieber in gleicher Weise zurück. Die ausgelochten Putzen fallen durch das Loch s. Die Neigung der Gleitflächen des Krebsfußes zur Vertikalen macht man gewöhnlich 30°. Eine geringere Schräge zu wählen, um ein kleineres Übersetzungsverhältnis zu erhalten, ist in den seltensten Fällen nötig und bedingt auch einen zu großen Hub.

Ein nach gleichem Prinzip konstruiertes Werkzeug stellt die Abb. 72 dar. Es hat seine Existenzberechtigung durch die hohe

Stückzahl der zu lochenden Teile. Ein Bocklocher würde hier nicht genügend wirtschaftlich arbeiten. Bemerkenswert an diesem Lochschnitt ist die Befestigung der Lochstempel, die in einem Sackloch des Schiebers mit einer Spitzschraube erfolgt. Diese Befestigungsart gestattet bequemes Auswechseln.

Zum Lochen des in Abb. 73 dargestellten Teiles dient der Lochschnitt Abb. 74. Es werden mit ihm sämtliche Löcher in einem

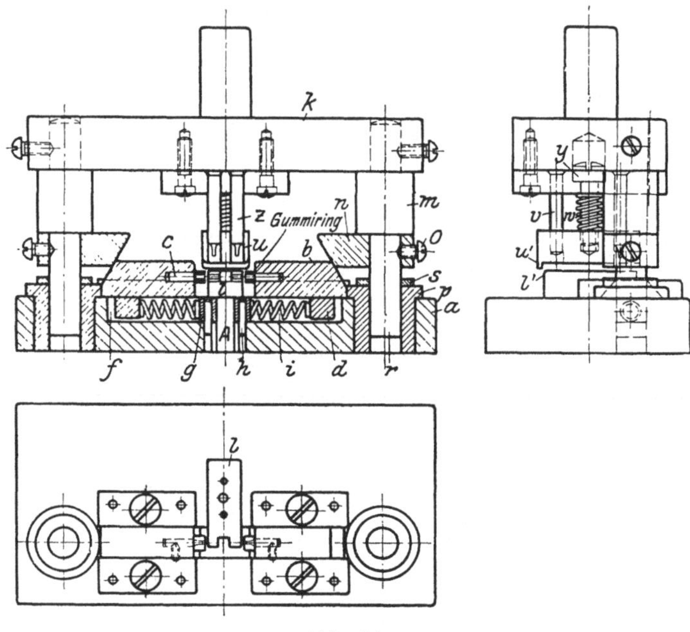

Abb. 74.

Hub hergestellt. Auf der Grundplatte a sind die Schieber b angeordnet, die mit einem Zapfen d in die Nut f der Grundplatte a ragen. Die Nut f ist durch ein Zwischenstück g geteilt, welches durch die Stifte h gegen Verrücken gesichert ist. Zwischen dem Zwischenstück g und den Zapfen d befinden sich Druckfedern i, die stets die Schieber b nach erfolgtem Lochen in die Endstellung drücken. Die Führung des Kopfes k zur Grundplatte bzw. zu der Schnittplatte l geschieht durch die Säulen m. Die Säulen sind mit dem Kopf k durch Spitzschrauben festgestellt. Der Ansatz der Säulen dient zur besseren vertikalen Abstützung derselben und zum Abfangen der Schieberknacken n, welche ihrerseits durch die

Schrauben o gegen Verdrehen festgestellt sind. Die Führungsbuchsen p sind aus Gußeisen und haben Einheitsbohrung. Das
Führungsende r der Säulen hat Gleitsitz. Die Ringe s bestimmen
die tiefste zulässige Stellung des Kopfes k und verhindern damit
eine Zerstörung des Mechanismus. Die vertikalen Lochstempel z
sind durch eine am Kopf k befestigte normale Stempelplatte aufgenommen und werden in dem Abstreifer und Niederhalter u geführt. Zur Unterstützung der Führung des Niederhalters dient
der Stift v. Betätigt wird der Abstreifer durch Feder w und
Distanzschraube y.

Soll der Teil gelocht werden, so wird derselbe über die Schnittplatte l gestülpt und nach vorn gezogen, bis die hintere Wand des
Teiles an der Fläche l' der Schnittplatte l liegt. Beim Niedergang
des Kopfes sitzt zunächst der Abstreifer w auf dem Teil auf und
hält ihn fest. Die Nase u' des Abstreifers dient als Sicherung gegen
Verschieben des Teiles und korrigiert mitunter die Lage desselben,
wenn der Teil ungenügend an der Fläche l' anliegt. Bei weiterem
Niedergang setzen die Schrägen der Knacken n auf den Schrägen
der Schieber b auf und schieben dieselben der Schnittplatte zu.
Inzwischen sind auch die vertikalen Lochstempel zum Schnitt ge-
kommen. Geht der Kopf k wieder aufwärts, so drücken die gespannten Federn i die Schieber in die Endlage zurück. Die über
die Stempel geschobenen Ringe sind aus Gummi und dienen zur
Abstreifung. Sie pressen sich während des Lochens zusammen und
halten die Seitenwände des Teiles beim Zurückziehen der Stempel c
fest. Ein mechanischer Abstreifer würde die Konstruktion des
Werkzeuges zu schwierig gestalten. Der Abstreifer u bleibt unter
Federdruck auf dem Teil liegen, bis die Stempel z aus dem Teil
herausgezogen sind, alsdann nimmt die Distanzschraube y den
Abstreifer in die Höhe. Die ausgelochten Putzen fallen durch
das Loch A.

Der in Abb. 75 dargestellte Teil ist mit einem Schnitt mit Vorlocher hergestellt, und zwar sind im gestreckten Zustand nur die
Rundlöcher ausgeschnitten. Da die Rundlöcher 15 mm von der
Kante a entfernt sein müssen, kann also das Biegen keinen Einfluß
auf den Abstand der Löcher von dieser Kante haben. Anders
verhält es sich mit den Schlitzen 2×4 mm, die genau zentral zu
den vorgelochten Rundlöchern sitzen müssen. Hierbei kann eine
Differenz der Blechstärke und ungenaues Einlegen des Teiles in

die Einlage des Biegewerkzeuges die Genauigkeit der Lochung beeinflussen. Aus diesem Grunde ist es erforderlich, die Schlitze
nach dem Biegen in den Teil einzuschneiden. Den hierfür verwendeten Lochschnitt zeigt die gleiche Abbildung: Die Zwischenlage *a* ist durch Aushobeln bei *b* als Aufnahme hergerichtet, so daß

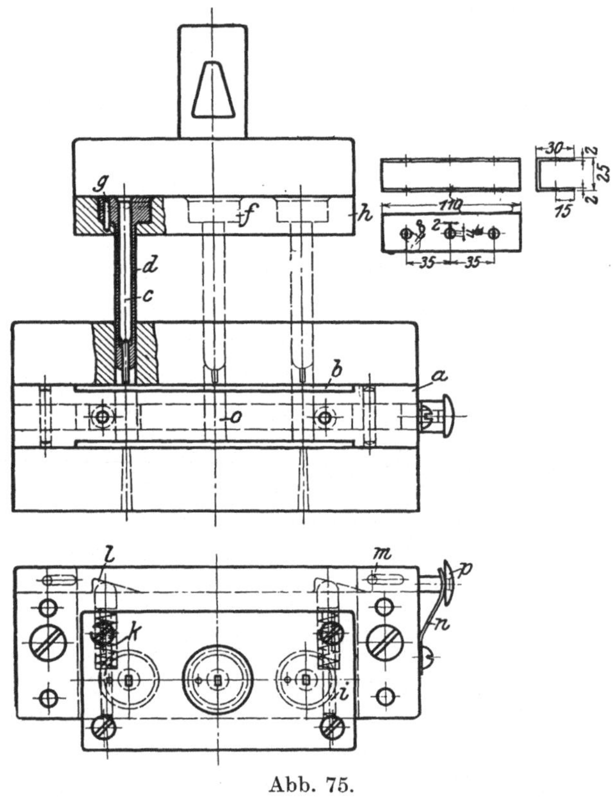

Abb. 75.

die Schenkel des Teiles in die Schlitze *b* eingeführt werden können.
Die Lochstempel *c* sind in den Hülsen *d* aufgenommen, die den
gleichen Durchmesser haben wie die Rundlöcher des Teiles. Um
die Stempel *c* gegen Drehen zu sichern, sind die Hülsen *d* mit einem
Bund *f* versehen, der durch den Stellstift *g* fixiert ist. Der Halt
der Hülse sowie des Stempels in der Stempelplatte *h* geschieht
wie üblich durch den angedrehten bzw. zugehämmerten Kopf.
Durch den Mittelsteg der Aufnahme führen zwei Stifte *i*, die bei
Ruhestellung stets durch die Feder *k* in die Aufnahme eingezogen

werden. Der verkuppelte Ansatz der Stifte i drückt auf die Schräge der Leiste l, die durch eine entsprechende Nut l' in der Aufnahme und durch die beiden Stifte und Schlitze m ihre Führung erhält. Die Feder n hält die Leiste l bei Nichtbetätigung in der gezeichneten Lage fest.

Soll der Teil gelocht werden, so wird derselbe mit dem vorgelochten Schenkel nach oben über den Mittelsteg der Aufnahme gesteckt und mit der Hand durch Gegendrücken festgehalten. Während des Niederganges der Stempel bringen die am unteren Ende verkuppelten Hülsen d beim Durchlaufen der Rundlöcher des oberen Schenkels des Teiles diesen in die richtige Lage. Die Hülsen werden dann bei weiterem Niedergehen durch die Löcher o in der Aufnahme bzw. Zwischenlage a nochmals geführt, um ein Federn derselben zu vermeiden. Dann treten die Stempel aus dieser letzten Führung heraus und kommen zum Schnitt. Sind die Schlitze gelocht und die Stempel wieder in die Endstellung gelangt, so genügt ein Druck auf den Knopf p, und die sich nach links bewegende Leiste l drückt mit ihren Schrägen auf die Stifte i, welche den Teil nach vorn wieder hinauswerfen. Durch Loslassen des Knopfes p bewegt sich der Auswerfmechanismus wieder in die Ruhestellung.

Daß auch bei Schnittwerkzeugen oft komplizierte Konstruktionsaufgaben gestellt werden, lassen die Abb. 76 bis 79 erkennen. Derartige Aufgaben gehören nicht mehr zu den Obliegenheiten der Werkstatt (was heute in der Industrie noch viel zu wenig beachtet wird), sondern sie müssen von den aus dem Schnittbau hervorgegangenen Werkzeugkonstrukteuren gelöst werden. Nur so lassen sich die vielen Fehlkonstruktionen verhüten, die aus dem Stegreif des Meisters oder Werkzeugmachers entstehen und erst durch mehrmalige wesentliche Abänderungen verwendbar gemacht werden können. Es soll nicht damit gesagt werden, daß der Praktiker bei solchen Aufgaben hilflos ist. Die Ideen von seiner Seite sind oft gut, jedoch kann der Praktiker sie nicht zeichnerisch gestalten, weil ihm die Fertigkeit und Zeit dazu fehlt. Die Formung und Bemessung der einzelnen Elemente aus seinem Gefühl ohne Aufzeichnung des Werkzeuges machen es daher meistens zu einem ungeschickten und unhandlichen Gebilde.

Das Werkzeug Abb. 76 ist für den nebenstehenden Teil konstruiert. Es sind drei wagerecht und zwei unter 30° liegende Löcher

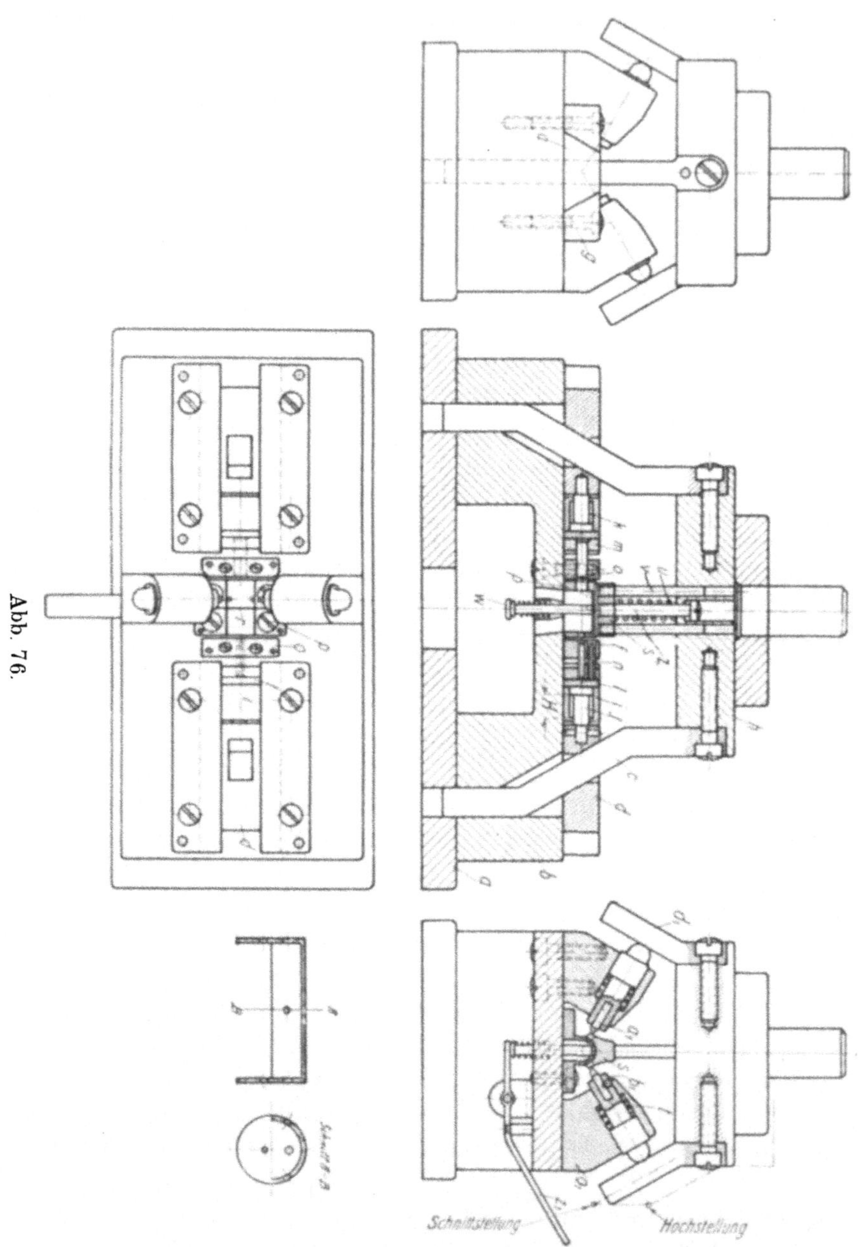
Abb. 76.
Schnittstellung
Hochstellung

mit einem Hub zu lochen. Bei der Konstruktion des Werkzeuges war zu berücksichtigen, daß bei Ruhe- bzw. Hochstellung des Werkzeuges die Schnittplatte p so weit von dem Niederhalter s freigegeben wird, daß ein bequemes Auflegen des Teiles auf die Schnittplatte möglich ist, ohne dabei dem seitlichen Stempel f einen größeren Hub als 3 mm zu geben. — Zunächst soll der Aufbau des Werkzeuges beschrieben werden: Auf einer Unterplatte a sitzt ein gußeiserner Block b, auf welchem die von den Krebsfüßen c direkt gesteuerten Schieber d für die Wagerechtstempel f in den Führungsleisten g gelagert sind. Die Krebsfüße c sind in der Platte h eingelassen und verschraubt. Ihre Führung erhalten sie in der Grundplatte b. Auf der Platte h sitzt zum Einspannen des Werkzeuges in die Schnittpresse eine normale Kopfplatte mit Zapfen. Die direkt gesteuerten Schieber d sind mit einem Reduzierschieber i lose verkuppelt. Die Kupplung der beiden Schieber ist erreicht durch den Bolzen j, dessen schwacher Ansatz durch einen Stellstift mit dem Schieber d verstiftet ist. Mit dem kolbenförmigen Ende sitzt er leicht schiebbar in der Bohrung k. Diese wird durch die Zwischenplatte l abgedeckt. Mit den Zwischenplatten l und den Reduzierschiebern i sind durch Schrauben die Stempelplatten m und die Lochstempel f verbunden. Der kleinste Lochstempel f ist nochmals von einer Hülse n, Docke genannt, umgeben, um ihn gegen Knicken bei der Schnittbeanspruchung zu unterstützen. Näheres hierüber siehe Seite 101. Die Docke bzw. die Stempel f sind in den Führungen o, die durch Schrauben und Stellstifte mit der Grundplatte b verschraubt sind, geführt. Die Schnittplatte p ist der Form des Teiles entsprechend ausgeführt und bei r geteilt. Das Teilen der Schnittplatte erleichtert die Herstellung der Schnittlöcher und vereinfacht die Reparatur. Würde der Werkzeugmacher bei der Herstellung eines der Löcher Unglück haben, so daß er nicht mehr in der Lage wäre, dieses durch irgendein Mittel brauchbar zu machen, so hat er nur den einen Teil der Schnittplatte zu ersetzen; das gleiche gilt bei Beschädigung eines Schnittloches durch die Schnittbeanspruchung. Eine ungeteilte Schnittplatte müßte wegen eines beschädigten Schnittloches vollkommen neu angefertigt werden. Über der Schnittplatte p sitzt der Niederhalter s, welcher durch die Distanzschraube z und die Feder u betätigt wird. Die Stifte v sind Führungsstifte für den Niederhalter. Senkrecht durch die Mitte der Schnittplatte geht der Auswerferstift w für den Teil, welcher in der Grundplatte b geführt und durch den Handhebel z_1 betätigt wird. Zum Lochen der unter $30°$ liegenden Löcher dienen die Stempel a_1, die in den Rundschiebern b_1 aufgenommen und durch Spitzschrauben festgestellt sind. Die Rundschieber b_1 sind gehärtet und genau laufend geschliffen, desgleichen ihre Lager in dem Lagebock o_1. Die Feder t sorgt für den Rücklauf der Rundschieber bzw. Lochstempel nach Umkehr des Schnitthubes. Die Winkelstücke d_1 ermöglichen die Schnittbewegung derselben. Zur Erzielung möglichst geringer Reibung an dem verkuppelten Ende der Rundschieber sind sie gehärtet und an den Gleitflächen geschliffen und poliert. Man sorge für möglichst geringe Reibung, damit der Druck senkrecht zur Bewegung der Schieber auf ein Minimum beschränkt bleibt und die Läger geschont werden. — Das Werkzeug ist in einer Stellung gezeichnet, wo gerade der Niederhalter auf dem zu lochenden Teil aufsitzt und die Schnittbewegung der wagerechten und der schräggestellten Lochstempel beginnt.

Die Wirkungsweise des Werkzeuges Abb. 76 ist wie folgt:

Bei Hochstellung des Werkzeuges ist der Niederhalter so weit von der Schnittplatte p entfernt, daß ein bequemes Aufsetzen des Teiles auf die Schnittplatte erfolgen kann. Der Bund des Kupplungsbolzens j liegt bei dieser Stellung gegen den Grund der Bohrung des Reduzierschiebers i an, so daß also der direkt von dem Krebsfuß gesteuerte Schieber d um das Maß H vom Reduzierschieber entfernt ist. Die eingezeichnete Stellung des Schiebers i entspricht der End- und Ruhestellung. Die Endstellung der Winkelstücke d_1 ist an der gestrichelten Linie zu erkennen. Der Teil wird auf die Schnittplatte gesetzt, und der Hub beginnt. Zunächst bewegen die Krebsfüße die Schieber d, bis der Bund des Kupplungsbolzens j gegen die Zwischenplatte l drückt (gezeichnete Stellung). Zur gleichen Zeit sitzt der Niederhalter s auf dem zu lochenden Teil auf. Im Augenblick, wo der Bund des Kolbens j gegen die Platte l drückt, wird der Reduzierschieber i vorwärts bewegt, bis die Stempel gelocht haben. Nach Umkehr des Hubes verbleiben die Lochstempel so lange in dem gelochten Teil, bis der Bund des Kolbens j gegen den Grund der Bohrung des Schiebers i stößt. Von da an beginnt die Rückwärtsbewegung der Lochstempel. Der Niederhalter hat sich bereits bei Beginn des Aufwärtshubes entspannt und ist durch den Kopf der Distanzschraube mit in die

Höhe genommen. Ist das Werkzeug in seine Anfangsstellung gelangt, so genügt ein Druck auf den Handhebel z_1, um den Teil auszuwerfen.

Der Zweck des Einbauens eines Reduzierschiebers in dieses Werkzeug war die Erzielung eines möglichst kurzen Hubes für die wagerechten Lochstempel, um ihren Verschleiß auf ein Minimum herabzusetzen.

Die Abb. 77 zeigt wiederum einen Locher mit Krebsfüßen und läßt die vielseitige Verwendbarkeit dieses Bewegungselementes erkennen. Die Konstruktion soll zeigen, in welcher Weise Mantellöcher auf einmal bei besonders hohen Teilen, wie lange Rohre usw., gelocht werden können. Da man beim Lochen hoher Teile von der Entfernung des Pressentisches bis zum Pressenbär abhängig ist, locht man den Teil bei unzureichender Entfernung in horizontaler Lage. Der zu lochende Teil ist ein Tubus mit vier auf dem Umfang gleichmäßig verteilten Löchern. Die Länge des Werkstückes beträgt 400 mm.

Der Locher besteht aus dem Antriebsschieber a, der mittels des an ihm angedrehten Zapfens in die Schnittpresse gespannt wird. Der Schieber a ist als Gabel ausgebildet und hat in jedem Gabelende einen durchgearbeiteten Schlitz b als Steuerkurve zur Betätigung der Krebsfüße. Geführt wird der Antriebsschieber durch die Leisten k, die mit der Grundplatte j verschraubt sind und durch Stellstifte in ihrer Lage gesichert werden. Zwischen der Gabel ist eine Zugstange c eingepaßt, die einen Steuerbolzen d trägt; dieser lagert mit seinen Enden in der Steuerkurve b. Die Zugstange c trägt eine Platte f, an welche vier Krebsfüße g montiert sind, die für die Bewegung der üblichen Schieber h Sorge tragen. Außerdem ist die Zugstange c mit einer Verlängerung versehen, die am Ende eine Scheibe s vom Innendurchmesser des Topfes aufnimmt und als Unterstützung für den zu lochenden Teil dient. Die Führung der Schieber ist durch die Segmentstücke i gebildet, welche mittels Schrauben und Stellstiften auf der Grundplatte j montiert sind. Die Krebsfüße erhalten ihre Führung in der Grundplatte j. Die an dem Schieber h mittels Stempelplatte befestigten Lochstempel führen sich in besonderen Stahlbuchsen l, welche in den Ring m eingesetzt sind. Der Ring m ist ebenfalls mit der Grundplatte j verschraubt und durch Stellstifte am Verdrehen gehindert. Beim Auslaufen eines Führungsloches braucht nur die Stahlbuchse

ersetzt zu werden. Auch wird auf diese Weise bei Herstellung von
Aufnahmelöchern für die Buchse ein weiter Spielraum dem Werkzeugmacher für das Gelingen der genauen Teilung gegeben, da er

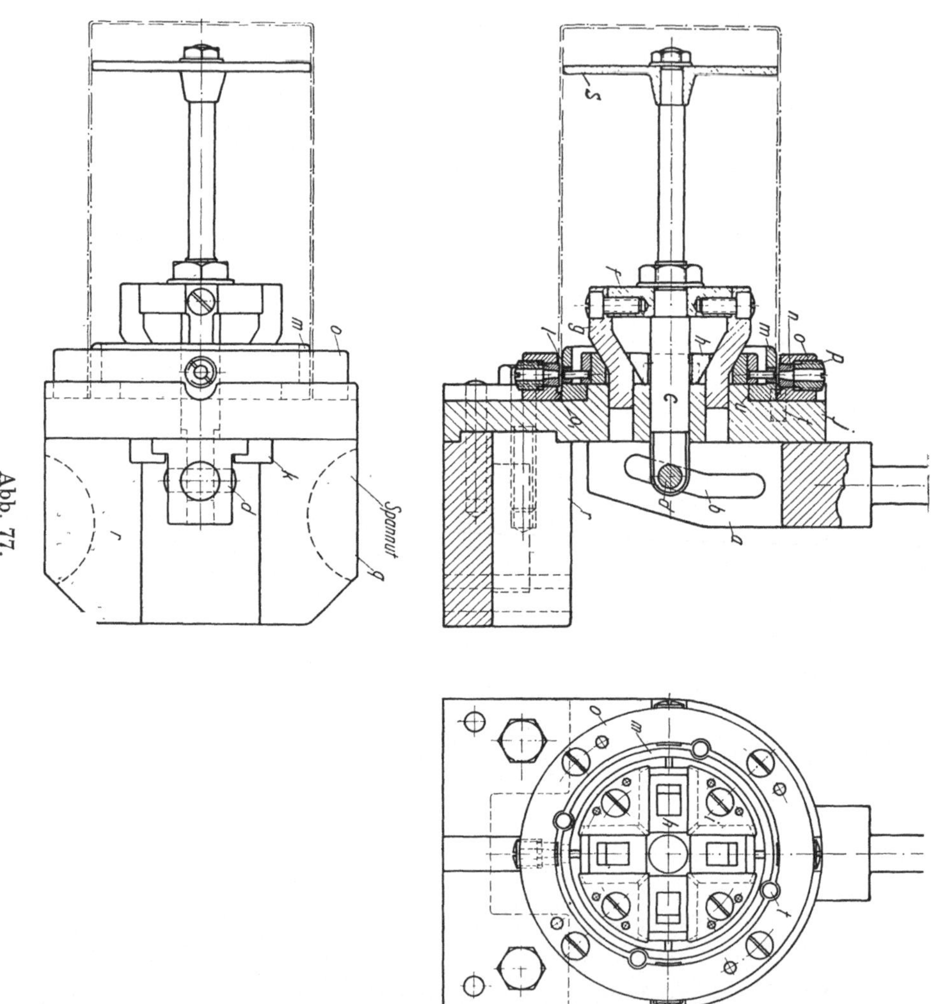

Abb. 77.

den Außendurchmesser der Buchsen verschieden machen kann und
so die Anfertigung eines zweiten Ringes vermeidet. Diesen Punkt
sollte der Werkzeugkonstrukteur, wenn es möglich ist, weitestgehend
berücksichtigen, also die Konstruktion auch auf leichte Herstel-
lungsmöglichkeit prüfen. Nach diesem Gesichtspunkt ist auch die

Schnittplatte hergestellt. Als Schnittplatte dienen die Buchsen n, die in den auf der Grundplatte montierten Ring o fest eingedrückt sind. Damit der Ring o zu dem Ring m stets zentriert bleibt, ist an dem Ring o ein Ansatz o_1 entsprechend dem Außendurchmesser des Ringes m vorgesehen. Der Ring m erhält wiederum seine Zentrierung zu den Bewegungselementen durch den Ansatz u der Grundplatte j. Sind die Schnittplatten stumpf geworden, so werden sie durch die Schrauben p vorgestellt. Der Ring o wird dann auf die Innenschleifmaschine genommen, um die Schnittringe zu schärfen. Zum Festspannen des Werkzeuges dient die mit der Grundplatte j mittels Schrauben verbundene Spannplatte q, die zu beiden Seiten zur seitlichen Unterstützung der Grundplatte j eine angehobelte Rippe r trägt.

Wirkungsweise des Werkzeuges Abb. 77:

Der zu lochende Topf wird über die vordere Aufnahmescheibe s so weit gesteckt, daß er sich mit der Öffnung über den Ring m schiebt und gegen die Anschlagstifte t zu liegen kommt. In dieser Lage verbleibt der Topf durch Andrücken mit der Hand, bis das Lochen erfolgt ist. Durch ein Niederbewegen des Schiebers a wird die Zugstange c durch Kurve b und Kupplungsbolzen d so weit nach rechts gezogen, bis der Kupplungsbolzen d in das Vertikalkurvenstück hineinläuft. In dieser Zeit haben die Krebsfüße g in gleicher Weise wie in Abb. 71 die Schieber h und somit die Lochstempel in die Endschnittstellung gebracht, d. h. das Lochen ist erfolgt. Ein weiterer Niedergang des Schiebers a hat keinen Einfluß mehr auf die Bewegungselemente c, g und h. Der Aufwärtshub bringt die Bewegungselemente bzw. Lochstempel wieder in ihre Anfangsstellung zurück. Die ausgelochten Putzen finden ihren Ausweg durch die durchbohrte Nachstellschraube p. Es ist besonders wichtig, daß die Bohrung in der Schraube p nicht größer ist als der größte Durchmesser des Schnittloches, da es sonst vorkommen kann — insbesondere bei den oberen und seitlichen Löchern —, daß die Putzen durcheinanderfallen und die Bohrung der Schraube p verstopfen. Brechen der Stempel und sonstige Störungen am Werkzeug wären als Folge zu erwarten.

Für den in Abb. 78 dargestellten Teil dient der Locher Abb. 79. Die Form des Ziehteiles bedingt eine auf ganz anderem Prinzip beruhende Konstruktion des Werkzeuges. Den Antrieb des Werkzeuges durch Krebsfüße wie in Abb. 77 zu bewerkstelligen, geht nicht an, da sonst dasselbe zu große Abmessungen annehmen würde. Die Aufgabe wurde nachstehend gelöst:

In einer Grundplatte *a* ist eine Nockenscheibe *b* drehbar gelagert, welche einen angearbeiteten Hebel *c* besitzt. Die Grundplatte ist an der Stelle, wo der Hebel sich befindet, segmentartig ausgearbeitet. Auf dem Hebel befindet sich ein Keilstück *d*, das mittels Schrauben montiert und durch Stellstifte gesichert ist. Die in die Grundplatte eingelassene Nockenscheibe wird durch eine Platte *f* abgedeckt, welche in der Mitte eine der Form des Teiles entsprechende Bohrung hat, um die Bauhöhe des Werkzeuges zu verringern. Schrauben und Stellstifte sorgen für die Verbindung

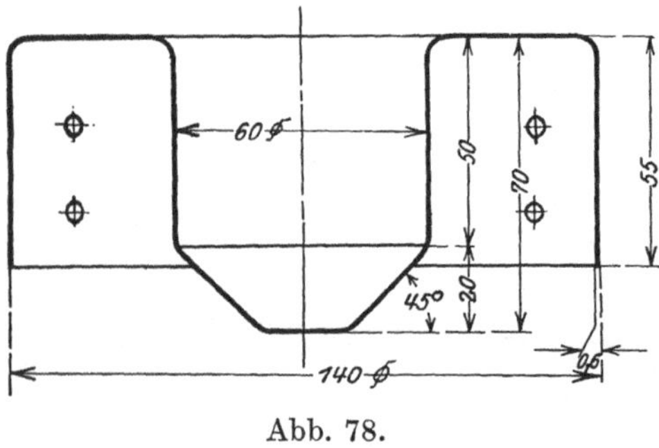

Abb. 78.

der Deckplatte mit der Grundplatte *a*. Die Platte *f* ist an der Unterseite mit vier Nuten *g* versehen, in denen je ein Schieber *e* geführt wird. Diese Schieber legen sich mit der Nase *i* an die Nocken der Nockenscheibe *b* an. Die Bewegung der Nockenscheibe *b* wird durch den Antriebskeil *k* bewerkstelligt, welcher mit einem Spannzapfen versehen ist. Die Deckplatte *f* ist um den Hub des Keilstückes *d* bzw. des Hebels *c* durchbrochen. Die Führung des Antriebskeiles *k* erfolgt durch den am unteren Ende angearbeiteten Zapfen *k'*, welcher in einen entsprechenden Durchbruch der Grundplatte *a* greift. Auf der Deckplatte *f* sind die sogenannten aktiven Organe des Werkzeuges aufmontiert (Schnittplatten und Lochstempel). Die in eine Nut eingelassenen Böcke *m* und *l* tragen die verstellbaren Lochringe *n* und die Lochstempel *o*. Die Lochstempel *o* sind von Docken umgeben, welche am Kopfende aufgeschraubte Druckköpfe *q* tragen und sich durch die Feder *r* gegen das Knie *s* der Schieber *e* anlegen. Die Aufnahme der aktiven Teile in einzelnen Böcken statt in Ringen ist zur Erleichterung der Herstellung und Ersparnis von Werkstoff gewählt worden.

Die Arbeitsweise des Werkzeuges Abb. 79 stellt sich wie folgt dar:

Bewegt sich der Antriebskeil k abwärts, so schiebt er das Keilstück d bzw. den Hebel c der Nockenscheibe um den seinem Hub
entsprechenden Weg vor sich her. Die dadurch verursachte Rund-

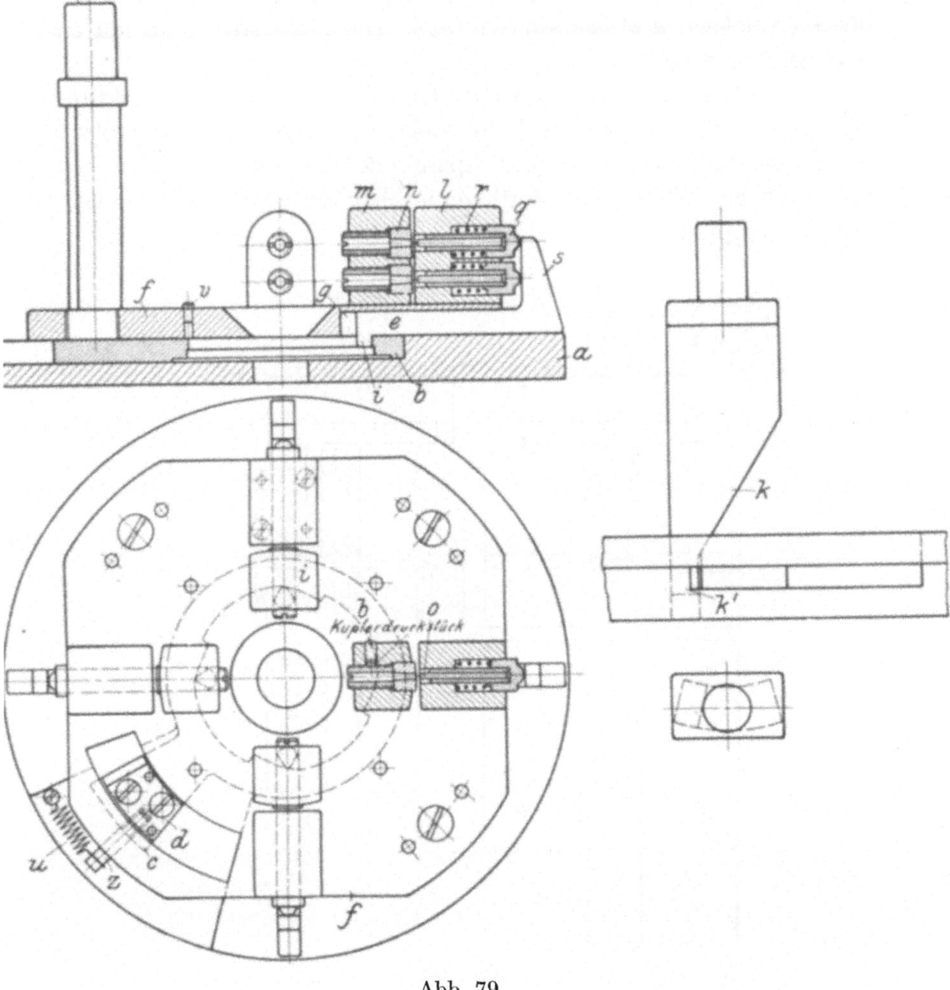

Abb. 79.

laufbewegung der Nocken zieht die Schieber e mittels der Nasen i
nach innen. Das Knie s der Schieber e überträgt die Bewegung
auf die Druckköpfe q bzw. Lochstempel o, bis der Teil gelocht ist.
Bei dem Aufwärtshub des Antriebskeiles besorgt die mit Hebel c
durch den Stift z in Verbindung stehende Zugfeder u die Rück-

bewegung der Nockenscheibe *b*. Die bei dem Arbeitshub gespannten Federn *r* ziehen die Lochstempel aus dem Teil zurück und bewegen gleichzeitig die Schieber *e* vermittels ihrer Knie *s* in ihre Anfangsstellung. Zum leichteren Aufsetzen des Teiles sind die oberen Buchsen *n* etwas abgeschrägt. Die vier Stifte *v* dienen zur Auflage für den Teil.

Die Auflage von Teilen auf Stiften — sogenannte „Punktauflage" — vermeidet Fehler beim Lochen, wenn die Auflageplatte (in diesem Fall Platte *f*) durch Späne oder sonstigen Schmutz verunreinigt ist. Diese Art Auflage ist bei derartigen Werkzeugen sehr zu empfehlen.

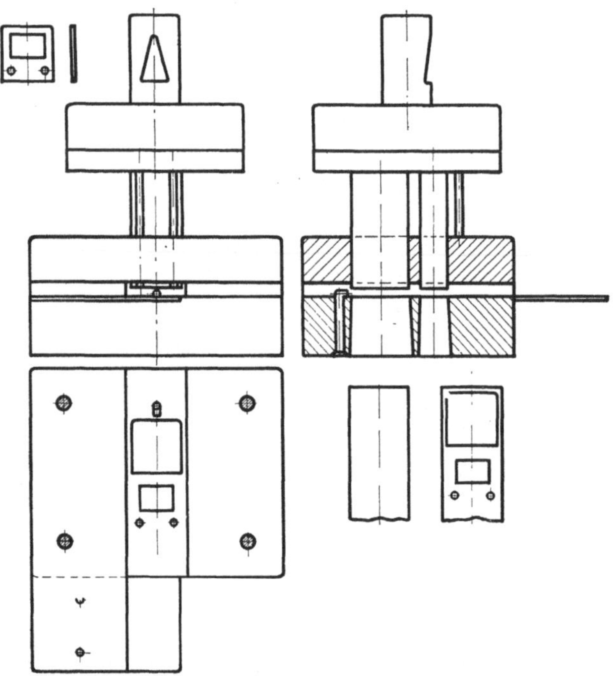

Abb. 80.

III. Der Folgeschnitt oder Schnitt mit Vorlocher
(mit Plattenführung und Einhängestift)

Durch Vereinigung des Umgrenzungsschnittes mit dem Lochschnitt läßt sich die Fabrikation wirtschaftlicher gestalten. Man erhält dadurch den sogenannten Folgeschnitt (Abb. 80), der bei einem jeden Pressenhub einen ausgeschnittenen Teil, welcher gleich gelocht ist, liefert. Die Entfernung von Mitte des Vorlochstempels bis Mitte Ausschneidstempel beträgt gleich Teilbreite + Abfall δ'. Der auszuschneidende Streifen wird bis an den Einhängestift herangeführt. Bei dem ersten Hub wird ein ungelochter Teil — Ausschuß — ausgeschnitten und zu gleicher Zeit der nächstfolgende vorgelocht. Im übrigen ist die Arbeitsweise genau wie bei einem Umgrenzungsschnitt.

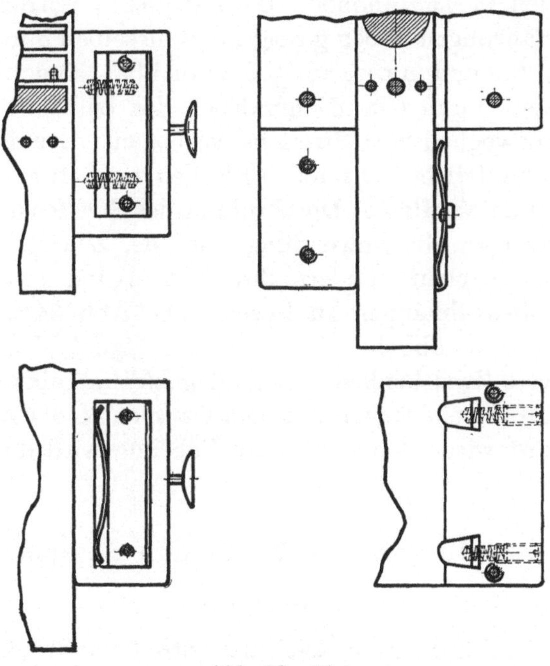

Abb. 81—84.

Da Arbeiten in der Stanzerei meist im Akkord vergeben werden, wird bei flottem Durchführen des Streifens derselbe weder immer scharf an der Zwischenlage entlanggeführt noch genau an den Einhängestift angezogen. Beide Nachlässigkeiten erzeugen Differenzen beim Vorlochen. Die Vorschubbegrenzung allein durch den Einhängestift ist deshalb nur bei Teilen am Platze, die größere Differenzen der Lochung zur Umgrenzung aufweisen dürfen. Als Beispiel diene der in Abb. 68 dargestellte Teil (Aufhängeblech für Karten oder Rahmen).

Mittel zur selbsttätigen seitlichen Werkstoffstreifen-Führung

Um die Qualität der ausgeschnittenen Teile unabhängiger von der Geschicklichkeit und Achtsamkeit der Arbeiterin zu machen, hat man selbsttätige Streifen-Andrückvorrichtungen ersonnen. Die Abb. 81 bis 84 zeigen die bekanntesten Ausführungen für diesen Zweck. Die Druckleisten Abb. 81 und 83 sind mit einem Knopf versehen, damit dieselben zum leichten Einführen des Streifens zurückgezogen werden können. Die mit diesen Vorrichtungen gemachten Erfahrungen haben gezeigt, daß dieselben nur für stärkere Bleche von 0,5 mm aufwärts gut brauchbar sind. Schwächere Bleche werden durch den Klemmdruck der Leisten bei der Auf- und Niederbewegung des Streifens verbogen. Der Klemmdruck der Leiste behindert bei schwachen Blechen das Gefühl des richtigen Einhängens und ein flottes Durchführen des Streifens. Es ist deshalb zu empfehlen, die Anwendung federnder Zwischenlagen nicht zur Regel zu machen, sondern ihre Anbringung von der Stärke des Werkstoffes abhängen zu lassen. Die Abb. 84 ist meist für starke Werkstoffe üblich. Für schwache eignet sich am besten die verlängerte Zwischenlage mit Auflageblech, wobei der Streifen durch leichtes Gegendrücken mit dem Daumen an der Zwischenlage entlanggeführt wird; denn die beste Führung wird durch das Gefühl erreicht.

Mittel, um ein genaues Vorlochen zu ermöglichen

a) Suchstift

Durch Anbringen einer seitlichen Streifenandrückvorrichtung wurden die Differenzen der Vorlochung quer zum Streifen vermieden, aber keineswegs in Richtung des Vorschubes aufgehoben, weil der Einhängestift durch das dauernde Einhängen des Streifens der Abnutzung unterworfen ist. Dies findet auch seine Bestätigung durch die Tatsache, daß beim Schneiden starker Werkstoffe (Metall) das seitliche Ausweichen des um den Stempel stehenden Werkstoffes durch das Zusammenpressen der Moleküle an den Schneidkanten stark in Erscheinung tritt. Der Abfall wird somit fest zwischen Stempel und Einhängestift geklemmt. Infolge des starken Drucks des Abfalls δ' auf den Einhängestift wird sich natürlicherweise die Zunge beim Hochgehen des Streifens abnutzen, auch zuweilen hochbiegen. Die zulässige Toleranz wird nach kurzem Gebrauch des Werkzeuges überschritten, es werden Ausschußteile erzeugt. Will man diesem schädlichen Einfluß auf die Qualität der ausgeschnittenen Teile begegnen, so genügt die Vorsehung eines in den Ausschneidstempel eingesetzten Zentrierstifts, der auch Suchstift genannt wird. Bei dem Niedergang des Stempels b (Abb. 85) dringt der Suchstift a in das Loch des auszuschneidenden Teiles

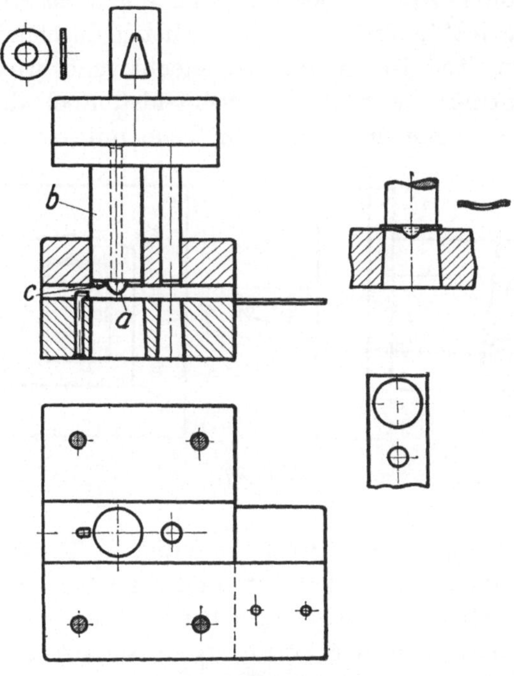

Abb. 85 und 86.

ein und zentriert denselben vermöge der Verkupplung zu dem Ausschneidstempel bzw. Gegenschnitt. Der Einhängestift und die Führung des Streifens besorgen nur die Vorzentrierung. Wie zu ersehen ist, geht das Loch für die Aufnahme des Suchstiftes durch den ganzen Stempel; dadurch ist der Suchstift für notwendiges Schärfen des Stempels leicht zu entfernen. Damit das Aufnahmeloch für den Suchstift a bei größeren Löchern den Stempel b nicht zu sehr schwächt (Härtesprünge, Verziehen beim Härten), setzt man den Suchstift ab. Den aktiven Teil c desselben, das ist das zentrierende Stück, macht man gewöhnlich etwa $1^1/_2$ mm zylin-

drisch. Der Suchstift muß in das zur Zentrierung dienende Loch
leicht hineingehen, darf aber kein Spiel haben. Geht der Suchstift
zu stramm herein, so wird der auszuschneidende Teil durchgebogen
und also größer (Abb. 86). Wenn auch für den betreffenden Teil
die Vergrößerung keine Rolle spielt, so wird er nach dem Planieren
nicht in die Bohrvorrichtung hineingehen, sofern eine weitere Bearbeitung durch Bohren vorgesehen ist. — Das Werkzeug besitzt
folgende Arbeitsweise: Beim Ausschneiden des Streifens wird
der erste, ungelochte Teil von dem Suchstift durchgebuckelt. Der
nächstfolgende Teil ist bereits vorgelocht und wird durch den
Suchstift zentriert, worauf der Schneidstempel den Teil ausschneidet. Im allgemeinen sind für Teile mit mehreren Löchern

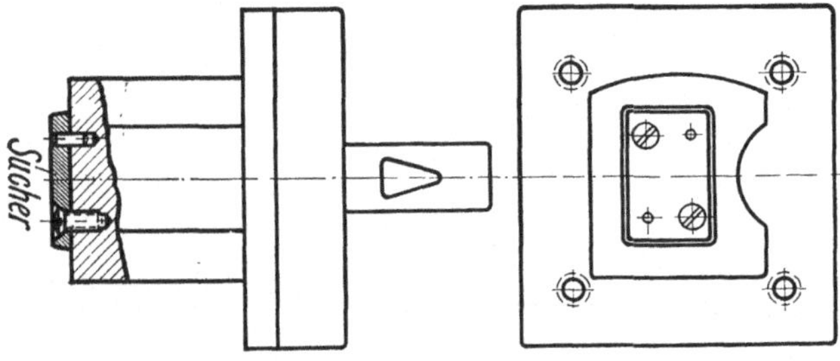

Abb. 87.

nicht mehr als zwei Suchstifte notwendig. — Es sei noch darauf
hingewiesen, daß außer Teilen mit runden auch solche mit geformten Ausschnitten sich mittels Suchstift zentrieren lassen. Der
Suchstift ist dann eine der Form des Ausschnittes entsprechende
Platte, die an dem Stempel mittels versenkter Schrauben und Stellstifte montiert ist (Abb. 87).

Die Anwendung des Suchstiftes hängt von der Stärke und
der Form des Stempels ab. Seine Verwendung bei schwachen
Stempeln ist zu vermeiden, da das Aufnahmeloch für den Suchstift
das Härten des Stempels ungünstig beeinflußt (starkes Verziehen,
Springen). Ebensowenig ist er bei Teilen mit kleinen Löchern am
Platze, und zwar wegen der Schwierigkeit des Bohrens der Auf-
nahmelöcher für den Suchstift. Man verwende ihn nicht unter
2 mm. Die Dicke und Art des auszuschneidenden Werkstoffes hat
ebenfalls einen Einfluß auf die Anwendungsmöglichkeit desselben.
Bleche unter 0,3 mm eignen sich nicht mehr für Schnitte mit Such-

stift, da das Blech infolge seiner geringen Stärke zu wenig widerstandsfähig ist und sich eher durch den Suchstift an den Kanten des Loches durchbiegt, als daß es zentriert wird. Für Papiere und Hartgummi gilt das gleiche.

Bei Teilen, die aus den angegebenen Gründen die Zentrierung durch Suchstift nicht erlauben, greift man zu einem anderen Mittel genauer Vorlochung. (Siehe Seitenschneider!).

b) Der Seitenschneider

Ein anderes, vielseitigeres und ebenso gutes Mittel, um genau vorzulochen, bietet der sogenannte „Seitenschneider". Er ist ein

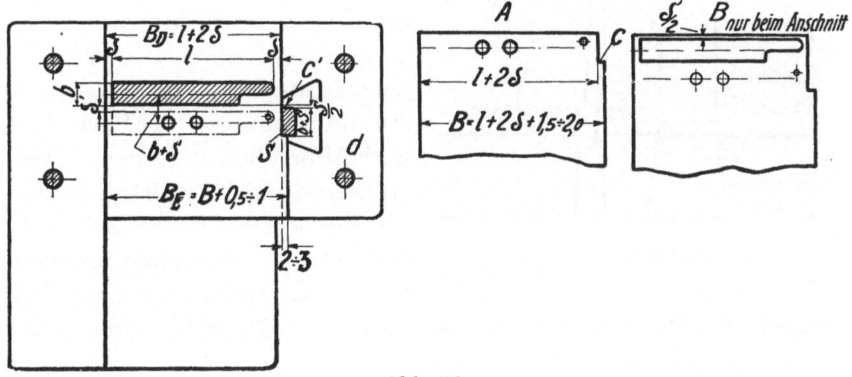

Abb. 88.

rechteckiger Schneidstempel S (Abb. 88), dessen Seite $h = b + \delta'$ (Teilbreite und Abfall) dem Vorschub des Streifens entspricht. Bei jedem Hub schneidet der Seitenschneider vom Rande des Streifens ein Stück entsprechend der Länge von $b + \delta'$ und der Breite von nicht weniger als ca. 1,5 mm[1]) ab und erzeugt somit eine Kante c, die als Vorschubbegrenzung des Streifens dient. Die Ecken der nichtaktiven Seite des Seitenschneiders verrundet man zweckmäßig, um die Gefahr des Springens der Schnittplatte beim Härten zu vermindern. Als Anschlag für c dient die Kante c' der Zwischenlage, welche mit dem Gegenschnitt des Seitenschneiders genau abschneidet. Damit die Kante c' Widerstandsfähigkeit gegen Abnutzung bietet, ist sie durch ein Stück gehärteten Stahls d ersetzt, welches schwalbenschwanzförmig in die Zwischenlage eingelassen

---

[1]) Siehe Tabelle III, Seite 164.

ist. Die hintere Seite des Seitenschneiders bzw. die Anschlagkante c' liegt einige Zehntel vor der Schneidkante des Gegenschnittes des Ausschneidstempels (in diesem Fall etwa $\delta'/2$). Der Grund, weswegen c' nicht mit dem Gegenschnitt des Ausschneidstempels in gleicher Höhe liegen soll, ist folgender: Würde nämlich c' in gleicher Höhe mit demselben liegen, so könnte es vorkommen, daß ein Streifen mit etwas schräger Vorderkante von dem Ausschneidstempel mitgefaßt wird. Der einseitige Abschnitt, der hierbei meist nur einige Zehntelmillimeter beträgt, drückt den Streifen zurück, man redet vom „Schieben des Streifens". Die im Schnitt stehenden Vorlocher

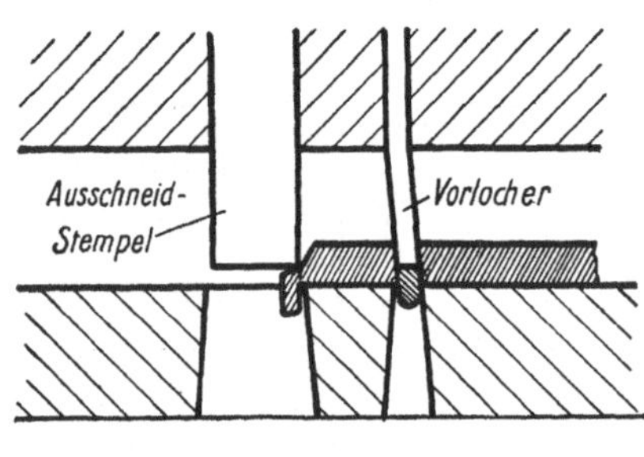

Abb. 89.

sowie auch der Ausschneidstempel (insbesondere schwache) werden dadurch aus ihrer Richtung gedrängt, reiben an den Schneidkanten und machen dieselben stumpf. (Aufsetzen der Vorlocher und Abbrechen derselben.) Bei stärkeren Blechen tritt diese Erscheinung besonders stark auf. Bei etwas stumpfgewordenen Schneidstempeln wird das Übel vergrößert. Die Abb. 89 führt den eben erwähnten Vorgang sinnfällig vor Augen.

Die Durchführung B_D (Abb. 88) des Streifens sitzt symmetrisch zum Gegenschnitt des Ausschneidstempels. Die Einführung des Streifens B_E ist rechts um $2 \div 3$ mm breiter als B_D. Die Streifenbreite ist also vor dem Beschneiden $B = \mathfrak{k} + 2\delta + 1{,}5 \div 2$ mm. Die übrigbleibende Differenz zwischen B und B_E von $0{,}5 \div 1$ mm dient als Ausgleich für breiter zugeschnittene Streifen. — Die Wirkungsweise des Werkzeuges ist folgende: Der auszuschneidende Streifen wird in die Einführung B_E bis zur Anschlagkante c' vorgeschoben und an der linken Zwischenlage gut angelegt. Beim ersten Hub wird nur gelocht und kein Teil ausgeschnitten. Zu gleicher Zeit erzeugt der Seitenschneider die Kante c am Rande des Streifens und schneidet denselben auf genaue Breite B_D der Durchführung. Beim Aufwärtshub des Stempels wird der Streifen durch die Führung von dem Stempel abgestreift, alsdann erfolgt der weitere Vorschub des Streifens, so daß c gegen c', d. h. die Vorlochung zum Ausschneidstempel in die richtige Lage zu liegen kommt. Der zweite Hub schneidet jetzt einen gelochten Teil aus und locht den nächstfolgenden vor, bei gleichzeitiger Erzeugung einer neuen Anschlagkante c. Sind mehrere Hübe erfolgt, so ist der Streifen genügend in die Durchführung B_D eingeführt, um sich selbst zu führen. Die Arbeiterin braucht jetzt nur den Streifen in der Schnittrichtung dauernd gleichmäßig anzuziehen, und der Werkstoffstreifen wird bis zu Ende ohne Hubpausen ausgeschnitten. — Dieser so günstige wirtschaftliche Nebenerfolg des Seitenschneiders ist ebenso maßgebend für seine Anwendung wie es seine Vorzüge für die genaue Vorschubregelung des Streifens sind. Beim Schnitt mit Einhängestift ist das Schneiden ohne Hubpausen nur bei größeren Aus-

schnitten möglich. — Erwähnenswert ist die Anwendung des Seitenschneiders für sehr schmale Teile ohne Löcher. Bei solchen Teilen ist das Einhängen sehr zeitraubend, auch werden in-

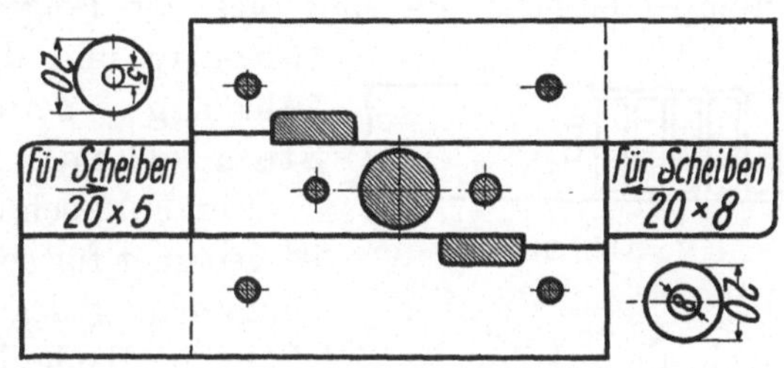

Abb. 90.

folge des schwer zu beobachtenden Einhängens oft halbe Teile geschnitten, ein den Schneidkanten höchst unzuträglicher Umstand. Durch den Seitenschneider fallen diese Übelstände fort.

Es soll noch gezeigt werden, wie man durch den Seitenschneider für zwei in der Umgrenzung gleiche, aber in der Lochung verschiedene Teile nur mit einem Schnitt auskommt. Die Abb. 90 stellt einen Schnitt dar für Scheiben in den Abmessungen 20 × 5 und 20 × 8. Je nach der verlangten Scheibe wird der Streifen auf der entsprechenden Seite eingeführt. Der auf der Ausschneidseite des Streifens befindliche Vorlocher tritt nicht in Tätigkeit, da er sich in dem Ausschnitt des Streifens der bereits ausgestanzten Scheibe bewegt.

Die Bedingungen, um gute Arbeit von dem Schnitt mit Seitenschneider zu erhalten, sind:

1. Nicht zu schmale Vorschubbegrenzungskante c, nicht unter 1,5 mm.

2. Beim Ausschneiden des Streifens denselben an die Zwischenlage gegenüber dem Seitenschneider gut anlegen, damit der Streifen

genau auf das Maß der Durchführung B_D geschnitten wird und nach mehreren Hüben sich selbst führt.

3. Streifen nicht zu kräftig, aber gleichmäßig an die Anschlagkante ziehen, damit die Kante c sich nicht staucht (dünner Werkstoff) und dadurch Differenzen in der Vorlochung entstehen.

4. Der Seitenschneider muß genau parallel zur Streifenführung stehen, im anderen Fall schneidet er Zacken (Abb. 91), so daß die Führung und der Vorschub des Streifens ungenau werden.

Nachstehend werden zwei Folgeschnitte mit Seitenschneider beschrieben, die sich durch ihre Betriebssicherheit insbesondere, für schwache Vorlocher, ein anderes Mal für lange schmale Ausschneidstempel eignen. Es sind dies der Folgeschnitt mit Verbundführung und derselbe mit Verbundführung und säulengeführtem Stempelkopf.

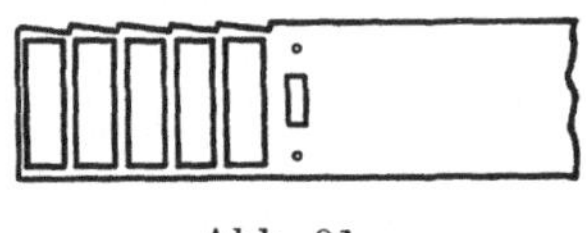

Abb. 91.

Der Folgeschnitt mit Verbundführung ist geeignet für solche Teile, bei denen die Umgrenzung des Schneidstempels diesem nach allen Seiten so viel Führungsfläche bietet, daß ihm ein stabiler Sitz in der Führungsplatte gewährleistet und somit die Führung der Vorlocher unterstützt wird. Mit der Verbundführung soll der gleiche Zweck wie bei den Lochschnitten gleicher Führungsart erreicht werden. Die Konstruktion des Folgeschnittes mit Verbundführung gleicht der Abb. 92, man denke sich jedoch die Größe des Stempelkopfes nur bis zu den Punktstrichlinien, aber in der Richtung des Vorschubes des Streifens um so viel breiter, daß die Unterbringung der Distanzschrauben und Federn möglich ist.

Schneidstempel, die nur sehr schmale Führungsflächen haben, und deren Sitz demzufolge in der Führung gegen mögliche seitliche Beanspruchung sehr mangelhaft ist, erfordern die Ausführung des Schnittes mit säulengeführtem Stempelkopf (Abb. 92). Schneidstempel und Vorlocher erhalten dadurch eine Art Doppelführung, auf die jede seitliche Beanspruchung des Stempelkopfes bzw. der Stempel ohne Einfluß bleibt. Siehe auch Lochschnitt mit stiftgeführtem Stempelkopf (S. 46). Die Grundform ist der des Lochschnittes mit Verbundführung entnommen. — Erwähnenswert ist die geteilte Schnittplatte. Sie vereinfacht die Herstellung des Durchbruches. Aus gleichem Grunde sind für die nur 0,7 mm starken Lochstempel Führungsbuchsen und Lochbuchsen in die Führungs-

sowie Schnittplatte eingesetzt. Es ist klar, daß ein großes Loch leichter senkrecht zu bohren ist als eins von 0,7 mm. Bei Schadhaftwerden der Schneidkanten der Lochbuchse braucht die Buchse nur ausgewechselt zu werden. Die Buchsen werden auf der Drehbank gebohrt, darauf außen auf Maß gedreht und stramm in die Platte eingedrückt[1]). — Da die mitgehende Führung das Docken

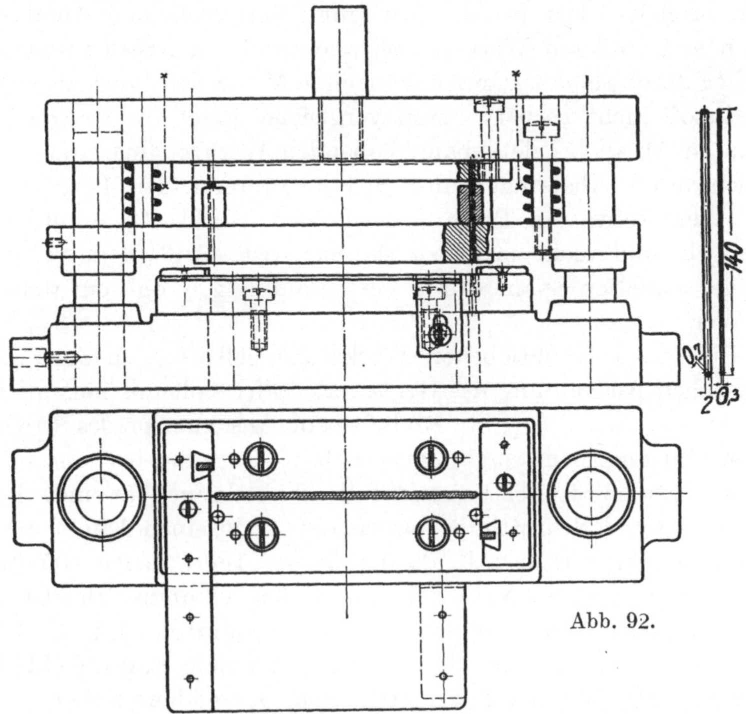

Abb. 92.

der Lochstempel entbehrlich macht (Docken siehe S. 101), so ist es nur notwendig, den ungeführten Teil der Stempel abzustützen, was durch die leicht schiebbare Buchse geschieht. Wird die Entfernung von Buchse bis Stempelplatte durch öfteres Schärfen der Schneidstempel zu gering, so müssen die Buchsen entsprechend abgedreht werden. Diese Konstruktion des Folgeschnittes bietet größte Gewähr gegen Ausweichen der Schneidstempel beim Schneiden unvollständiger Teile, die vielleicht am Ende des Werkstoffstreifens entstehen können. Der Schnitt ist auch für ähnliche Teile ohne Lochung zu empfehlen (Umgrenzungsschnitt mit Verbundführung).

---

[1]) Die Verwendung der Lochbuchsen ist auch zwecks Stahlersparnis bei größeren Lochschnitten zu empfehlen. Anstelle der Stahlplatte tritt eine solche aus Eisen.

Methoden zur Verminderung des Werkstoffverbrauches

Trotzdem die Fabrikation mittels Schnittwerkzeugen eine der rationellsten ist, was die Gestehungszeit der anzufertigenden Teile anbelangt, so wird doch erst das Maximum der Wirtschaftlichkeit durch eine äußerst weitgehende Sparwirtschaft mit dem Stanzwerkstoff erreicht. Der bei der Fertigung übrigbleibende Abfall hat einen viel größeren Wert als bei allen anderen Arbeitsmethoden, weil er durch seine zusammenhängende Masse den Wert als reinen Werkstoff nicht verliert. Man vergleiche damit die großen Verluste an Abfall bei den spanabhebenden Werkzeugmaschinen, bei denen durch Abspringen der Späne während der Bearbeitung des Werkstoffes ein Prozentsatz in den Werkstattschmutz verlorengeht und nicht mehr zu sammeln ist. Außerdem verlieren die gesammelten Späne durch Verschmutzung u. dgl. ein weiteres an Wert.

Die bisher beschriebenen Werkzeuge ließen es an einer ökonomischen Ausnutzung des Stanzwerkstoffes vollends fehlen. Der Schnitt mit Suchstift (Abb. 85) läßt beim Anschneiden des Streifens einen Teil ungelocht, ergibt also Abfall. Das sind bei tausend zu verarbeitenden Streifen tausend Teile, die unbrauchbar sind. Dazu waren tausend Schnitthübe notwendig, ohne einen Effekt zu erzielen. Rechnet man z. B. die Größe des Teiles gleich 600 qmm, so ist der Verlust an Nutzfläche gleich 600 000 qmm. Das ist eine Tafel von 1000 × 600 mm, die nutzlos verschnitten wird. Und bisher betrachteten wir nur den Verlust bei einem augenblicklichen Bedarf. Bei laufender Fabrikation und Dutzenden solcher Werkzeuge im Betriebe ist der Verlust sehr empfindlich. Geht man noch weiter und bedenkt, daß die dafür aufzuwendende Energie ebenfalls nutzlos ist und daß solche unwirtschaftlichen Werkzeuge in noch sehr vielen Betrieben vorzufinden sind, so bekommt man erst ein Bild, welch ungeheurer nutzloser Verbrauch an Werkstoff und mit ihm verbundener Energieverbrauch (Kohle) für Erzeugung, Transport usw. getrieben wird.

Ein anderes Übel, das ebenfalls den Verlust einer großen Nutzfläche an Werkstoff zur Folge hat und noch nicht mit der genügenden Aufmerksamkeit ausgemerzt wird, ist in der falschen Lagerung der Teile zum Streifen zu erblicken. Häufig werden Teile derart nebeneinander ausgeschnitten, daß sehr viel Nutzfläche zwischen ihnen stehenbleibt, obwohl sich oft durch Änderung der Lage des Teiles der Materialverlust bedeutend verringern läßt.

Nicht unerwähnt soll die Schuld des Apparatekonstrukteurs an Vergeudung von Werkstoff sein: Jener legt oft die Umrisse eines Teiles in der Konstruktion fest, ohne an die Materialvergeudung bei der Herstellung zu denken. Bei richtiger Erziehung zur Sparwirtschaft könnte er durch angemessene Formgebung viele unnötige Ausgaben ersparen.

Nachstehend sind die Methoden zur Erzielung einer weitestgehenden Werkstoffsparwirtschaft aufgezählt und der Reihenfolge entsprechend besprochen.

a) Die Voranschläge.

b) Das Zwischenschneiden oder auf Umschlag schneiden.

c) Das Schrägsetzen des Schneidstempels.

d) Schnitte mit zwei Seitenschneidern.

e) Abhackschnitte.

f) Schnitte, welche mit geringem Abfall oder ohne Abfall arbeiten.

a) Der Voranschlag

Bei dem Schnitt mit Vorlocher (Abb. 80) und dem mit Suchstift (Abb. 85) war auf den Verlust des ersten Teiles beim Anschneiden der Blechstreifen keine Rücksicht genommen. Durch Einsetzen eines beweglichen Schiebers in die rechte Zwischenlage des Schnittes, „Voranschlag" genannt, läßt sich der Verlust des ersten Teiles beheben. Der in Abb. 93 dargestellte Schnitt mit Vorlocher hat einen solchen Voranschlag erhalten. Die rechte Zwischenlage ist zu diesem Zweck mit einer Nut versehen, deren Tiefe etwa zwei

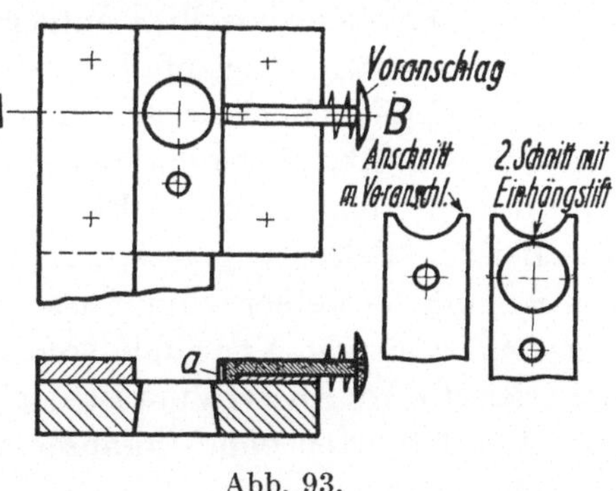

Abb. 93.

Drittel der Stärke der Zwischenlage ausmacht. Der Schieber hat vorn eine Nase, die bis auf die Schnittplatte reicht. Die Nase ist zugleich Anschlag beim Anschneiden des Streifens als auch gegen seitliches Herausziehen des Schiebers.[1] Die Abnutzung der Anschlag-

---

[1] Damit der Voranschlag nicht bis unter den Schneidstempel durchgedrückt wird, setzt man ihn auf der Druckknopfseite ebenfalls ab. In Abb. 93 nicht gezeigt.

nase ist durch Härten in Kali vermindert. Damit die Nase mit der Zwischenlage bzw. Durchführung abschließt, ist die Zwischenlage entsprechend ausgeklinkt. Die Feder sorgt für stetes Einziehen des Schiebers bzw. der Anschlagnase a in die Ausklinkung der Zwischenlage. Zur Betätigung des Voranschlages dient der Druckknopf b. Das Anschneiden des Streifens geschieht in folgender Weise: Bevor der Streifen in die Durchführung eingeführt wird, drückt die Stanzerin den Voranschlag hinein. Alsdann erfolgt der erste Hub, der den auszuschneidenden Teil vorlocht. Ist das Vorlochen erfolgt, so läßt die Stanzerin den Anschlag los, der die Durchführung freigibt. Jetzt erst erfolgt das Gegenschieben des Streifens an den Einhängestift, und der erste Teil wird mit dem zweiten Hub als Gebrauchsware ausgeschnitten. Für die weitere Vorschubbegrenzung dient von jetzt ab nur der Einhängestift. Die Anschlagkante des Voranschlages sitzt gewöhnlich ein Drittel über dem Gegenschnitt, damit für das Einhängen des Streifens der Abfall erzeugt wird. Falsch ist es, die Anschlagkante in gleicher Höhe mit dem Ausschnitt zu setzen, da die Streifen oft nicht genau winkelrecht sind und eine runde Walzkante haben. Dadurch kommt der Streifen einige Zehntelmillimeter über den Ausschnitt zu liegen; der Ausschneidstempel kann den Streifen nicht richtig erfassen, und es tritt das bekannte Schieben desselben entgegen der Vorschubrichtung ein; der Vorlocher wird gleichfalls aus seiner Bewegungsrichtung gedrängt, und die Schneidkanten der Schneidelemente erleiden durch Aufsetzen derselben Schaden (siehe auch Abb. 89), außerdem stimmt der Anschnitt nicht mit der Entfernung des Einhängestiftes überein. Bei dem Seitenschneider konnte man diesem Übel durch richtige Stellung desselben zum Ausschneidstempel (Entfernung $\delta'/2$) begegnen, weil der Vorschub vom Anschnitt bis zum Ende von ihm besorgt wird. Dieser Voranschlag sollte an keinem Schnitt fehlen. Bei alten Schnitten ohne Voranschlag sollte man denselben nachträglich anbringen.

b) Zwischenschneiden oder auf Umschlag schneiden

Es gibt Teile, deren Umgrenzung dergestalt ausgebildet ist, daß der Werkstoffstreifen durch einfaches Aneinanderreihen derselben nicht bestens ausgenutzt wird. Oft lassen sich dieselben wie in Abb. 94 aneinanderreihen, wodurch der Werkstoffstreifen bis auf das äußerste verwertet wird. Man nennt diese Methode des Ausschneidens von Teilen „Zwischenschneiden" oder „auf Umschlag schneiden". Der dazu benötigte Schnitt weist dieselben Eigenheiten wie ein gewöhnlicher Umgrenzungsschnitt auf. Die durch die Umgrenzung bedingte Anordnung der Teile im Streifen erfordert eine größere Breite desselben als Teillänge $+ 2\,$mal Seitenabfall (nicht immer nötig, siehe Abb. 97c). Der Werkstoffstreifen wird bei diesem Schnitt zuerst wie bei einem Schnitt mit Vorlocher und Voranschlag (erster Voranschlag) ausgeschnitten. Ist dies auf der einen Seite geschehen, so wird der Streifen gewendet. Jetzt erfolgt

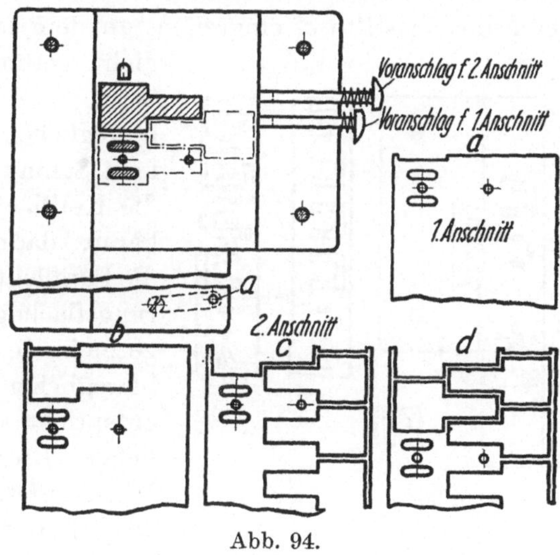

Abb. 94.

der Anschnitt für die andere Seite, und zwar mittels des zweiten Voranschlages (Streifen c). Nach dem Anschnitt übernimmt wieder der Einhängestift die Vorschubregelung, und es erfolgt das weitere Ausschneiden des Streifens nach der Art des Streifens d. Zur besseren Handhabung ist der zweite Voranschlag etwas länger als der erste. Für denselben Teil ohne Löcher genügt ein in dem Schnitt an dem Auflageblech angebrachter federnder Einhängestift a. Er ersetzt den zweiten Voranschlag. Eine federnde Anordnung ist deshalb getroffen, damit er beim erstmaligen Durchführen der Streifen nicht stört. Der Streifen drückt ihn nach unten. Für seine Anwendung ist seine Billigkeit maßgebend. Er ist jedoch nur für Umgrenzungsschnitte gut geeignet, da er für Folgeschnitte nicht genau genug arbeitet.

Kleine Teile, die sich für Zwischenschneiden mit einem Schnitt mit Suchstift nicht eignen, können mit einem Schnitt mit Seitenschneider bei Ausführung nach Abb. 95 hergestellt werden. Da der Werkstoffstreifen einen Kantenverlust durch den Seitenschneider erleidet bzw. schmaler wird, muß die dem Seitenschneider gegenüberliegende Zwischenlage verstellbar sein, um für die zweite Durchführung des Werkstoffstreifens die Einführung B_E des Schnittes entsprechend zu verengen. Damit eine möglichst genaue parallele Verstellbarkeit der Zwischenlage erreicht wird, ist sie keilförmig unterteilt. Der verschiebbare Teil a ist durch zwei Schlitze c, in denen zwei Führungsstifte c' eingreifen, an dem festen Teil b

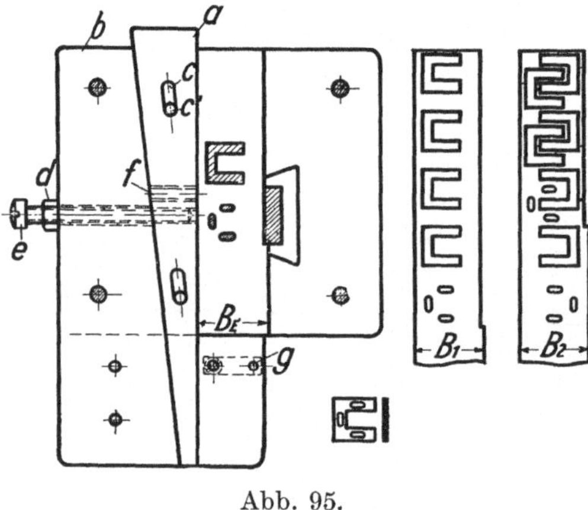

Abb. 95.

dicht geführt, so daß beim Verschieben des beweglichen Teiles a kein Schmutz zwischen die Keilflächen geraten kann; dadurch bleibt die Parallelität der Führungsfläche gewahrt. Die gezeichnete Stellung des beweglichen Teiles a entspricht der anfänglichen Breite B_1 des Werkstoffstreifens. Um den Schnitt für die zweite Breite B_2 des Streifens herzurichten, wird die Gegenmutter d gelöst und die Schraube e entfernt, der bewegliche Teil a so weit verschoben, bis das Gewindeloch f mit dem Durchgangsloch des festen Teiles b sich deckt, worauf die Schraube e wieder in den beweglichen Teil a eingeschraubt wird. Die Gegenmutter d besorgt dann das eigentliche Festspannen desselben. Die Länge der Schlitze c ist der notwendigen Verschiebung entsprechend angepaßt. Für den zweiten Abschnitt ist ein federnder Einhängestift g vorgesehen. Bei diesem Schnitt werden zweckmäßig die Teile erst alle auf einer Seite des Werkstoffstreifens ausgeschnitten.

c) Das Schrägsetzen des Schneidstempels

Ebenso wie das Zwischenschneiden den Werkstoffverbrauch herabsetzt, kann man ihn auch durch eine andere Maßnahme mindern;

Man baut den Ausschneidstempel so in den Schnitt ein, daß sich die Teile im Streifen entsprechend ihrer Umgrenzung mehr oder weniger ineinander anordnen lassen. Die Stellung des Stempels

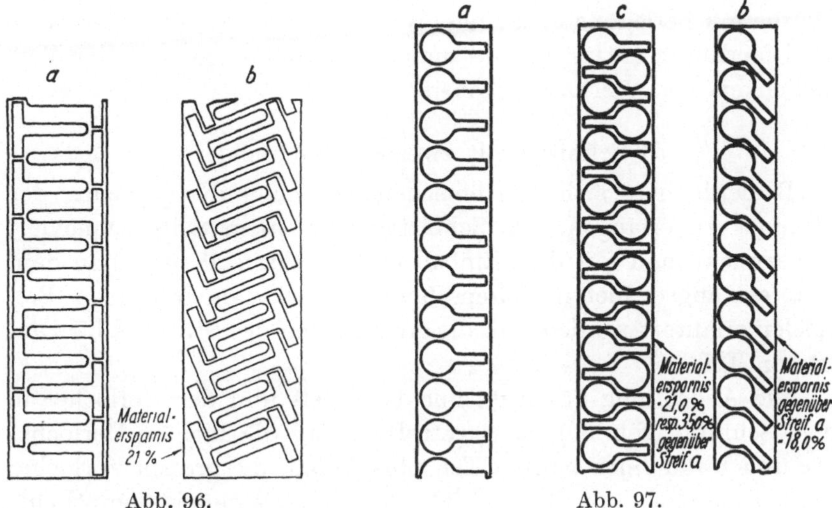

Abb. 96.   Abb. 97.

zum Streifen ist dann eine schräge. Es soll gezeigt werden, daß man oft durch Kombination dieser Methode mit der des Zwischenschneidens die Ausnutzung des Werkstoffes erhöhen kann. Abb. 96a zeigt, wie durch bloßes Zwischenschneiden immer noch ein beträchtliches Maß an Nutzfläche verlorengeht. Durch Kombination beider Methoden (Abb. 96b) ist eine Werkstoffersparnis von ca. 21% erreicht. Es sei aber betont, daß das Schrägsetzen des Stempels sowie das Zwischenschneiden und auch die kombinierte Methode ganz von der Umgrenzung des Teiles abhängen.

Durch oberflächliche Anwendung dieser Methoden kann statt einer Ersparnis das Gegenteil erreicht werden. Im Fall Abb. 97b glaubte man — im Vergleich zu Abb. 97a — das Beste durch Schrägsetzen des Stempels erreicht zu haben; doch gibt die Art nach Abb. 97c ein weit günstigeres Resultat. Die Abb. 98 zeigt ein Beispiel, wo trotz günstigster Lage des Teiles die Ausnutzung des Werkstoffstreifens sehr minimal ist. Die bequemste und sicherste Weise, den Höchstwert der Werkstoffausnutzung zu finden, ist das

Abb. 98.

Ausschneiden zweier Teile aus Papier, mit denen man die günstigste Lage derselben ausprobiert. Ist man zwischen der einen oder anderen Art im Zweifel, welches die vorteilhafteste ist, so ist ein Vergleich durch Rechnung zu empfehlen. Die geeignetste Stelle für diese Überlegungen ist das Werkzeugbureau. Die Werkstatt wird hierdurch entlastet, und man ist unabhängiger von der Verläßlichkeit des Werkzeugmachers.

d) Schnitte mit zwei Seitenschneidern

Bediente man sich, um eine genaue Vorschubbegrenzung des Streifens zu erlangen, des Schnittes mit einem Seitenschneider, so bezweckt man mit dem Einbau eines zweiten, diagonal zu dem ersteren angeordneten Seitenschneiders, wie an folgenden Beispielen erläutert werden soll, die Ausnutzung des Streifens bis zum letzten Teil.

Die Anordnung des Ausschneidstempels und der Vorlocher in dem Schnitt (Abb. 99) ist so getroffen, daß die kleinen Vorlocher wie üblich um einen ganzen Teil plus Abfall, die großen Vorlocher um 2 Teile plus doppeltem Abfall von dem Ausschneidstempel entfernt eingebaut sind. Eine derartige Anordnung der großen Stempel liegt darin begründet, daß, würden die Vorlocher in diesem Schnitt in einer Entfernung von Teilbreite plus Abfall sitzen, die Schnittkanten an den Stellen der Vorlocher sehr geschwächt würden. Obwohl bei dem fraglichen Schnitt die Festigkeit der Schneidkante an diesen Stellen gegenüber der Schneidbeanspruchung noch genügt (Werkstoffstreifen 0,3 mm stark), ist doch auf die Möglichkeiten bei der Herstellung (Verlaufen der Löcher beim Bohren und dadurch notwendig werdendes Ausbuchsen) Rücksicht genommen. Ausgelaufene Schnittlöcher würden bei der Reparatur des Werkzeuges kaum wieder durch Stemmen zusammengezogen werden können. Eine derartige Anordnung von Stempeln ist meist bei sehr schmalen Teilen und solchen üblich, die sehr wenig Fleisch zwischen Löchern und Umgrenzung übriglassen, oder bei denen die Löcher sehr dicht nebeneinander sitzen. Betrachtet man den in den Schnitt eingezeichneten Werkstoffstreifen, so erkennt man, daß der erste Seitenschneider die letzte Anschlagecke erzeugt hat, d. h. der vorletzte gestrichelte Teil kann nur noch ausgeschnitten werden. Ein Blick auf den andern Seitenschneider läßt uns den Zweck desselben leicht erkennen. Jetzt übernimmt dieser Seitenschneider allein die

Vorschubbegrenzung, und es ist möglich, den Streifen bis auf den letzten Teil auszuschneiden. Der zweite Seitenschneider ist also nur als wirkend anzusehen, wenn der erste außer Schnitt ist. Jedoch ist der zweite Seitenschneider auch bei dünnen Blechen, Isolierpapieren usw. am Platze, wenn nicht mit versetzten Vorlochern gearbeitet wird. Hierbei wirkt er etwaigem kräftigen Anziehen des Streifens an die Anschlagecken entgegen und verhindert oder mindert wenigstens das Umbiegen und Anstauchen der Anschlagkanten des Streifens, wodurch die Vorlochung ungenau würde. Es ist nochmals zu betonen, daß auf parallele Stellung der Seitenschneider und dichtes Gehen derselben an den eingesetzten Anschlagecken besonders Wert zu legen ist, da sonst Zacken und Ecken entstehen, die den Streifen an leichtem Durchgang hindern. Der Streifen wird in diesem Fall oft zwischen den Führungsleisten

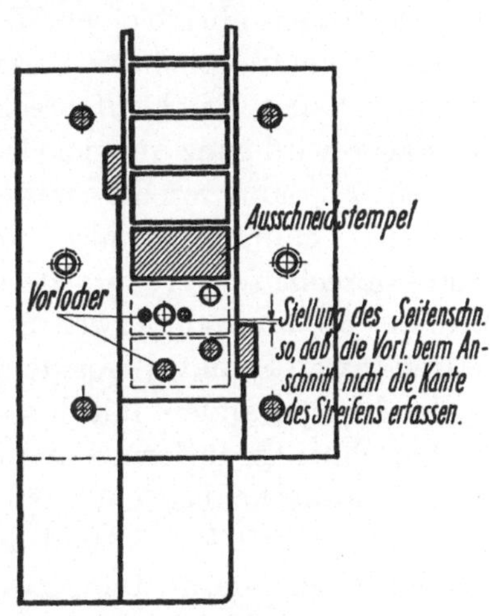

Abb. 99.

klemmen und nicht richtig an die Anschlagecken gezogen; Ausschußteile sind die erklärliche Folge. Der Zweck der Seitenschneider ist dann in solchen Fällen hinfällig.

Bringt der zweite Seitenschneider einen Gewinn an Ausnützung des Werkstoffes? Am besten läßt sich diese Frage durch die Rechnung beantworten. Würde der Schnitt Abb. 99 mit einem Seitenschneider ausgerüstet sein, so fällt der eine Teil fort, der nicht ausgeschnitten werden kann. Dieser eine Teil hat einen Flächeninhalt von 450 qmm. Gewinnen wir aber diesen Teil durch den zweiten Seitenschneider, so verlieren wir durch den zweiten Seitenschneider, wenn die Anschlagkante 1,5 mm beträgt und der Streifen 1000 mm lang ist, 1500 qmm. Wir haben also, wie die Rechnung ergibt, durch den zweiten Seitenschneider einen Verlust. Der tatsächliche Gewinn würde erst eintreten, wenn Teilgröße und Kantenverlust des Streifens gleich würden. Also wäre erst der zweite Seitenschneider von wirtschaftlicher Bedeutung, wenn die Größe des Teiles 1500 qmm beträgt. Eine andere Möglichkeit, die Existenzberechtigung des zweiten Seitenschneiders nachzuweisen, liegt in der Einteilung der Tafel nach Streifen bei Verarbeitung mit einem Seitenschneider. Gehen die Streifen in der Tafel gerade auf, so ist der zweite Seitenschneider abgetan; gehen sie nicht auf, so daß der übrigbleibende Streifen noch für die Summe des Verschnittstreifens des zweiten Seitenschneiders reicht, so ist er berechtigt. Es ist aber meist so, daß Resttafeln übrigbleiben, die weitere Verwendung finden. Auch wird eine veränderliche Stückzahl der auszuschneidenden Teile den Verbrauch der Tafel entsprechend beeinflussen. Wir sehen also, die Sache wird ganz verwickelt; es müßte einmal mit einem Seitenschneider, dann wieder mit zwei Seitenschneidern geschnitten werden. Man müßte also, um der Wirtschaftlichkeit in diesem Sinne gerecht zu werden, jedesmal die zu verarbeitende Tafel nachprüfen, ob ein oder zwei Seitenschneider günstiger wären. Es wären zwei Schnitte notwendig, ein Schnitt mit einem Seitenschneider, der andere mit deren zwei, oder man müßte den zweiten Seitenschneider entfernen und eine um den zweiten Seitenschneider breitere Zwischenlage einlegen. Eine solche Kontrolle würde zuviel Zeit und Arbeit kosten und die schnelle Abwicklung eines Stanzbetriebes behindern. Die Anwendung des zweiten Seitenschneiders nach der Schablone wäre denn doch vorzuziehen.

Es mögen noch einige interessante Beispiele folgen: Der in der Abb. 100 dargestellte Teil wird mit dem nebenstehenden Schnitt hergestellt. Aus der Anordnung der Löcher und Schlitze im Teil ist zu ersehen, daß die Stempel aus den bereits auf S. 88 erwähnten Gründen im Schnitt versetzt angeordnet sind. Außerdem soll der Schnitt das Durchziehen des von den zwei Ringschlitzen umgebenen Loches besorgen. In der Abb. 101 ist die Art gezeigt, in der das Durchziehen des Loches geschieht. Der Stempel e (Abb. 100) locht den Durchzug vor, in der nächsten Schnittfolge zieht der verkuppelte Stempel d (Abb. 100 und 101) den Rand des von dem Stempel e erzeugten Loches durch. Die entsprechenden Größenverhältnisse von Vorlochstempel, Durchzugstempel und Durchzugloch in der Schnittplatte erhält man in der Weise, daß man zuerst das Durchzugloch in der Schnittplatte bestimmt. Dieses beträgt stets Durchmesser des Durchzuges $+ 2$ mal Blechstärke, in unserem Beispiel also, wo ein Durchzug von 3,5 mm Durchmesser und eine Länge desselben von 1 mm verlangt wird, ist das $3,5 + 0,6 = 4,1$ mm. Jetzt bestimmt man den Vorlochstempel. Da 1 mm durchgezogen werden soll und das Umlegen des Randes der vorgelochten Löcher über die Kante des Durchzugloches geschieht, so sind 2 mal Durchzughöhe von dem Durchzugloch in der Schnittplatte abzuziehen, das ist 4,1 — 2 = 2,1 mm. Da der berechnete Durchmesser des Vorlochstempels meist mit der Praxis nicht übereinstimmt (fällt zu groß aus), soll die Berechnung auch nur als Vorbestimmung dienen. Bei dieser schwachen Blechstärke besteht allerdings keine Differenz zwischen errechnetem und praktisch erprobtem Maß, so

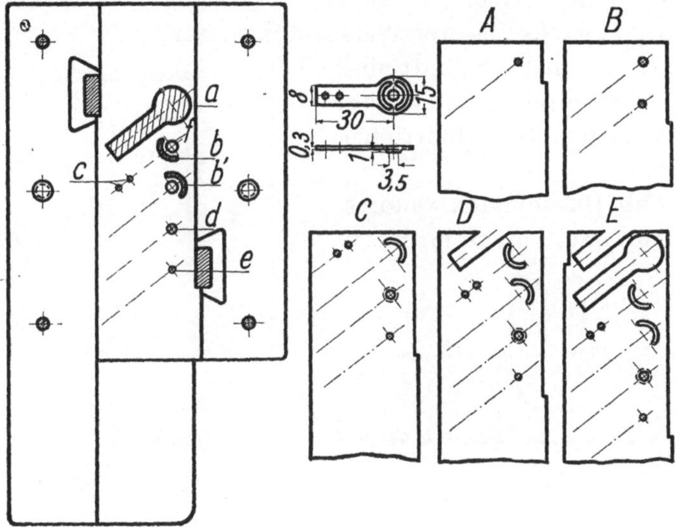

Abb. 100.

daß man ohne weitere Probe den Vorlocher dem errechneten Durchmesser entsprechend machen kann und die richtige Höhe des Durchzuges erhält. Da die Durchzüge meist für Lagerungen und zum Einschneiden von Gewinde dienen, wird es in der Mehrzahl der Fälle auf ein Mehr oder Weniger nicht ankommen. In genaueren Fällen muß allerdings probiert werden, und zwar steigt die Differenz zwischen errechnetem und ausprobiertem Vorlochstempel mit zunehmender Blechstärke. Das Ausprobieren geschieht so, daß man mit einem um 0,2 bis 0,3 mm schwächeren — bei stärkeren Blechen noch kleineren — in den Schnitt eingebauten Vorlochstempel beginnt. Die mit dem ersten Probierstempel erzielte Länge des Durchzuges gibt einen Anhalt für die nächstfolgende Abstufung des Probierstempels. Die Kante des Durchzugloches ist leicht zu runden.

Bei in der Stärke stark schwankenden Blechen ist oft ein Ausziehen des Durchzuges festzustellen, d. h. der Durchzug wird höher, als erwünscht. Hierbei kann es vorkommen, daß bei kleinem Durchzugstempel derselbe sich so in dem Durchzugloch und Blech festsetzt, daß er beim Aufwärtshub abreißt (Stempel gut langstrich polieren!). Diese Fälle sind unvermeidbar. Damit bei den weiteren Schnitthüben der Durchzug nicht auf der Schnittplatte aufliegt und beim Ausschneiden der Schlitze hindert, sind entsprechende Sacklöcher f angeordnet, in denen der Durchzug Platz nimmt. Des weiteren ist zwecks besserer Werkstoffausnutzung der Ausschneidstempel schräg in den Schnitt eingebaut. Die Streifen $A—E$ der Abb. 100 lassen die Schnittfolge erkennen.

Die Abb. 102 stellt ein weiteres Beispiel mit zwei Seitenschneidern

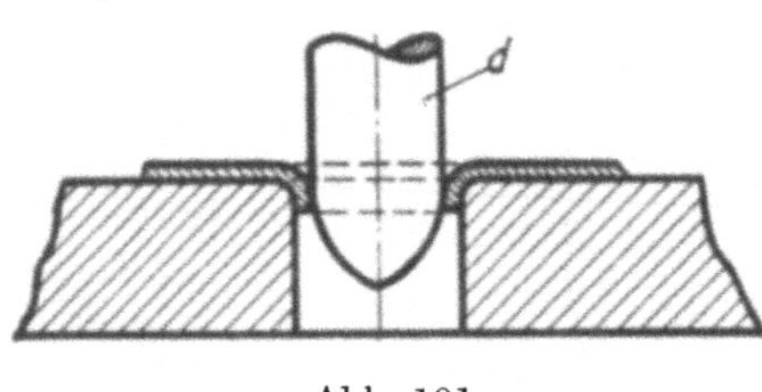

Abb. 101.

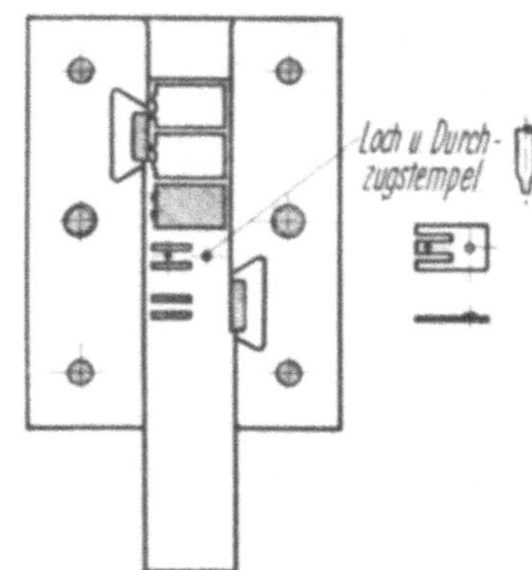

Abb. 102.

dar. Der Teil erhält ebenfalls einen Durchzug, jedoch wird dieser durch eine andere Methode erzeugt. Die Abb. 103 läßt erkennen, daß der Durchzugstempel gleich mit dem Vorlochstempel verbunden ist. Das Vorlochen geschieht hier ohne Gegenschnitt. Diese Methode, den Vorlocher zu sparen, hat sich in der Praxis bei Werkstoff von 1 mm aufwärts gut bewährt. Auch wird hierdurch der Schnitt um eine Fehlerquelle, die des Vorlochens, vermindert. (Ungenaue Vorlochung gibt einen einseitigen Durchzug.)

Eine dritte Methode des Durchziehens zeigt die Abb. 104. Die Spitze des Stempels muß das Blech durchstechen. Dieser Durchzug wird als Nietverbindung benutzt. Solche Nietverbindungen verwendet man zum Verbinden dünner Bleche (Abb. 105). Bei diesem Verwendungszweck muß der Durchzug ohne Vorlochen erzeugt werden, da der halbe Durchmesser des Loches zur Erzeugung der notwendigen Durchzughöhe gebraucht wird. Es ist klar, daß dieser

Durchzug nicht so sauber ausfällt, wie der durch Vorlochen erzeugte. Der Rand des Durchzugs wird zwar zackig, kann aber nicht als nachteilig angesehen werden, weil er ein leichteres Umlegen des Durchzuges beim Nieten unterstützt.

Hier soll noch eine weitere Nietverbindung erwähnt werden (Abb. 106). Bei diesem Teil wird der Lochputzen nur halb aus dem geschnittenen Loch herausgedrückt, damit er als Nietschaft dient. Diese Art Nietverbindung ist wenig verbreitet, weil die

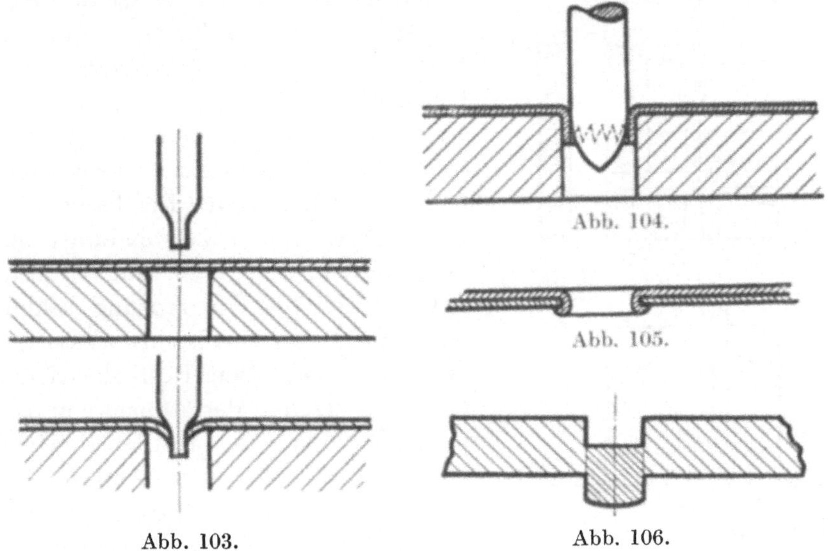

Abb. 104.

Abb. 105.

Abb. 103.

Abb. 106.

Putzen nicht sehr festsitzen, die Verbindung also nicht besonders haltbar ist. Sie ist schon bei einer Werkstoffstärke von 1 mm aufwärts bei geringer Beanspruchung der Nietung brauchbar.

e) Abhackschnitte

Die Anfertigung von Stanzteilen aus gezogenem Bandwerkstoff, sei es aus Kupfer, Messing, Eisen oder blankgewalztem Federstahl, ermöglicht es auch, an Werkstoff zu sparen. Die Ersparnis kann bei dieser Art Verarbeitung von Werkstoff verschwindend oder auch sehr groß sein; entscheidend hierfür sind Umgrenzung und Länge des Teiles. Der Abhackschnitt hat aber einen anderen großen Vorteil: er erspart das Zuschneiden von Schnittstreifen. Letzteres ist meist ausschlaggebend für seine Anwendung.

Der auf wirtschaftliche Fertigung bedachte Apparatekonstrukteur wird diesen Vorzug beim Entwurf des Stanzteils berücksichtigen; ihm muß dazu eine Tabelle der handelsüblichen Abmessungen von gezogenem Werkstoff zur Verfügung stehen. Die Anwendung von gezogenem Messing oder Eisen wird sich meist nur auf ungebogene Teile beschränken, da sich dieses Material in handelsüblicher Qualität weniger zum Biegen eignet als Stanzblech. Es gibt jedoch auch Qualitäten, die sich gut biegen lassen, wenn bei Bestellung die Legierung vorgeschrieben wird. Abgesehen von diesem Umstand kann die Anwendung von Bandwerkstoff für Stanzteile doch eine recht ausgiebige sein. Der besondere Vorteil, der in der Verwendung von Bandwerkstoff liegt, beruht darauf, daß ein Teil der Umgrenzung schon durch die Breite des Bandwerkstoffes vorhanden ist. Den Rest der Umgrenzung erzeugt der Abhackschnitt, je nach Form der restlichen Umgrenzung mit oder ohne Abfall.

Mit dem Abschneider Abb. 107 wird die nebenstehende Feder hergestellt. Der Schnitt ähnelt äußerlich einem Umgrenzungsschnitt mit Vorlocher. Die Durchführung entspricht der genauen Breite des Bandstahls. Zur Erzeugung der restlichen Umgrenzung dient der Stempel a. Die Zwischenlage b ist nach der andern Seite ebenfalls verlängert zur Aufnahme der Anschlagleiste c. Die Entfernung des Anschlages c vom Abschneidstempel a ist gleich der Teillänge. Die Fertigschneidseite d ist mit einer schrägen Nut f versehen, damit der Teil aus dem Werkzeug herausfallen kann. Außerdem hat der Schnitt einen Voranschlag. Wenn das Band angeschnitten werden soll, schiebt man es bis zum Voranschlag. Der erste Hub locht und stellt die eine Seite der Feder her, wobei der notwendige Abfall A und der Verschnitt B entsteht. Der Ab-

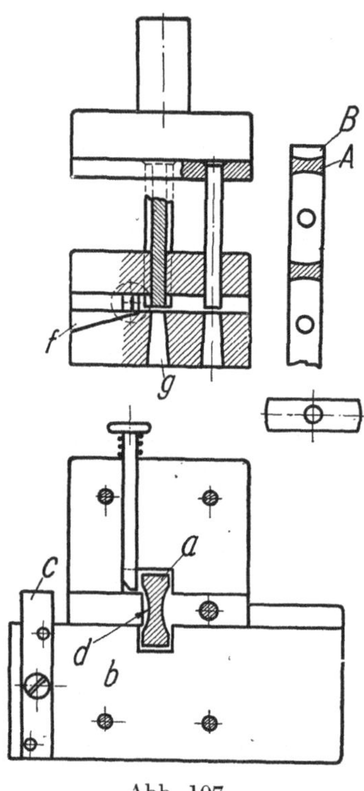

Abb. 107.

fall A fällt durch den Durchbruch g, und der Verschnitt gleitet auf
der schrägen Nut f ab. Das Band wird jetzt bis an den Anschlag c
geführt, worauf der zweite Hub den Teil auf die Länge abschneidet
und den nächstfolgenden Teil vorlocht. Betrachtet man die Streifen
der Schnittfolge, so erkennt man sofort, daß mit der Länge des
Teiles die Werkstoffersparnis proportional wächst, da der Abfall A unverändert bleibt. Bei dem Umgrenzungsschnitt ist es
entgegengesetzt.

Für die Fertigung des Teiles aus 2×15 mm gezogenem Messing
dient der Abschneider Abb. 108. Die rechteckige Umgrenzung

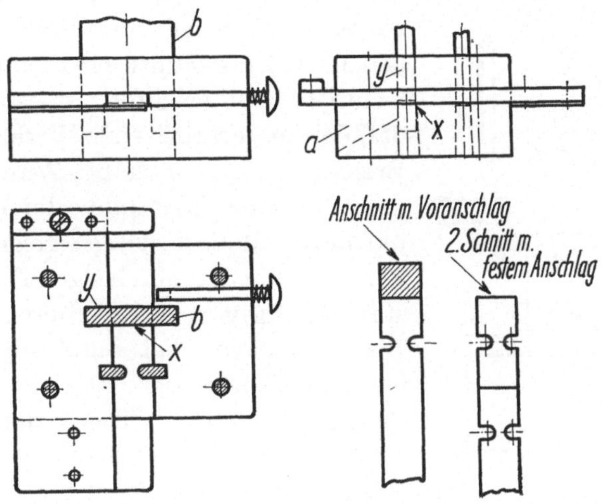

Abb. 108.

gestattet es, den Schnitt so herzurichten, daß beim Abschneiden
kein Abfall entsteht. Es sei hierbei darauf hingewiesen, daß unter
Abfall im engeren Sinne nicht die ausgelochten Putzen von Löchern
und Ausklinkungen zu rechnen sind. Zur Erreichung des abfallfreien Trennschnittes ist die hintere Schnittkante durch Tieferfräsen
der Nut a außer Schnitt gesetzt. Ein Schneiden kann demnach
nur bei X erfolgen. Aus diesem Grunde ist auch ein Untersicharbeiten der hinteren Schnittkante nicht notwendig. Zur Entlastung der Führung durch die einseitige Schnittbeanspruchung
des Stempels b ist derselbe zu beiden Seiten der aktiven Schnittfläche verlängert. Die Verlängerungen reichen bei Hochstellung
der Stempel bis in die Schnittplatte hinein, so daß sie während des

Schnittes mit den Führungsflächen einen guten Gegenhalt gegen
Abdrängen des Stempels bieten. Bei andern Abschneidern mit ein-
seitigem Schnitt ohne diese Führungszapfen nützt sich die Füh-
rungsfläche Y beim Schneiden starken Werkstoffes schnell ab. Der
Stempel drängt stets um das Maß der Abnutzung während des
Schneidens ab. Die Schnittfläche ist dann immer schräg.

Der Schnitt Abb. 109 zeigt, wie man mit einem Abhackschnitt
auch ein kompliziert umgrenztes Teil herstellen kann. Bei diesem

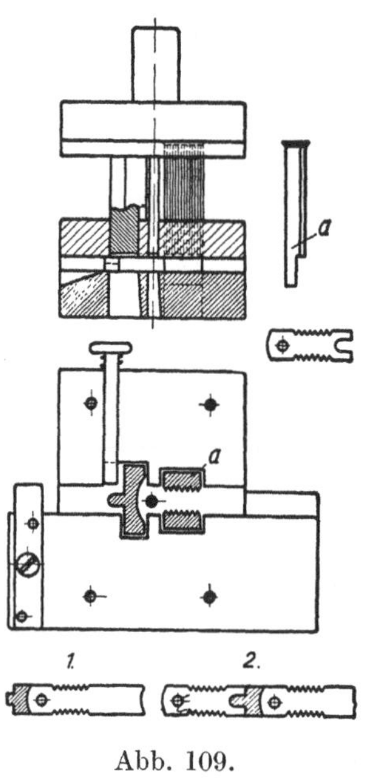

Abb. 109.

Schnitt sind die Stempel a zum Ausschneiden der Zacken aus gleichem Grunde
wie bei Abb. 108 mit einer Verlängerung
versehen. Um bei dem vorerst beschriebenen Abhackschnitt einwandfrei vorge-
lochte Teile zu erhalten, ist es notwendig,
daß der zu verarbeitende Werkstoff in der
Breite immer gleichbleibt. Wird das Band-
material schmaler, kann die Vorlochung
um dieses Maß einseitig erfolgen. Diesen
Übelstand findet man bei gewalztem Bandstahl häufig vor. Die Differenzen in der
Breite betragen bei Bandstahl von An-
fang bis Ende der Rolle oft mehrere
Zehntelmillimeter. Teile, die derartige
Differenzen in der Vorlochung seitlich zu-
lassen, fertigt man mit solchen Werkzeugen
an. Anders verhält es sich, wenn man
ungleich breiten Bandstahl verarbeiten
muß unter der Bedingung, daß der Teil
trotz dieses Umstandes genau vorgelocht werden muß. Hier
muß man sich durch den Einbau einer Zentriervorrichtung
Abb. 110 in den Abhackschnitt helfen. Während der Stempelkopf o niedergeht, schiebt sich mit ihm der Stößel k, welcher
gelenkartig mit dem Stempelkopf verbunden ist und durch
die Blattfeder i stabilisiert wird, in den entsprechend seinem Ende
ausgearbeiteten Schlitz r der Schieberstange a. Hierdurch tritt
eine Bewegung der Schieberstange a nach rechts ein. Der schräg
zur Längsachse der Schieberstange angeordnete Schlitz s überträgt
die Bewegung mittels der mit den Zentrierbacken b fest verbundenen Gleitstifte c auf dieselben. Durch Ausführung und Anordnung

der Backen b und der Zwischenlage nach dem Keilschlußsystem ist
die Bewegung der Backen b eine parallelschließende und in Richtung des Pfeiles fortschreitende. Die Schlitze h dienen zur Führung
der Backen b. Der zwischen den Backen b eingeführte, bis an

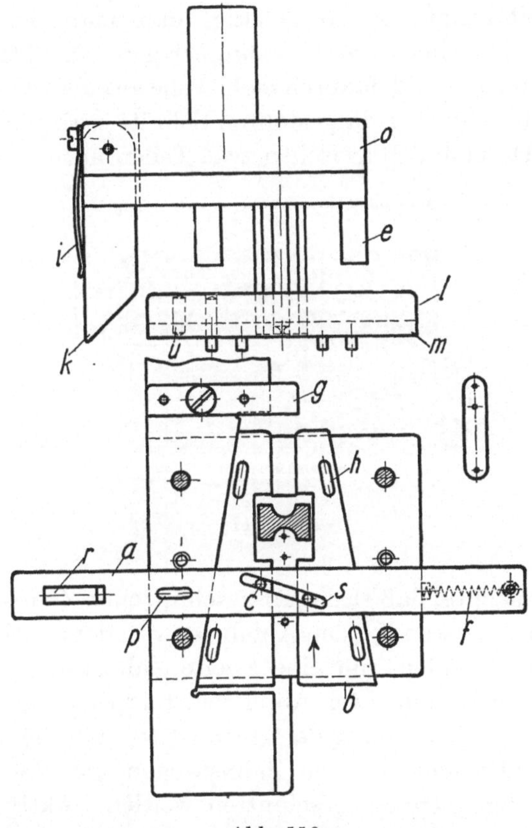

Abb. 110.

den Anschlag g vorgeschobene Bandstahl wird somit zentriert.
Da nach erfolgtem Zentrieren keine Bewegung der Zentrierorgane
mehr erfolgen darf, schwenkt sich bei weiterem Niedergang des
Stempelkopfes o der Stößel k aus und verhindert dadurch eine
Zerstörung des Mechanismus. Die Schieberstange a ist in der
Führungsplatte l durch eine Nut m gut gelagert und durch Stift u
und Schlitz p für den erforderlichen Hub begrenzt. Beim Auf-
wärtsgang der Stempel werden die Bewegungselemente durch die

Feder f in ihre Anfangslage zurückgezogen. e sind Aufschlagstücke
für die kleinen, durch Docke versteiften Lochstempel.

f) Schnitte, welche mit geringem Abfall oder ohne Abfall arbeiten

Die Umgrenzung der auszuschneidenden Teile ist bisweilen für
die Werkstoffausnutzung so günstig, daß man den Abfallsteg
zwischen zwei Teilen durch entsprechende Konstruktion des
Schnittes vermeidet und dadurch mehr Teile aus dem Streifen erhält.

Mit dem in Abb. 111 dargestellten Schnitt wird die Zahnstange
hergestellt. Da man den zwischen zwei Teilen notwendigen Abfall-

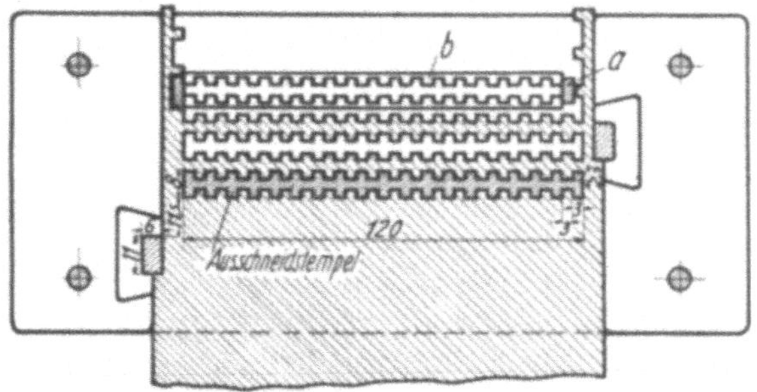

Abb. 111.

steg so breit machte, daß er der ausgeschnittenen Zahnstange gleich
ist, so ist es nur notwendig, den Abfallsteg von dem seitlichen Abfall
passend abzuschneiden, um eine zweite Zahnstange zu erhalten.
Zu diesem Zweck sind zwei Abschneidstempel a in den Schnitt
mit eingesetzt. Die Stellung derselben ist so, daß die auszuschneidenden und abzuschneidenden Zahnstangen um eine Zahnbreite
versetzt aus dem Streifen geschnitten werden. Aktiv wirken bei
den Stempeln nur die durch den dicken Strich gekennzeichneten
Schneidkanten. Die aus dem Abfall geschnittene Stange fällt durch
den rechteckigen Durchbruch b. Die Schnittfolge ist durch die
Schraffur kenntlich gemacht.

Der Höchstpunkt der Werkstoffausnutzung ist durch das abfallfreie Schneiden erreicht. Leider kann es nur ganz vereinzelt angewendet werden, da die Bedingungen, die hierfür an die Umgrenzung des Teiles gestellt sind, in den weitaus meisten Fällen
nicht erfüllt werden. Auch hängt die Anwendung dieser Methode
von der verlangten Präzision des Teiles ab. Als besonders typischer

Fall ist hier der Scharnierschnitt Abb. 112 besprochen, der als
abfallfreier Schnitt wohl einer der verbreitetsten ist. Der Streifen
wird beim Einführen in den Schnitt bis zum ersten Voranschlag
geführt. Der erste Hub locht nun den ersten Teil vor. Für den
nächstfolgenden Hub wird der Streifen gegen den zweiten Voranschlag geführt. Wie zu ersehen, ist jetzt der erste Teil ausgeschnitten, jedoch mit einem schmalen Streifen Verschnitt. Das
geschieht, um auch mit Sicherheit den ersten Teil einwandfrei aus-

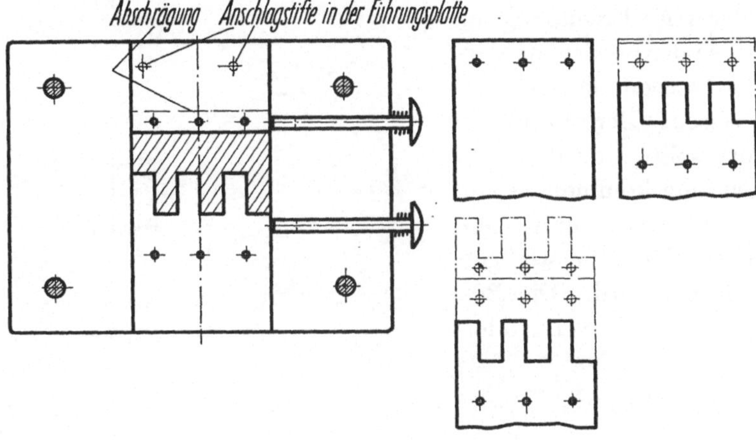

Abb. 112.

zuschneiden. Es könnte ja der Streifen an einem Ende unsauber
oder schräg sein. Nach dem zweiten Hub ist das Anschneiden des
Streifens geschehen; es folgt jetzt die Vorschubregelung des Streifens durch die Anschlagstifte, welche in der Führungsplatte sitzen
und durch gestrichelte Kreise im Grundriß der Schnittplatte gekennzeichnet sind. Die Anschlagstifte reichen bis ca. 3 mm in die
Schräge der Schnittplatte, die ähnlich der eines Abhackers ist.
Bei dem dritten Hub wird also ein Teil durch den Durchbruch hindurch geschnitten und der andere Teil, welcher mit den Zacken an
den Fangstiften Anschlag genommen hat, von dem durchgeschnitte-
nen abgetrennt. Zu gleicher Zeit lochen die hinter dem Abschneide-
stempel sitzenden Lochstempel den abgetrennten Teil, welcher
dann auf der Schräge aus dem Schnitt gleiten kann.

Es ist versucht worden, den abfallfreien oder mit geringem Abfall arbeitenden Schnitt bei Vierkant- oder Sechskantmuttern an-

7*

zuwenden. Die erzielten Resultate sind nicht befriedigend aus-
gefallen. Ein Teil der Muttern muß nämlich durch Abtrennung
voneinander erzeugt werden, und die Abtrennung geschieht infolge
Abdrängens des Stempels stets im schrägen Schnitt. Zwei Seiten
der Muttern werden also immer schräg sein. Solche schlechte Qualität verwendet man in der Feinmechanik nicht; man sollte deshalb eine derartige Erzeugung im Interesse der Förderung von Qualitätsarbeit besser beiseite lassen. Der abfallfreie Schnitt sollte nur dann in Anwendung kommen, wenn auf Sauberkeit und Genauigkeit der Teile weniger Wert gelegt wird. Die Beschlagindustrie verwendet

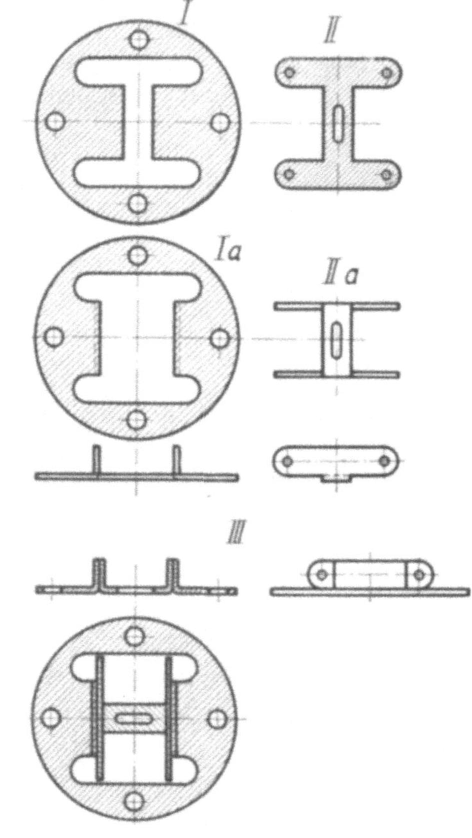

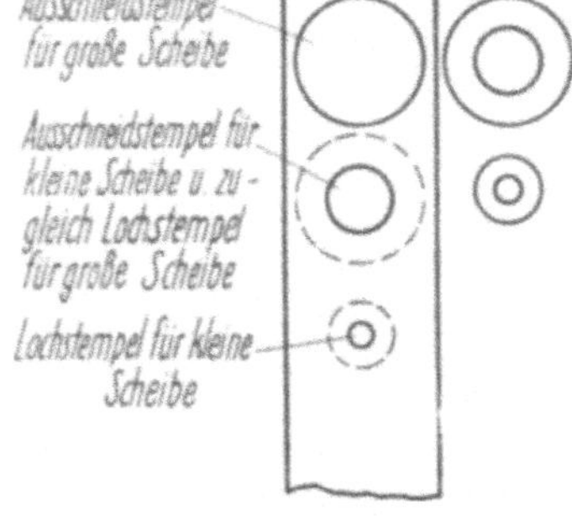

Abb. 113.   Abb. 114.

vorzugsweise diese Schnitte. Die Teile verlangen hier keine Präzision und werden meist getrommelt. Da die Artikel dieser Industrie oft in Millionen hergestellt werden, ist die Ersparnis am Werkstoff bei Anwendung dieser Schnittart eine sehr große.

Im Anschluß hieran sollen noch zwei Sonderbeispiele der Werk-
stofferparnis besprochen werden. Abb. 113 zeigt, wie man aus
einer Scheibe zwei gewinnen kann. Abb. 114 stellt ein Arbeitsstück
dar, bei dem der ausgelochte Teil ebenfalls verwendet wird. Nach-

dem ausgeschnittenes Teil I und ausgelochtes Teil II gebogen sind, I a und II a, werden sie ineinandergefügt, Teil III. An diesem Beispiel kann man am besten sehen, wie der Apparatekonstrukteur beim Entwurf der Teile zur Werkstoffersparnis beitragen kann.

Das Versteifen oder Docken der Schneidstempel

Die Erfahrung hat gelehrt, daß Stempel, die schwächer sind als die Werkstoffstärke, nicht in dem Maße den Schneidbeanspruchungen widerstehen, daß ein wirtschaftliches Arbeiten gewährleistet ist; sie werden in der Regel abbrechen. Es sollen deshalb Löcher von einem Durchmesser unter Werkstoffstärke besser gebohrt werden. Hieraus ist zu ersehen, daß selbst Stempel, die gleich der Werkstoffstärke oder 0,5 mm darüber sind, noch sehr nahe der kritischen Beanspruchung liegen; bei ihnen besteht deshalb ebenfalls eine Bruchgefahr. Ist sonst alles bei dem Schnitt sachgemäß ausgeführt und bricht trotzdem ein Stempel ab, ist stets der Grund in der Überlastung des Stempels zu suchen. Obwohl die Druckfestigkeit des Stempels in allen Fällen genügt, darf nicht vergessen werden, daß jeder Stempel infolge seiner Länge auf Knickung beansprucht wird. Die Größe der Knickbeanspruchung des Stempels ist der ausschlaggebende Faktor für dessen Haltbarkeit. Besonders bei hartem Werkstoff, wie Bandstahl oder Bronze, wird der Stempel stark beansprucht. Durch Versteifen desselben läßt sich seine Knickfestigkeit erhöhen. Dieses Versteifen nennt man „Docken". Die Versteifung selbst heißt „Docke" oder „Aufnahme". Eine Docke ist eine den Lochstempel umschließende und ihn stützende Hülse (Abb. 115a). Runde Stempel sind langstrich zu polieren, denn jeder feine Rundstrich ist eine Kerbung, die den Stempel leicht zum Brechen bringt. Unter besonderen Vorsichtsmaßregeln und bei ganz besonders sauberer Dockung des Stempels und Ausführung des Werkzeuges gelingt es auch, Löcher mit kleinerem Durchmesser als die Werkstoffstärke im Dauerbetrieb zu lochen (Sonderfälle). In der Praxis kann man noch recht oft die Beobachtung machen, daß das Docken sehr ungenügend Anwendung findet, teils aus Sparsamkeit oder veranlaßt durch die übliche Denkungsweise: „es wird schon so gehen". Es ist besser, in zweifelhaften Fällen die Haltbarkeit der Stempel zu unterschätzen, als sie bis zur äußersten Grenze ihrer Festigkeit ohne Versteifung zu beanspruchen. Derartigen Unterlassungssünden beugt

man am besten vor, indem man dem Werkzeugmacher die Wahl der
Ausführung nicht selbst überläßt, sondern sie ihm vorschreibt.
Berechnet man die Unkosten, die durch fortdauerndes Abbrechen
ungedockter Stempel entstehen, Zeitverluste beim Ein- und Aus-
spannen, um die zerbrochenen Stempel zu ersetzen, Lieferungs-
verzögerung, Wartezeit der Arbeiterin, wenn für die betreffende
Maschine keine passende Schnittarbeit vorhanden ist, so muß man
sich unbedingt für den gedockten Stempel entscheiden. Oft tritt
auch eine Schnittkantenbeschädigung der Schnittplatte durch
Bruchstücke der Stempel ein, die meist große Instandsetzungsarbeit
erfordert, wenn nicht überhaupt zu einer Neuanfertigung der
Schnittplatte geschritten werden muß. Alles das läßt sich ver-

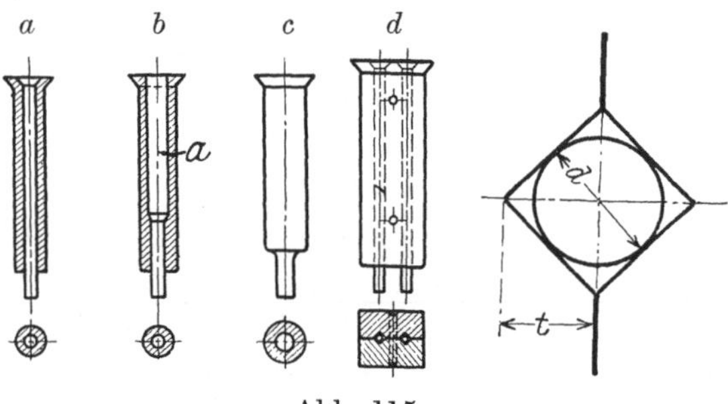

Abb. 115.

meiden durch eine sachgemäße Ausführung des Werkzeuges. Durch
störungsfreies Arbeiten macht sich der Mehraufwand für die Gestehungskosten der Docke ohne weiteres bezahlt.

Abb. 115 bis 119 zeigen verschiedene Ausführungsarten und
Anwendungsmöglichkeiten von Docken. Abb. 115a stellt eine
Docke dar, die für Rundstempel von etwa 1,5 mm aufwärts üblich
ist. Das Bohren der langen Löcher bietet keine Schwierigkeiten.
Die Docke wird nach dem Bohren überdreht, gehärtet und noch
besser überschliffen, damit ein zentraler Sitz der Bohrung zum
äußeren Durchmesser gewährleistet ist. Schlagende Docken sind
auf jeden Fall zu vermeiden, da bei einer etwaigen Zerlegung des
Werkzeuges das spätere Einsetzen in die richtige Stellung, wenn
auch Kennmarke vorhanden ist, immer Schwierigkeiten macht und
den Charakter des Pfuschens trägt; ein Fall, der nicht vereinzelt
dasteht. — Bei Stempeln von 1,5 bis 0,8 mm Durchmesser führt
man die Docke am besten nach Abb. 115b aus. Durch die Er-

weiterung des oberen Teiles der Docke ist das Herstellen einer langen, kleinen Bohrung vermieden. Zur Gegenlage des Stempels dient das Füllstück *a*. — Hat man bei einer schadhaft gewordenen Docke keinen Ersatz zur Hand und will man längere Fabrikationsunterbrechungen wegen Herstellung einer neuen Docke vermeiden, so kann man vorübergehend den angedrehten Stempel Abb. 115c in Anwendung bringen; er bleibt jedoch ein Notbehelf. — Die runde Docke ist aber nur bis zu der Grenze leichter Anfertigung der Bohrung gut anwendbar. Von 0,8 mm, auch schon von 1 mm abwärts, hat sich die geteilte Vierkantdocke (Abb. 115d) gut bewährt, die durch zwei oder mehrere Stellstifte, je nach Größe, zusammengehalten wird. Die Aufnahme der Stempel geschieht

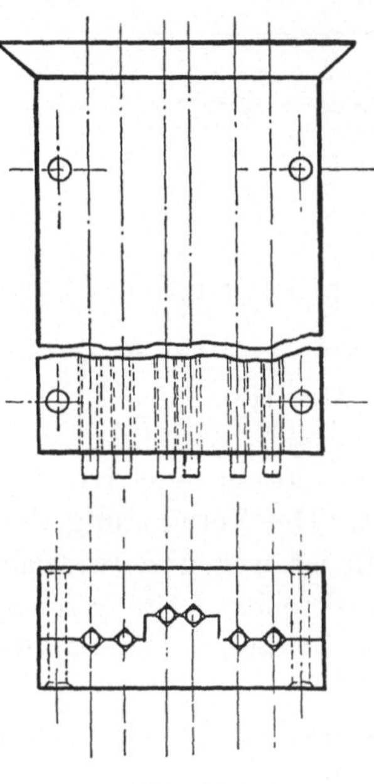

Abb. 116.

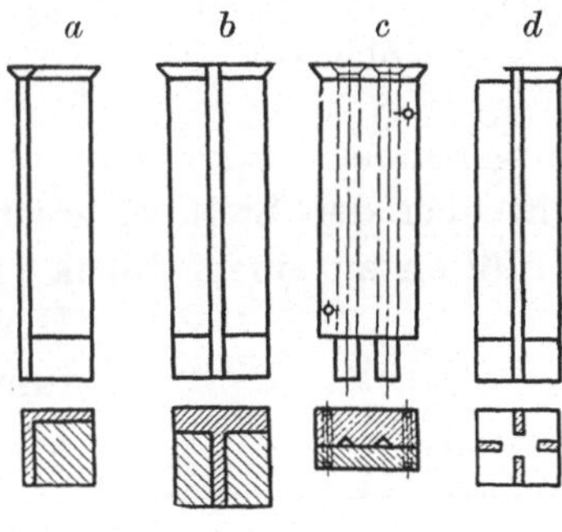

Abb. 117.

durch eingefräste prismatische Nuten. Ihre Tiefe für die halbe Aufnahme des Stempels berechnet man aus: $t = d \cdot 0{,}71$, wobei d der Durchmesser des zu dockenden Stempels ist (Abb. 115e). Diese Docke ist auch für größere Stempel zu empfehlen, bei denen man wegen ihrer sehr dichten Lage keine runden Docken unterbringen kann (Abb. 116).

Die Abb. 117a bis d zeigen Beispiele des Dockens von Fassonstempeln. Zu beachten ist, daß bei diesen Docken an Stelle der schwierigen Fassondurchbrüche in der Führungsplatte der einfache rechteckige tritt; die Durchbrüche der Schnittplatte entsprechen natürlich dem Querschnitt der Stempel. Man gewinnt also einen

Vorteil, der für die leichtere und schnellere Herstellung des Werkzeuges nicht abzuweisen ist.

Starke Stempel, die wohl den Schneidbeanspruchungen widerstehen, aber infolge ihrer Länge leicht federn, umgibt man mit einer

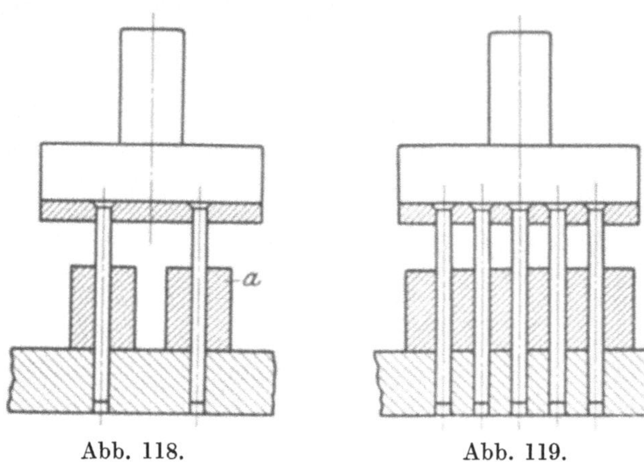

Abb. 118.   Abb. 119.

nicht mitgehenden Docke (Abb. 118). Sie besteht aus einer Hülse a, die leicht über den Stempel geschoben ist. Die Vereinigung derartiger Hülsen zu einem Block (Abb. 119), ist wegen schwieriger Herstellung verteuernd (Bohren von fünf genau senkrecht stehenden Löchern).

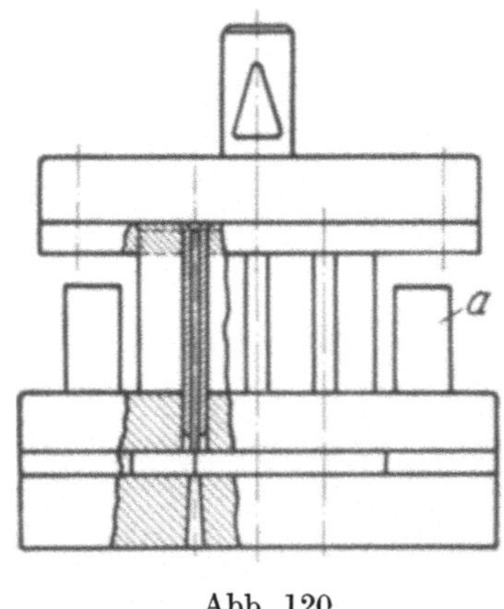

Abb. 120.

Beim Einspannen von Werkzeugen, die Stempel mit Docken enthalten, ist große Vorsicht geboten, damit die Docken beim Einstellen des Hubes der Schnittpresse nicht bis auf die Schnittplatte durchgeschoben werden und sich verbiegen. Oft sieht der Einrichter nicht, daß das Werkzeug gedockte Stempel enthält, und verfährt beim Einspannen wie üblich. Ein sicheres Mittel gegen derartige Unachtsamkeit bieten die Aufschlagstücke a (Abb. 120), die mit der Führung oder aber mit der Stempelplatte verschraubt sind. Die Aufschlagstücke sind ein auffallendes Kennzeichen für Schnitte mit Docken. Ihre Höhe ist so bemessen, daß ein Aufsetzen der Docken auf die Schnittplatte nicht möglich ist. Dieses Mittel ist zur Erhöhung der Betriebssicherheit auf jeden Fall zu empfehlen, und man scheue nicht die damit verbundenen geringen Mehrkosten.

Mittel zur Verringerung des Schneiddruckes

Beim Schneiden starker Bleche wird die Schnittplatte, insbesondere ihre Schneidkanten, sehr beansprucht. Für derartige Fälle auszuführende Schnittwerkzeuge müssen kräftig in der Bauart sein. Die Schnittplatte ist zweckmäßig mit einer Unterplatte aus Eisen zu versehen. Oft reicht für derartige hohe Schneiddrücke die vorhandene Schnittpresse nicht aus. Deshalb ist aus diesem Grunde und zur Entlastung der Schneidkanten eine Reduzierung des Schneid-

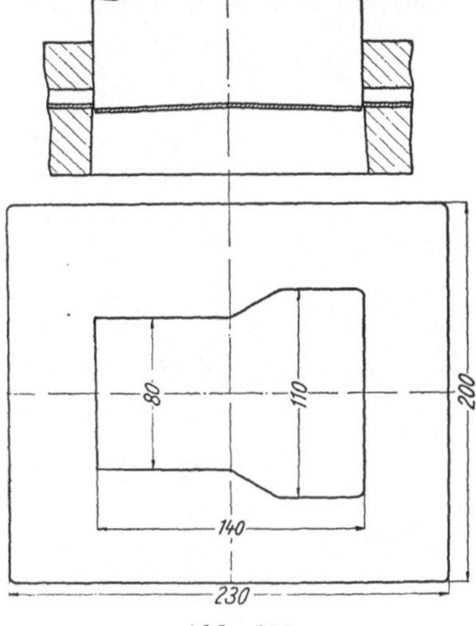

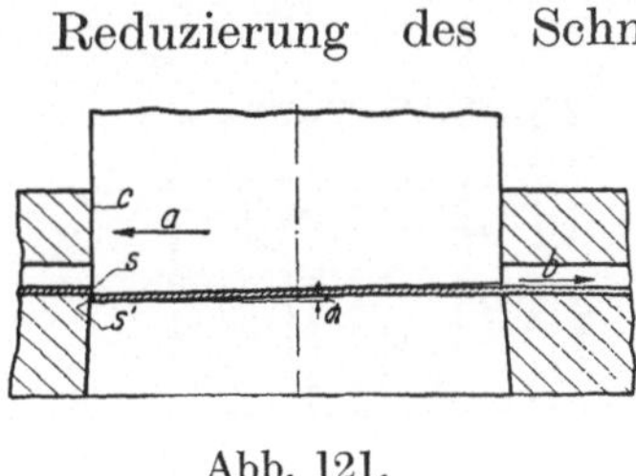

Abb. 121.   Abb. 122.

druckes notwendig. Der notwendige Schneiddruck für den auszuschneidenden Teil errechnet sich aus:

Umfang $\times$ Stärke- $\times$ Scherfestigkeit des Bleches.

Hieraus ist zu erkennen, daß der Schneiddruck, wenn man den Stempel nicht gleich auf dem ganzen Umfang schneiden läßt, um das nicht im Schnitt stehende Stück vermindert wird. Der in Abb. 121 dargestellte Stempel ist nach diesem Prinzip gearbeitet. Die auszuschneidenden Teile sind durch den schrägen Schliff des Stempels etwas verbogen und müssen gerichtet werden. Das Strecken des Teiles durch Biegen und Richten ist nicht von großem Einfluß auf die Form. Auch kommt es auf eine geringe Veränderung der Umgrenzung in den meisten Fällen nicht an. Die seitlich auftretende Kraft a ist bei nicht zu großer Schräge (Winkel höchstens 1,5°) ohne große Nachteile auf die Führungsfläche c und die

Schneidkanten s/s'. Bei Übertreibung des Winkels ist der Ver-schleiß der Fläche c natürlich sehr stark. Die Folge davon ist eine baldige Berührung der Schneidkanten s/s'. Diese Formgebung des Stempels ist ausschließlich beim Ausschneiden von Teilen üblich. — Eine andere, bessere, aber meist beim Lochen gebräuchliche Formgebung stellt Abb. 122 dar. Durch die dachförmige Gestalt des Stempels heben sich die seitlichen Kräfte auf, weshalb man hierbei den Winkel beträchtlich überschreiten kann. Diese ist natürlich nur beim Lochen zulässig, bei dem das ausgeschnittene

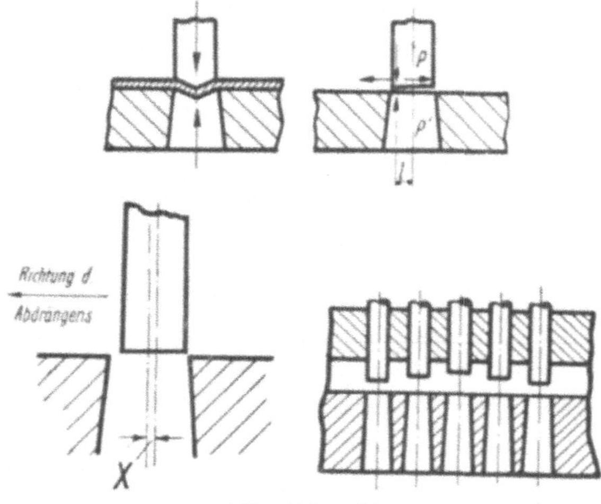

Abb. 123—126.

Stück Abfall darstellt. Sollte das Stanzstück als Gebrauchsteil dienen, so müßte es einer Richtoperation und damit einer unzu-lässigen Streckung unterworfen werden. — Beim Lochen kleiner Vierkantlöcher ist die Anwendung dieser Stempel (Abb. 123) am vor-teilhaftesten. Die Dachform reduziert den Schneiddruck und läßt durch Eindringen der Spitze in das Blech den Stempel nicht so leicht ausweichen, hebt also die seitlichen Kräfte auf und ver-mindert demzufolge die Gefahr des Abbrechens. Die Abb. 124 zeigt den geraden Schliff des Stempels, der bei derartig hoher Schneidkantenbeanspruchung ungünstig ist, weil er den Schneid-druck nicht reduziert. Bei nicht ganz parallelem Schliff ist die Gefahr des Ausweichens des Stempels und das Knickmoment $P\,L$ vergrößert. — Das gleiche tritt auch ein, wenn der Stempel nicht ganz genau zur Mitte des Gegenschnittes steht (Abb. 125).

Bei Lochern, bei denen sehr viele kleine Stempel vorhanden sind, vermindert man den Schneiddruck durch Kürzerschleifen[1]) einzelner Stempel (Abb. 126). Bei allen bis jetzt erwähnten Fällen ist die Verringerung des Schneiddruckes aus Gründen der Entlastung der Schneidkanten der Schnittplatte bzw. des Schneidstempels oder in Ermangelung einer genügend starken Schnittpresse vorgenommen worden. Da große Schnittflächen starke Werkstoffspannungen des Teiles hervorrufen, die ein starkes Verziehen desselben bewirken, ist es auch hierbei geboten, den Schneiddruck zu

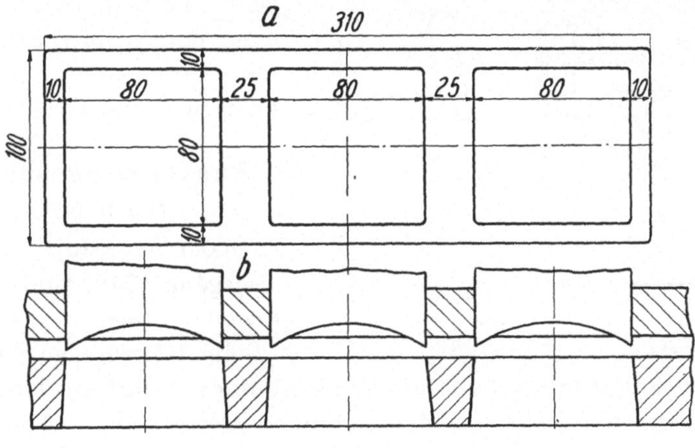

Abb. 127.

verringern. Die Abb. 127a zeigt einen solchen typischen Fall: ein Rahmen mit großen Ausschnitten und wenig Wandung, Material 0,5 mm Eisenblech. Abb. 127b zeigt die Lösung dieser Aufgabe. — An dieser Stelle soll auch der Einfluß des geradegeschliffenen und schräggeschliffenen Stempels auf die Schnittpresse erwähnt werden. Bei einem schweren Schnitt mit geradegeschliffenem Schneidstempel tritt im Moment des Aufsetzens des Schneidstempels auf den Werkstoff die Steigerung des Schnittdruckes von Null bis zu einem Maximum ein, bei welchem eine plötzliche Trennung des Werkstoffes erfolgt. Diese plötzliche Entlastung der Schnittpresse ruft eine starke Erschütterung derselben hervor, welche sich als Stoß, besonders auf die Lagerung der Kurbel- oder Exzenter-

---

[1]) Schwache Loch- und Vorlochstempel, die durch den Schnittdruck größerer Loch- oder Ausschneidstempel seitlich abgedrängt werden können, werden gleichfalls kürzer geschliffen.

welle, auswirkt und demzufolge jene schnell ausschlägt. Auch wirkt die starke Erschütterung lösend auf alle Schrauben der Maschine, so insbesondere auf die Spannschrauben, mit denen der Schnitt in der Schnittpresse festgespannt ist. Es ist schon oft vorgekommen, daß durch Erschütterung der Presse die Spannteile sich gelöst haben und der Schnitt dadurch beschädigt wurde. Diese Gefahren bestehen bei Verwendung eines schräggeschliffenen Schneidstempels in bedeutend verringertem Maße; denn das Maximum des Schneiddruckes ist bei ihm sehr herabgesetzt, statt einer hohen Spitzenwirkung hat man eine niedrige Dauerwirkung erreicht.

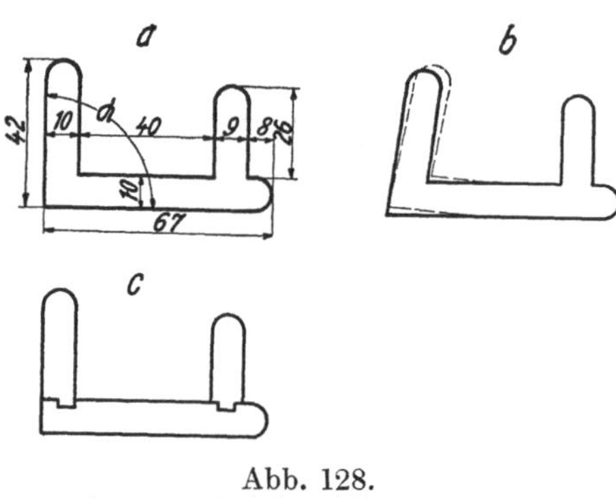

Abb. 128.

Zusammengesetzte Stempel

In der Werkstattstechnik, Jahrgang 1919, findet man folgende Frage aufgeworfen: „Beim Härten der Stempel für Führungsschnitte habe ich trotz größter Sorgfalt ein beträchtliches Verziehen nicht vermeiden können. Der Winkel α (Abb. 128 a bis b) verändert sich dermaßen, daß der Stempel in den allermeisten Fällen nicht zu gebrauchen war. Mit Kali zu härten war nicht angängig, da wir 2 mm dickes und zähes Eisenblech schneiden und dafür einen gut harten Stempel benötigen. Beim Härten im Wasser zeigte sich dann die unangenehme Nebenerscheinung. Konnte man diesem Verziehen in irgendeiner Weise vorbeugen, oder würde ein Richten des Stempels nach dem Härten noch von Erfolg sein?"

Diese Frage bestätigt, daß die Ausbesserung eines verzogenen Stempels mühevolle Arbeit verursacht. Oft ist die Richtarbeit ohne Erfolg. Des weiteren stelle man sich die Wirkung schwieriger, zeitraubender und ermüdender Richtarbeit vor, wobei oft die Vorsicht des Werkzeugmachers versagt und er durch einen hohlen oder starken Schlag den Stempel zum Springen bringt. — Auf die Frage zurückkommend möchte ich bemerken, daß ein Richten des Stempels kaum von Erfolg ist. Um ein Verziehen des Stempels zu vermeiden, greift man zur altbewährten Methode, den Querschnitt des Stempels aus einfachen Querschnitten zusammenzusetzen. Der

Stempel (Abb. 128 c) ist an den Stellen, wo die auftretende Härtespannung sich zum Verziehen der Schenkel auswirkt und ein Richten nicht möglich ist, unterteilt. Die einfachen flachen Stempel werden

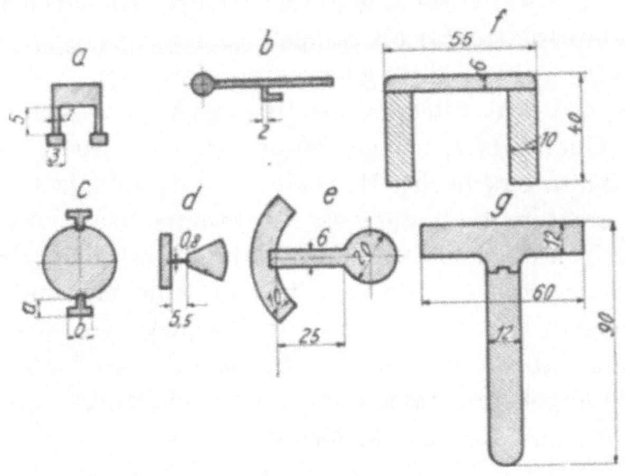

Abb. 129.

einzeln gehärtet. Ein Krümmen dieser Stempel ist nur möglich, wenn sie nicht richtig vorbehandelt und unsachgemäß gehärtet sind. Auch trägt ungeeigneter Stahl oft die Schuld daran. Kommt es

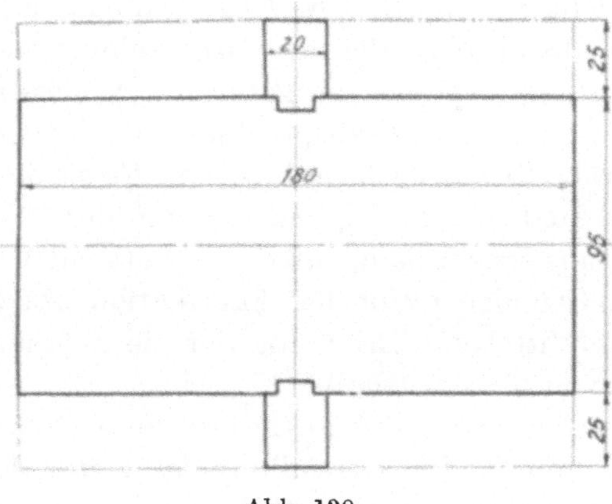

Abb. 130.

auf eine genaue Verrundung nicht an, und stellt man ein geringes Verziehen der Stempel in Rechnung, so macht man dieselben etwas stärker und schleift sie auf der Flächenschleifmaschine gerade. Die

Rundung gleicht man dann mit dem Carborundumschleifstein von Hand oder mit einer Schleifscheibe an der Maschine aus. Um den Stempeln einander einen guten Halt zu geben, werden dieselben eingelassen. Bei Anwendung geteilter Stempel ist dafür zu sorgen, daß die Stempelplatte 1,5 bis doppelt so stark als gewöhnlich gemacht und eine dichte Führung hergestellt wird, um jene zusammenzuhalten. — Außer härtetechnischen Rücksichten können auch kompliziertere Querschnitte eine Teilung des Stempels notwendig machen, will man eine leichte Herstellung und maßliche Genauigkeit erreichen. Letztere Bedingung ist bei Stempeln aus einem Stück sehr schwierig und nicht in vollem Maße zu erfüllen; deshalb ist für die Wahl des geteilten Stempels teils der eine oder andere Punkt ausschlaggebend. — Abb. 129 stellt Beispiele geteilter Stempel dar. Bei den Abb. 129f und g erkennt man auffällig, daß das Teilen der Stempel eine Stahlersparnis mit sich bringt. Der Stempel (Abb. 130) ist nur aus diesem Grunde geteilt.

Verwendung des Folgeschnittes, um kompliziert geformte Ausschneidstempel zu vermeiden

Für das Ausschneiden von Teilen war bisher ausschließlich der Umgrenzungsschnitt vorgesehen. Für Umgrenzungen, die schmale — tiefe — und oft auch schmale und komplizierte Einschnitte aufweisen, sind Schneidstempel bzw. Gegenschnitte meist schwierig oder gar nicht ausführbar. Bei dem Gegenschnitt stellen die Einschnitte Vorsprünge dar, die von geringerer Widerstandsfähigkeit gegen die dauernde Schnittbeanspruchung sind und deshalb beim Schneiden starker Bleche leicht abbrechen. Es ist deshalb ratsam, die kritischen Stellen der Umgrenzung mit dem Vorlocher herzustellen. Hieraus ersieht man, daß der Schnitt mit Vorlocher nicht allein aus den Gründen rationeller Fabrikation, sondern auch im besonderen als Mittel zur Erhöhung der Betriebssicherheit beim Ausschneiden von Teilen gebraucht wird.

Abb. 131a zeigt einen Teil in Gestalt eines Dreieckes mit den Einschnitten *a* und *b*. Die Herstellung des Teiles ohne Vorlocher ist für den Schneidstempel ohne Bedenken, aber die Vorsprünge des Gegenschnittes würden leicht abbrechen. Außerdem vergesse man nicht, daß die spitzen Ecken von geringer Schneidhaltigkeit sind. Ist die Schnittplatte oft geschliffen worden und der Gegenschnitt dadurch zu weit geworden, so daß ein Aufarbeiten der

Schnittplatte notwendig ist, ist ein Dengeln der Vorsprünge nicht möglich; denn man läuft Gefahr, daß das Stahlgefüge dabei weniger haltbar wird oder sogar Risse bekommt. Die Schnittplatte wird zum Zweck des Dengelns zuerst ausgeglüht. In bezug auf die Herstellung der spitzen Ecken des Gegenschnittes sei die schwierige und zeitraubende Feilarbeit für dieselben erwähnt. Die Methode des direkten Ausschneidens der Umgrenzung ohne Zuhilfenahme eines Vorlochers bietet bei diesem Teil einen zweifelhaften Erfolg. Das Ausschneiden des Teiles mit dem Schnitt mit Vorlocher geschieht in der Weise, daß zunächst die Einschnitte a und b in den vollen Streifen vorgelocht werden. Die Schneidstempel a und b sind etwas über die Hauptumgrenzung des Teiles verlängert, um bei etwaigem ungenauen Vorschub des Streifens „unganzes Ausschneiden der Einschnitte“ zu vermeiden. Das Ausschneiden des Teiles erfolgt durch einen Schneidestempel entsprechend der Schraffur. Wegen nicht geforderter Ge-

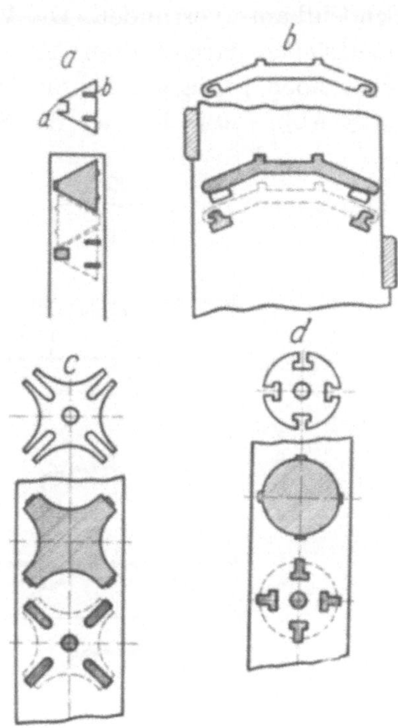

Abb. 131.

nauigkeit genügt in diesem Fall die Regelung des Vorschubs durch den Einhängestift. Der Schnitt ist zur Werkstoffersparnis auf Zwischenschneiden eingerichtet. — Bei den Abb. 131b bis d liegen die Verhältnisse ähnlich.

Das gleichzeitige Ausschneiden und Biegen von Teilen durch den Schneidstempel (Biegeschnitt)

Um die Gestehungskosten des Stanzteiles herabzusetzen, bedient man sich wenn möglich in der Massenfabrikation des schneidenden und zugleich biegenden Schneidstempels. Diese Methode ist aber nur bei Teilen anwendbar, die keine Präzision verlangen. Abb. 132a demonstriert den am häufigsten angewendeten Fall, das

Ausschneiden und zugleich Ankippen des Teiles. Dieses Ankippen ist bei Teilen notwendig, die mit einer Öse versehen werden, z. B. bei Kabelschuhen (Abb. 133), um dieselben später rollen zu können. Wie zu ersehen, ist der Schneidstempel an der fraglichen Schneidkante verrundet. Die Verrundung derselben muß nach der übertrieben dargestellten Abb. 134b erfolgen. Die Kante a bietet dann noch genügend Schnitt. Man mache die Kante keinesfalls nach Abb. 139a, bei der die Schneidkante fehlt und ein Reißen

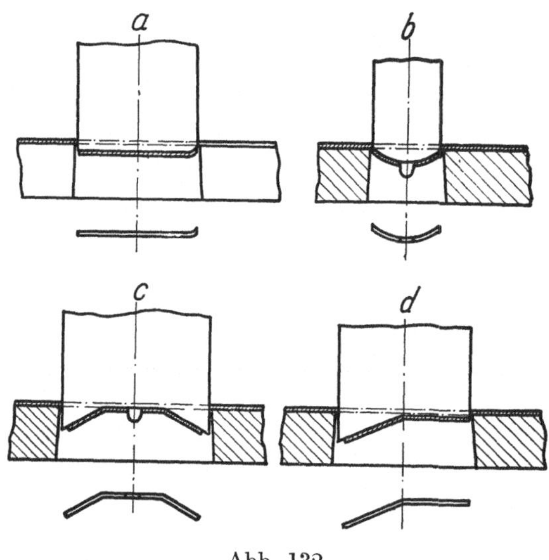

Abb. 132.

eintreten muß. — Abb. 132b zeigt die Herstellung einer Glockenscheibe. Der Stempel buckelt erst die Scheibe vor und trennt sie dann aus. Die Beispiele (Abb. 132c und d) zeigen, in welchen Grenzen ungefähr die Schneidbiegemethode bei an den Schneidstempel angearbeiteter Form des Teiles anwendbar ist. Da bekanntlich jeder Werkstoff — seiner Härte entsprechend mehr oder weniger — nach dem Biegen zurückfedert, so darf die Stempelform meist nicht der wirklichen Form des Teiles entsprechen. Die Stempelform wird durch Ausprobieren festgestellt. Da dieses Probieren oft viel Mühe macht, so ist zu empfehlen, daß die endgültige Form des Schneidstempels durch eine Lehre festgehalten wird, um nicht beim Schärfen des Stempels von neuem probieren zu müssen. Die Lehre verbleibt dann zweckmäßig im Werkzeugbau, versehen mit der Nummer des Schnittes. — Diese Art Schnitte sind nicht mit den vereinigten Schnittbiege- oder Schnittstanzwerkzeugen, oder auch Verbundwerkzeuge genannt, zu verwechseln, bei denen das Biegen des Teiles durch ein in den Schnitt eingebautes Biege- oder Stanzwerkzeug erfolgt. (Derartige Werkzeuge werden in einem späteren Buch behandelt.) — Nachfolgend soll ein Beispiel eines etwas komplizierteren Biegeschnittes beschrieben werden. Das Werkzeug (Abb. 135) erzeugt zwei Lötösen in beistehender Form, die mittels einer Rollvorrichtung oder Rollstanze nur noch gerollt zu werden brauchen. Bei der Herstellung solcher Teile mittels Biegeschnitte ist das Prinzip ,,Umgrenzung des Teiles = Schneidstempelquerschnitt'' nicht anwendbar. Die Umgrenzung des Teiles wird vielmehr in stufenweiser Folge durch den Begrenzungsschneidstempel a erzeugt. Begrenzungsschneidstempel sind solche, die nur einen Teil der Umgrenzung herstellen. Ein Stück der Umgrenzung des Teiles ist in dem Werkstoffstreifen als der sonst bei gewöhnlichen Schnitten mit Vorlocher übrigbleibende Abfallsteg zu erkennen. Das

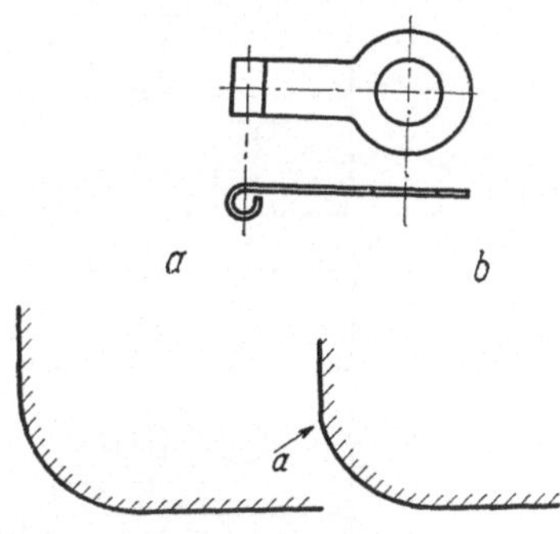

Abb. 133 und 134.

noch zu erzeugende Stück Umgrenzung des Teiles wird dann durch den Ausschneidstempel b erzeugt. Die Schnittfolge läßt die Entstehung der Ösen erkennen. Beim Anschnitt des Streifens erfolgt erst Lochen. Beim zweiten Hub erzeugt der Begrenzungsschneidstempel a mit seiner rechten Seite durch Abschneiden einen Teil der linken Seite der Lötösen. Der nächste Hub vollendet mit der linken Seite des Stempels a das in der Form gleiche rechte Stück der Umgrenzung des Teiles und mit seiner rechten Seite die linke Seite des nächstfolgenden Teiles. Der Begrenzungsschneidstempel a erzeugt also stets bei einem Hub eine Seite zweier in der Folge stehender Teile. Die beiden Teile bleiben aber bis zuletzt durch einen Steg c verbunden, um den Werkstoffstreifen stabil zu halten. Mittels des Biegestempels d wird das bisher erzeugte Stück der Umgrenzung des Teiles bei dem nächsten Hub über die in der Schnittplatte eingesetzte Brücke gebogen. Der nächstfolgende Vorschub des Streifens bringt das so gebogene

Stück der Teile unter die Ausschneidstempel *b*, welche beide Teile voneinander trennen und den Rest der Umgrenzung erzeugen. Der Steg *c* kann durch das Loch hinter den Stempeln *b* fallen. Aufschlagstücke sind bei diesen Schnitten besonders am Platze. Zu den Biegeschnitten

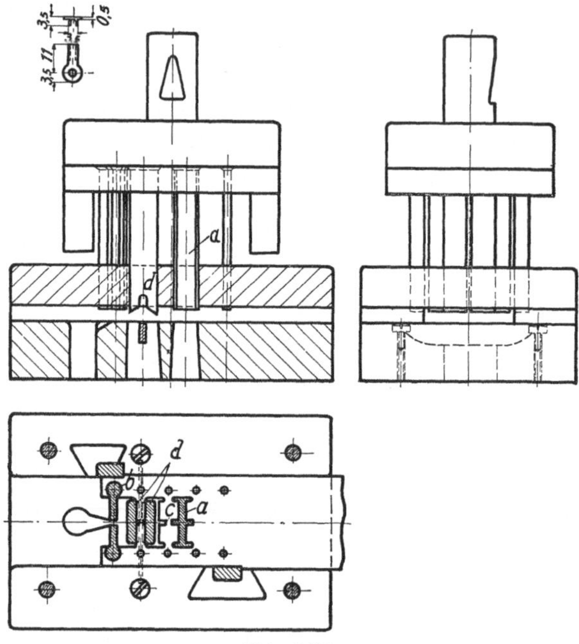

Abb. 135.

dieser Art ist zu sagen, daß folgende Bedingungen erfüllt werden müssen, wenn man eine brauchbare Arbeit mit ihnen erzielen will:

1. Der Schnitt muß einwandfrei gearbeitet sein.

2. Das Einrichten muß von einem guten Einrichter mit allen Vorsichtsmaßregeln geschehen.

3. Die Stanzerin muß geübt und zuverlässig sein.

Ist eine von diesen Bedingungen nicht erfüllt, so wird der Schnitt durch fortlaufende teure Reparaturen unwirtschaftlich. Die Herstellung des Teiles mit gesonderten Werkzeugen ist zuverlässiger.

Also Vorsicht vor Anwendung dieser Schnitte! Man prüfe, ob diese Bedingungen erfüllt werden können.

Mehrfach- oder Massenschnitt

Die Bezeichnung Massenschnitt besagt, daß dieser Schnitt für hohe Stückzahlen Verwendung findet. Es ist eingehend zu prüfen, ob die Wirtschaftlichkeit seine Anwendung rechtfertigt, und zwar ist diese Prüfung Sache der Vorkalkulation, die die nötigen Unterlagen dazu hat. Erst von einer gewissen Stückzahl ab tritt seine Wirtschaftlichkeit in Erscheinung. Der Mehrfachschnitt unterscheidet sich vom Einfachschnitt durch Unterbringung mehrerer Ausschneidstempel in einem Schnitt, so daß bei einem Schnitthub nicht wie sonst ein Teil, sondern mehrere Teile gleichzeitig geschnitten werden. Derartige Schnitte werden meist mit 2 bis 5 Aus-

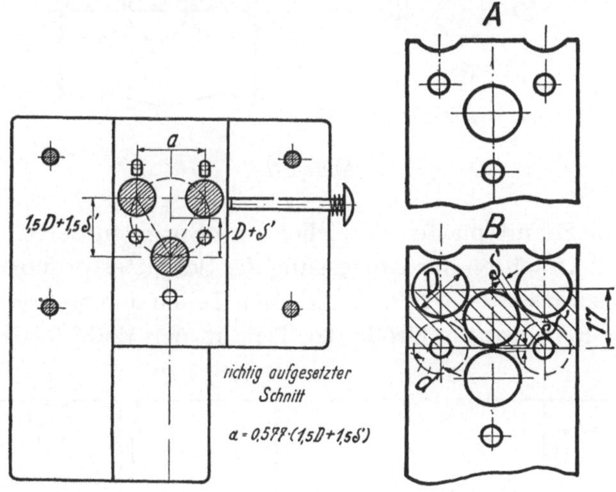

136 a und b.

schnittstempeln versehen, die dann als Zweifach-, Dreifach- und Fünffachschnitte bezeichnet werden. Durch die Anwendung des Mehrfachschnittes ist ein Mittel an die Hand gegeben, die Lohnkosten für das Ausschneiden der Teile zu erniedrigen. Allerdings ist der Aufwand für Werkzeugkosten ein größerer, der aber bei hoher Stückzahl der auszuschneidenden Teile sich bald bezahlt macht. Hat man sich bei Anfertigung eines Schnittes zu entscheiden, ob „Einfach- oder Mehrfachschnitt" in Frage kommt, so überlege man folgende 3 Punkte:

1. Stückzahl der auszuschneidenden Teile,

2. Größe des Teiles,

3. Form des Teiles.

Der erste Punkt ist für die Amortisierung des Werkzeuges, der zweite Punkt für die Gestehungskosten, sowie überhaupt für die Frage Mehrfach- oder Einzelschnitt maßgebend. Mit der Größe des Teiles wächst die Größe des Schnittes und das Risiko beim

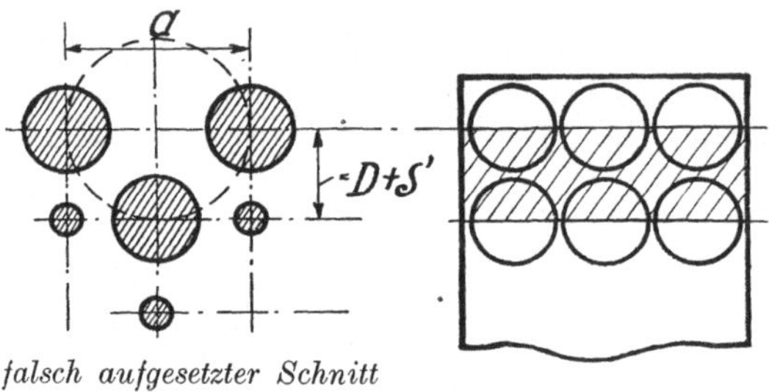

Abb. 137.

Härten der Schnittplatte (Verziehen und Springen derselben), welches dem Anwachsen der Abmessung des Schnittes proportional ist. Man wendet deshalb fast nur bei kleinen Teilen den Mehrfachschnitt an. Auch hier gibt die Größe der Teile in der Wahl des Zweifach-

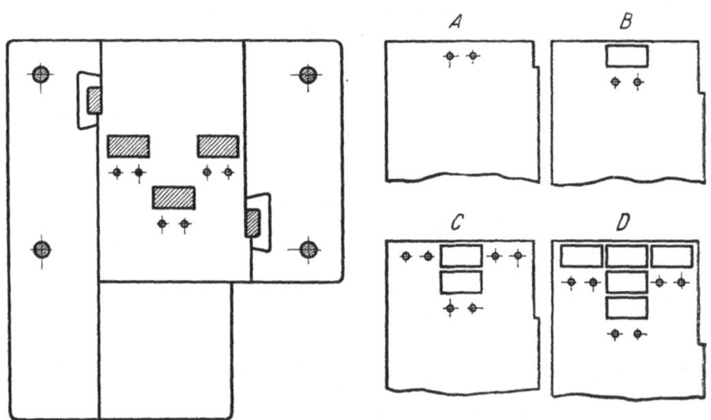

Abb. 138.

bis Fünffachschnittes den Ausschlag. Zu Punkt 3: Die Form des Teiles entscheidet ganz unabhängig von den ersten beiden Punkten die Ausführung des Schnittes. Bei komplizierten Umgrenzungen wird man der Betriebssicherheit zuliebe stets den Einfachschnitt vorziehen. Je komplizierter der Teil in der Umgrenzung ist, desto geringer die Gewähr gleich gut arbeitender Stempelgruppen. Die

Möglichkeit, bei solchen Teilen mit einem Mehrfachschnitt nur die Leistung eines Einfachschnittes zu erzielen, da die andern Stempel-

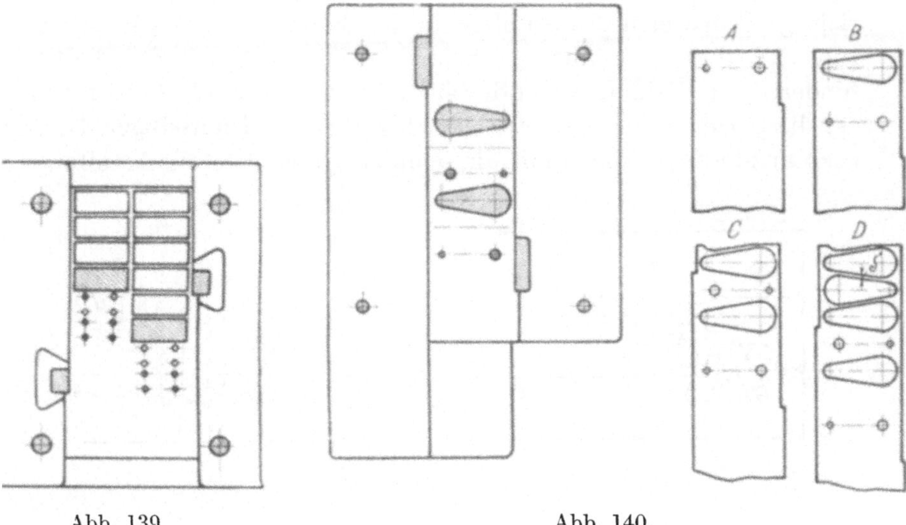

Abb. 139.   Abb. 140.

gruppen nicht mit der geforderten Genauigkeit und Sauberkeit arbeiten, liegt sehr nahe. Der Vorteil des Mehrfachschnittes zeigt

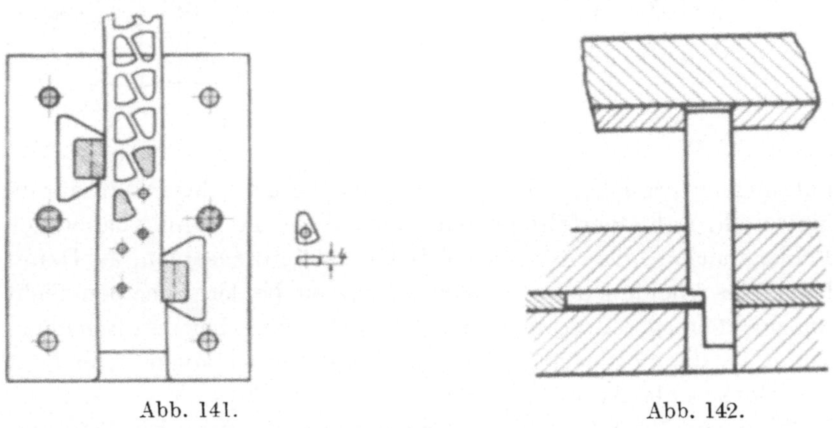

Abb. 141.   Abb. 142.

sich hier als Nachteil, wenn dauernde Reparaturen und dadurch bedingte Fabrikationsunterbrechungen unerläßlich sind.

Die Abb. 136 zeigt einen Dreifachscheibenschnitt, der wohl als Drei- bzw. Fünffachschnitt das Gros der Mehrfachschnitte ausmacht. Dieser Schnitt wird zumeist als Schnitt mit Suchstift ausgeführt, mit Ausnahme bei kleinen Scheiben. Bei letzteren ist die Ausführung des Schnittes mit Seitenschneider günstiger, da das richtige Einhängen des Streifens in den Fangstift zuviel Beobachtung erfordert und daher die Schnelligkeit des Arbeitens sehr behindert. Die Wahl der nicht durch 2 teilbaren Stempelzahl gestattet es, dieselben in der geometrischen Figur eines **gleichseitigen** Dreiecks anzuordnen und somit die denkbar günstigste Werkstoffaus-

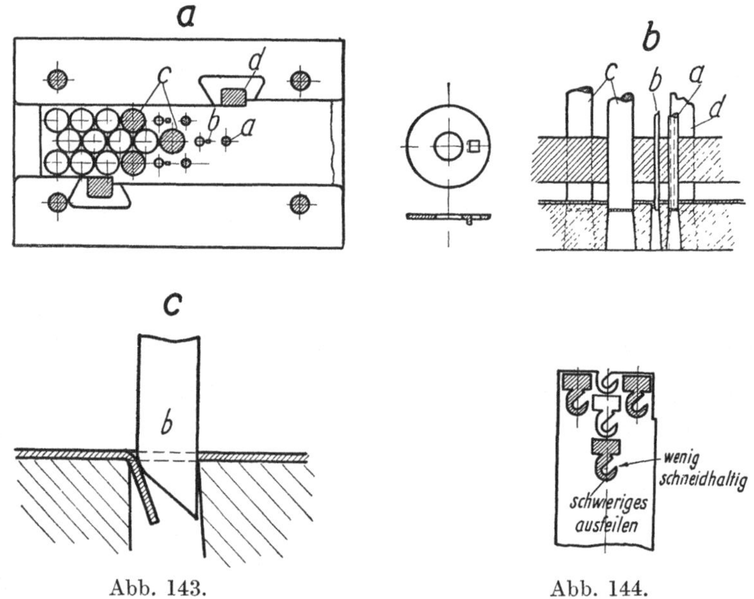

Abb. 143.   Abb. 144.

nutzung zu erreichen. Ich möchte bei dieser Gelegenheit darauf hinweisen, daß unerfahrene bzw. neugebackene Schnittbauer den Fehler machen, die Stempel nach Abb. 137 aufzusetzen. — Damit beim Anschneiden des Streifens die ersten beiden Scheiben nicht ungelocht ausgeschnitten werden, besteht auch bei den Scheibenschnitten die Forderung, den Voranschlag einzubauen. Die Lage des Voranschlages wählt man am zweckmäßigsten so, daß der Streifen ein Drittel über die beiden vorderen Ausschneidstempel zu liegen kommt. Dadurch wird für das Einhängen des Streifens gleich ein genauer Anschlag erzeugt und ebenfalls das Schieben des Streifens und allzu einseitige Beanspruchung der Ausschneidstempel vermieden. Zum Zentrieren des Streifens genügen stets zwei in den vordersten und zugleich äußersten Ausschnittstempeln eingesetzte Suchstifte. — Der nächstverbreitete Massenschnitt ist der Sechskantmutternschnitt. Die Ausführung ist dieselbe, wie die des Scheibenschnittes, da der Form der Mutter der Kreis zugrunde liegt. — Die Abb. 138 zeigt einen Dreifachschnitt für eine Isolierzwischenlage. Die Stempel wurden versetzt angeordnet, um der Schnittplatte eine höhere Festigkeit zu geben, sie leicht herstellen und ohne Gefahr härten zu können. — Die Abb. 139 stellt einen

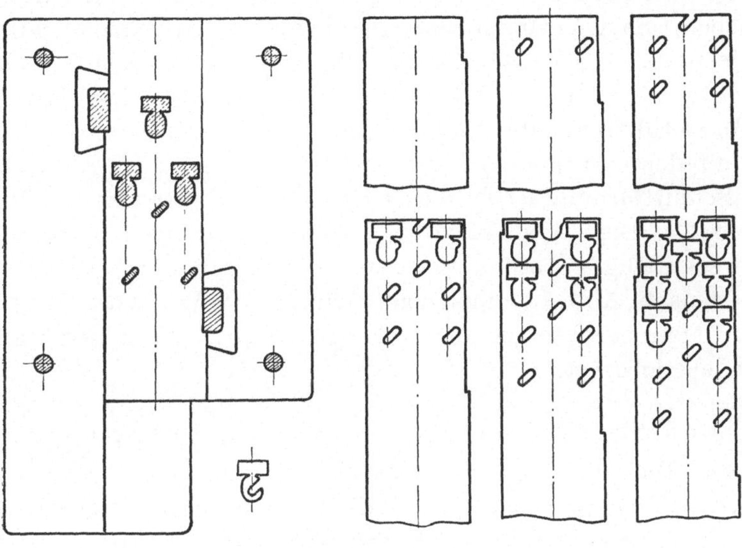

Abb. 145.

Zweifachschnitt dar, bei dem der Schnittstreifen eingeführt ist. Ein Zweifachschnitt, dessen Stempel so angeordnet sind, daß ein Stempel immer zwischen zwei ausgeschnittenen Teilen schneidet, ist aus der Abb. 140 zu ersehen. Die Breite der Seitenschneider entspricht der des Mittenabstandes von drei ineinander angeordneten Teilen inkl. zweimal Abfall. Dieser Schnitt wird bei geringer Stückzahl als Schnitt mit Vorlocher und Suchstift ausgeführt und auf Zwischenschneiden eingerichtet. — Eine für einen anderen Teil zweckentsprechende Anordnung der Ausschneidstempel zeigt die Abb. 141. Da der Teil 4 mm stark ist, ist eine um Teilbreite versetzte Anordnung der Vorlochstempel vorgesehen, da sonst die Vorlocher bei üblicher Stellung zu dem Ausschneidstempel durch die starke Werkstoffverdrängung beim Schneiden zu sehr beeinflußt werden und leicht auf den Schnittkanten aufsitzen, auch abbrechen. Die Breite des Seitenschneiders beträgt Teil plus δ'. Bei solch starkem Werkstoff, wie in diesem Fall, ist es ratsam, die Seitenschneider mit Führungszapfen zu versehen (Abb. 142). Die Führungszapfen bleiben bei Hochstellung des Schnittes in der Schnittplatte und wirken dem Abdrängen der Seitenschneider von Beginn des Schneidens an entgegen (siehe auch Abb. 109a). Dieser Seitenschneider läßt sich allerdings schlechter schärfen als die sonst üblichen. Sein Vorteil überwiegt aber diese Unbequemlichkeiten bei weitem. — Die Abb. 143a zeigt einen Dreifachscheibenschnitt mit Durchzugstempeln für die Nase der Scheiben. Der Stempel b (Abb. 143b) trennt die Nase an den schraffierten Seiten und zieht sie mit der verrundeten Seite in die Schnittöffnung (Abb. 143c). Die Schnittöffnung ist an dieser Stelle um Werkstoffstärke breiter gefeilt. — Die Abb. 144 zeigt den Ausschnittstreifen eines sehr unzweckmäßig gebauten Schnittes für Anschlußhaken, der sich besser nach Abb. 145 mit dem Schnitt mit Vorlocher herstellen läßt. Man beachte die dadurch vereinfachte Form der Stempel (Betriebssicherheit!).

Sonderkonstruktionen von Schnittwerkzeugen

Sind Teile in ihrer Form so beschaffen und an ihr Aussehen derartige Bedingungen geknüpft, daß man zur Herstellung derselben mit der Normalkonstruktion des Schnittwerkzeuges nicht auskommt, so ist man gezwungen, die Bauart des Werkzeuges ganz speziell zu wählen. Die Konstruktionen dieser Werkzeuge sind so mannigfaltig, daß hier nur einige als Beispiel besprochen werden können. Auch bei diesen Werkzeugen soll man, wie bei den Sonderkonstruktionen der Locher, den Aufbau zeichnerisch festlegen, um sich vor Fehlausführungen zu schützen. Sollten in dieser Weise entstandenen Werkzeugen noch Fehler anhaften, so sind sie meist leichterer Natur und durch geringe Änderungen des Werkzeuges zu beheben.

Der Nachschneider

Beim Schneiden starker Bleche werden die Kanten auf der Schnittseite des Teiles infolge des hohen Schnittdruckes stark gerundet. Oft wird jedoch auf beiden Seiten eine scharfe Kante gefordert. Ferner ist die Schnittfläche bei starken Blechen sehr rauh und uneben. Aus diesem Grunde wird eine Weiterverwendung solcher Teile ohne Nacharbeit nicht immer möglich sein. Die Beseitigung dieses in der Natur der Sache liegenden Übels geschieht

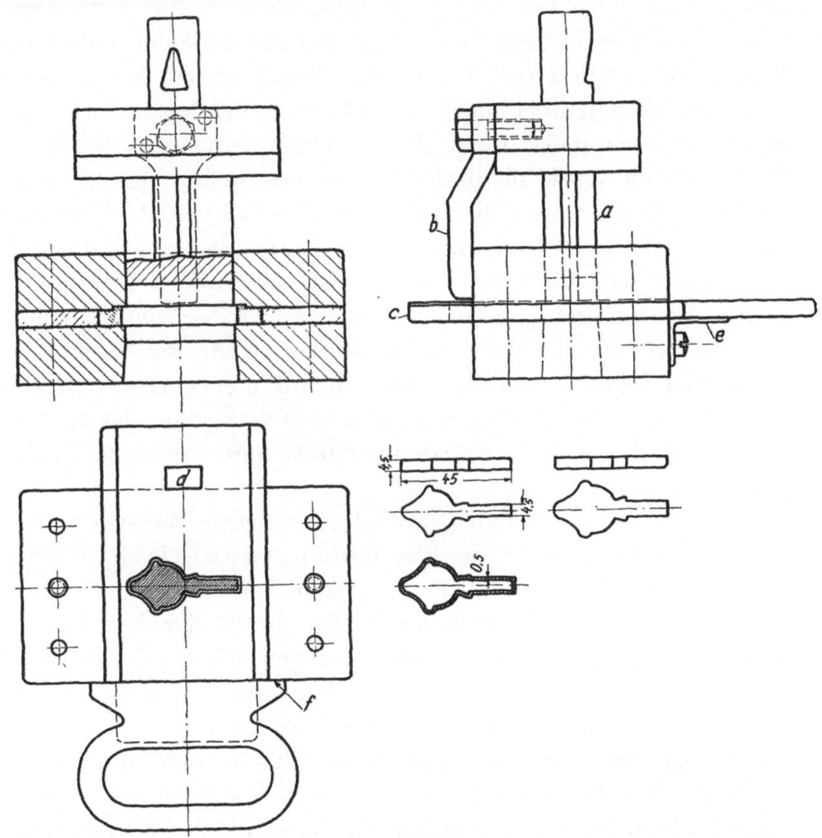

Abb. 146.

durch Nachschneiden mit einem zweiten Schnitt, dem sogenannten „Nachschneider", auch „Polierschnitt" oder „Schabeschnitt" genannt (Abb. 146). Man macht also den Vorschnitt etwas größer, als das Nennmaß des fertigen Teiles beträgt. Als Übermaß gibt man meistens 0,5 bis 1 mm auf den Durchmesser des Teiles zu, so daß von jeder Seite 0,25 bis 0,5 mm nachgeschnitten werden muß. Da die Teile vom ersten Schneiden etwas hohl sind, werden sie zweckmäßig vor dem Nachschneiden planiert. Ein nachheriges

Planieren würde das Kalibrieren des Teiles durch den Nachschnitt zwecklos machen, da durch den Planierschlag die Umgrenzung des Teiles vergrößert wird. Dies ist besonders zu beachten für die Teile, die in Bohrlehren oder sonstigen Vorrichtungen weiter verarbeitet werden. Der Teil geht dann nicht in die Aufnahme der erwähnten Vorrichtung hinein. Bei schmalen Teilen tritt bei dem Vorschneiden ein besonders starkes Rundwerden der Schnittseite ein, welches sich über die ganze Fläche zieht, so daß mit bloßem Nachschneiden meist nicht die Rundung fortzuschaffen ist. Die Teile müssen stark planiert bzw. so gestaucht werden, daß der Nachschnitt den Teil vollständig scharf ausschneidet. Man benutzt in solchen Fällen Bleche, die 0,5 bis 1 mm über das Nennmaß des Teiles an Stärke betragen, und planiert bis auf das Nennmaß herunter. Hierbei kann es vorkommen, daß die Verschnittmaße über das normale Maß steigen und nicht ein feiner, sauberer, sondern ein rauher Schnitt entsteht. Ist neben den scharfen Kanten noch ein feiner, poliert blanker Schnitt erforderlich, dann ist ein zweiter Nachschneider nötig. Der zweite Schnitt schneidet dann höchstens von jeder Seite 0,1 mm nach.

Das Arbeiten mit dem Nachschneider gestaltet sich wie folgt: Der Schieber C wird aus der Streifenführung so weit herausgezogen, daß der Aufnahmedurchbruch für den Teil in dem Schieber auf die Unterlage e zu liegen kommt. Die Größe der Aufnahme muß dem planierten Teil mit einem geringen Übermaß entsprechen, damit der Teil leicht eingelegt werden kann. Von Vorteil ist es, die Aufnahme nach oben etwas konisch zu machen. Ist das Arbeitsstück eingelegt, so wird der Schieber c bis an den Anschlag f eingeführt. Der Teil liegt dann über dem Gegenschnitt. Da es bei schneller Arbeit oder auch durch Unachtsamkeit der Stanzerin vorkommen kann, daß der Schieber nicht ganz in die Durchführung eingeführt wird, ist, um ein Aufsetzen des Schneidstempels auf den Schieber zu verhindern, eine vorherige Verriegelung notwendig. Die Verriegelung geschieht bei diesem Schnitt durch den Stößel b, welcher sich mit dem konischen Ende in das Vierkantloch des Schiebers hineinführt und vor dem Aufsetzen des Schneidstempels auf den nachzuschneidenden Teil den Schieber in die richtige Lage zieht. Nunmehr erfolgt das Nachschneiden. Der nachgeschnittene Teil fällt durch den Gegenschnitt, welcher im Gegensatz zu einem gewöhnlichen Schnitt ca. 8 mm parallel gearbeitet ist, wodurch der polierende Schnitt erzwungen wird. In dem Schieber bleibt der abgetrennte Kranz zurück, der je nach Stärke zusammenhängend bleibt oder zerfällt. Vor dem Einlegen des nächstfolgenden Teiles wird der Schieber so weit herausgezogen, daß die Aufnahme über das Unterlegeblech hinaussteht und somit der abgetrennte Kranz herausfallen kann. Da der Schieber zum Reinigen von feinen Spänen von Zeit zu Zeit vollständig aus der Durchführung gezogen wird, ist sein Querschnitt profiliert, damit er nicht verkehrt eingeschoben werden kann. Im besonderen sei noch auf das falsche und richtige Einlegen der Teile in den Schnitt hingewiesen. Abb. 147 a

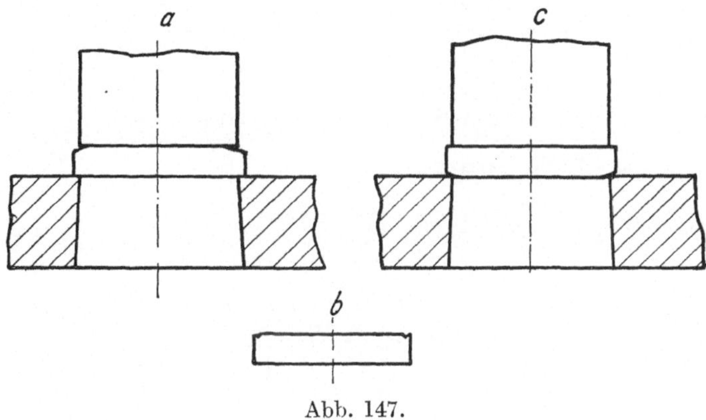

Abb. 147.

zeigt die ungünstige Lage des Teiles zum Schneidstempel. Da das Nachschneiden dieses Teiles nicht ganz die durch den Vorschnitt entstandene Rundung fortschafft, so wird der unter dem Stempel durch die Rundung verbleibende Zwischenraum dem Werkstoff beim Nachschneiden Gelegenheit geben, sich hochzuziehen und Grat zu bilden (Abb. 147b). Die Abb. 147c zeigt die richtige Lage des Teiles zum Schneidstempel, wodurch Gratbildung ausgeschlossen ist.

Umgrenzungsschnitt mit Plattenführung, bei welchem der Durchbruch einen weitausladenden Vorsprung hat

Obwohl dieser Schnitt im wesentlichen nichts Neues bietet, sei doch auf seine besondere Ausführung zur Erhöhung der Betriebssicherheit hingewiesen. Wie aus der Abb. 148 zu ersehen ist, sitzt unter dem eigentlichen Schnittkasten eine Platte a, die mit einer breiten Nut zur Aufnahme des Schiebers *b* versehen ist. Dieser Schieber hat den Zweck, die Zunge *c* der Schnittplatte beim Schneiden durch Abstützen am Federn zu hindern. Bei dem Federn kann der Stempel leicht auf der Zunge aufsitzen, ein frühzeitiges

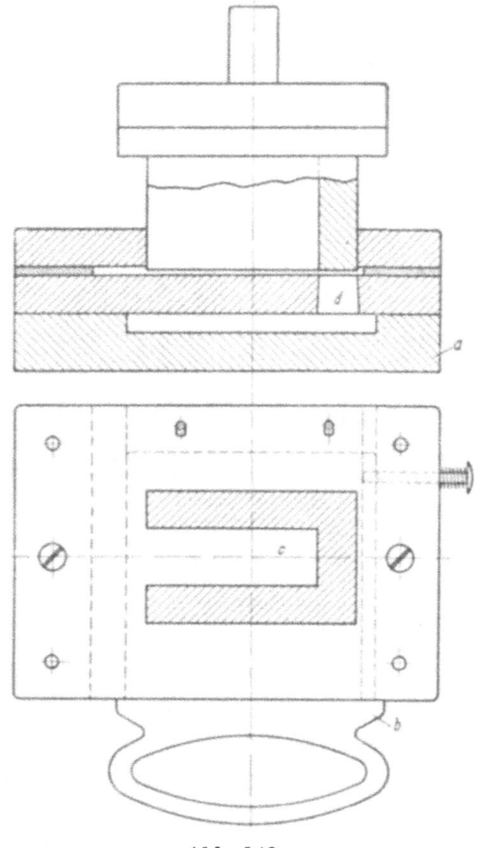

Abb. 148.

Stumpfwerden der Schnittkante oder Abbrechen der Zunge tritt ein. Der Schieber muß von Zeit zu Zeit herausgezogen werden, damit die im Durchbruch *d* angesammelten Teile herausfallen können. Da der Schieber von der Stanzerin bedient werden muß, ist die Möglichkeit nicht ausgeschlossen, daß sie den Schieber herauszuziehen vergißt. Der Durchbruch propft sich dann mit ausgeschnittenen Teilen voll und ein Festsetzen der Schnittpresse oder auch eine Zerstörung des Werkzeuges ist denkbar. — Ein anderes,

nach dieser Erfahrung abgeändertes Werkzeug stellt die Abb. 149
dar. Bei diesem Werkzeug ist vorteilhaft der zusammengesetzte
Stempel angewendet. Desgleichen ist die Zunge in der Schnittplatte eingesetzt. Abgestützt wird sie durch eine Unterplatte a.
Damit die Teile aus dem Schnitt durch die Grundplatte fallen
können, ist in ihr ein Durchbruch b vorgesehen. Von diesem Durch-

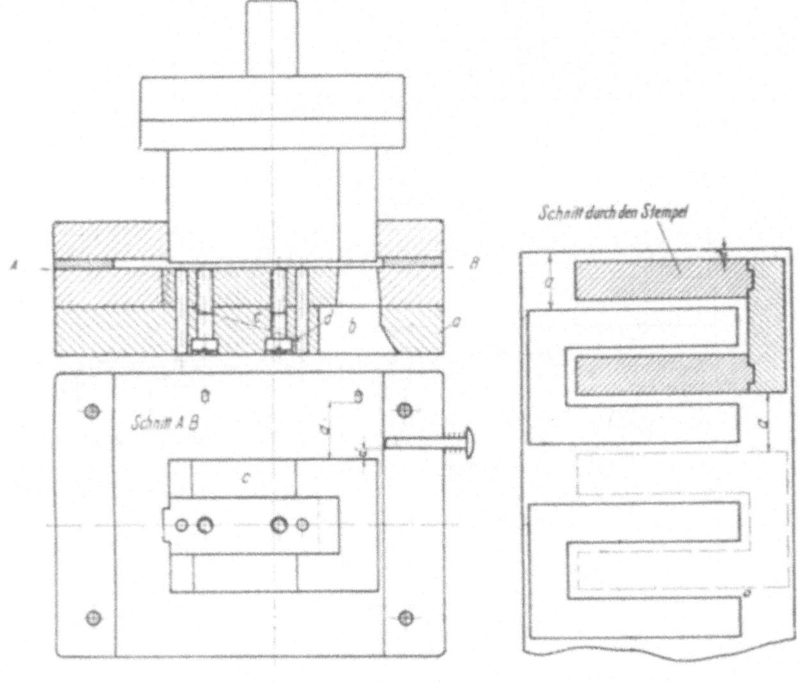

Abb. 149.

bruch führen zu beiden Seiten der Zunge entsprechend der Schenkel-
breite und -länge schräg nach oben gearbeitete Nuten c. Der ausgeschnittene Teil fällt nun auf die Schräge der Nuten, kippt und
gleitet über die Kante d aus dem Durchbruch b. Dieser Schnitt
ist dem andern ganz entschieden vorzuziehen, da derselbe wie ein
Normalschnitt bedient wird und alle in Frage kommenden Sicher-
heiten in sich schließt. Beide Schnitte sind der Umgrenzung des
Teiles entsprechend auf Zwischenschneiden eingerichtet. Die letztere Bauart läßt sich jedoch nicht bei jedem Teil anwenden, sondern
ist von der Form desselben abhängig.

Ausklinkwerkzeuge für Ziehteile

Um Ziehteile mit Ausklinkungen zu versehen, muß man oft infolge ihrer Größe von der Normalkonstruktion eines Ausklinkschnittes, der einem Bocklocher ähnelt, absehen. Die Wege oder die Grundsätze, die dann zum Ziele führen, können ganz verschieden sein und sind meist abhängig von der Größe des Ziehteiles.

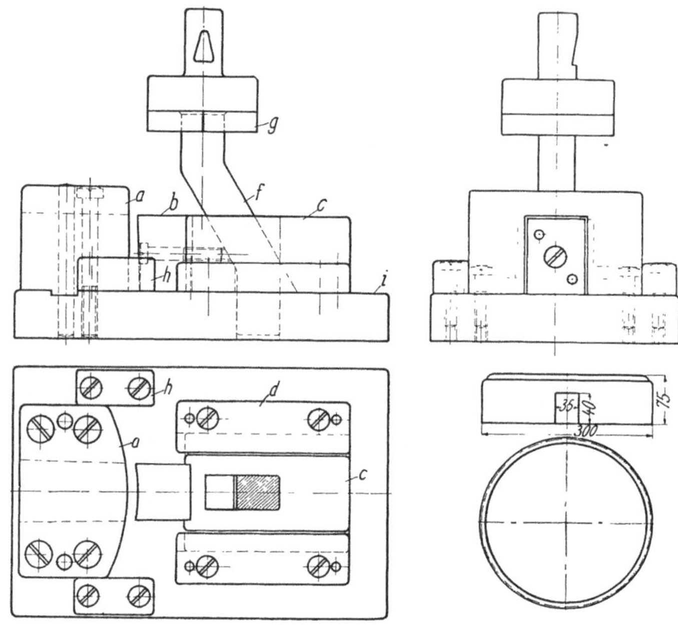

Abb. 150.

Der Ausklinkschnitt (Abb. 150) ist für die Hülse mit einem Durchmesser von 300 mm bestimmt. Den Ausschnitt 35 × 40 in vertikaler Richtung auszuschneiden, ist wegen unzureichenden Zwischenraumes vom Tisch bis zum Bär der Schnittpresse nicht möglich. Das Ausklinken muß deshalb in horizontaler Richtung geschehen. Die Schnittplatte *a* ist mit der Grundplatte *i* gut verschraubt und mit einer angehobelten Leiste in ihr eingelassen. Des weiteren ist die Schnittplatte durch Stellstifte gegen seitliches Verschieben gesichert. Der Schneidstempel *b*, welcher mit dem Schieber *c* verschraubt ist und durch Nut gegen Verrücken gesichert ist, hat eine schräge Schnittkante von ca. 3°, um den Schnittdruck zu verringern. Der Schieber *c* ist durch die Führungsleisten *d* gut gelagert.

Die Bewegung desselben erfolgt durch den Krebsfuß *f*, der in der geteilten[1]) Kopfplatte *g* aufgenommen ist. Der Bewegungsvorgang ist derselbe wie der an früherer Stelle beschriebene. Durch Aufsetzen von Auflageklötzchen *h* kann man verschieden hohe Ausklinkungen erreichen.

Ein Werkzeug, welches für den Ziehteil von 90 mm Durchmesser Verwendung findet, stellt Abb. 151 dar. Auch bei diesem Werkzeug hat man von einer Bockkonstruktion abgesehen und

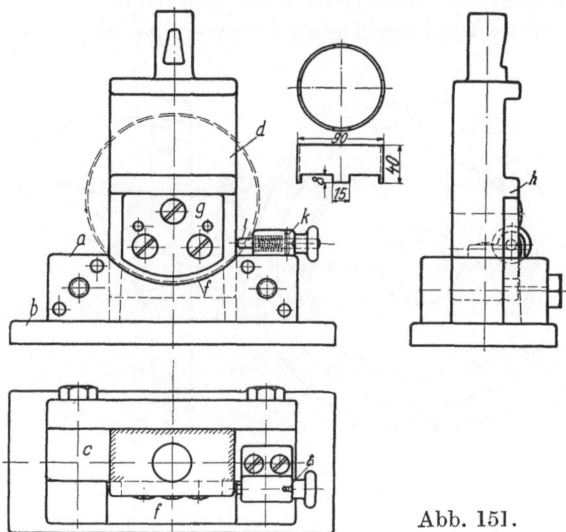

Abb. 151.

durch die Methode des Ausklinkens von innen eine haltbare Bauweise des Werkzeuges erzielt. Der große Vorteil des Werkzeuges liegt in der Schnittplatte *a*, welche unmittelbar auf der Grundplatte *b* befestigt ist und daher eine feste Unterlage hat, im Gegensatz zu einem Bockschnitt, bei dem der Schnittdruck stets im Hebelarm wirkt und die Schnittplatte mehr oder weniger zum Federn bringt. Die Schnittplatte *a* ist mit dem Führungsteil *c* für den Stempelträger *d* gut verschraubt und durch Stellstifte gesichert. Indem man den Stempelträger *d* breiter hält als den Schnittstempel *g*, gewinnt man in der Schnittplatte *a* und dem Führungsteil *c* eine Prismenführung für den Stempelträger, welche durch die

---

[1]) Ein Teilen der Kopfplatte erübrigt sich, wenn das obere senkrechte Ende des Krebsfußes so breit gemacht wird, daß das Knie frei durch den Durchbruch der Kopfplatte geführt werden kann.

Schraffur im Grundriß erkennbar ist. Diese Führungsart der Stempel bei Schnitten bezeichnet man als „Unterführung", wohingegen die Art der Führung bei den bisher besprochenen Führungsschnitten die Benennung „Oberführung" trägt. Der Schneidstempel g ist mit dem Stempelträger d verbunden und wird durch die an demselben angehobelte Leiste h abgestützt. Das Teilen der Hülse erfolgt durch den Index i in der Weise, daß beim ersten Ausklinken der Index zurückgezogen und in einer um 90° verdrehten Stellung von dem Stift k festgehalten wird. Ist der erste Schnitt getan, so wird der Index i so weit gedreht, daß der Stift k

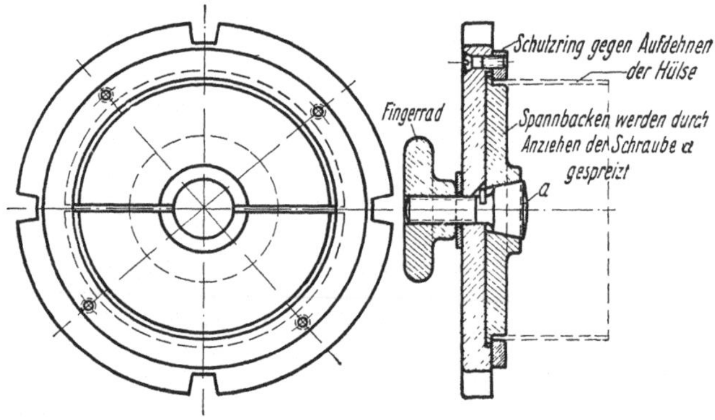

Abb. 152.

wieder in die Nut l einfedert. Die Hülse wird jetzt nach vorn herausgezogen und geschwenkt, bis die eine Ausschnittkante gegen den Index i zu liegen kommt. Die Hülse wird dann wieder bis an den Stempelträger d herangeführt, der als Tiefenanschlag dient. Jetzt kann weitergeschnitten werden. Eine genaue Teilung der Hülse mit dem Indexstift zu erreichen, ist zweifelhaft; hier spielt die Geschicklichkeit und Aufmerksamkeit der Stanzerin eine große Rolle. Man verwendet deshalb diese Art des Teilens, wenn weniger Wert auf Genauigkeit gelegt wird. Muß jedoch die Teilung genau sein, so fertigt man zu dem Ausklinkwerkzeug ein Zusatzgerät an, womit die verlangte Präzision erreicht wird. Bei diesem Werkzeug erzielt man eine genaue Teilung durch die Teilscheibe (Abb. 152). Die Teilscheibe ist mit einer Spannvorrichtung versehen, womit der Teil festgespannt wird. Bei dem Ausklinkwerkzeug braucht nur vorn an der Schnittplatte für die 4 Ausfräsungen der Teilscheibe eine Aufnahme angebracht zu werden. Der Indexstift ist dann entbehrlich. Allerdings ist der Zeitaufwand für die Gestehung des Teiles durch das Aufspannen auf die Teilscheibe größer, sollte aber bei verlangter genauer Arbeit außer acht gelassen werden.

Das Ausklinken des Schlitzes von 20×45 mm in der Hülse von 30 mm Durchmesser läßt sich nur von innen bewerkstelligen, da die Schnittplatte bei einem Bockschnitt nicht mehr genügend

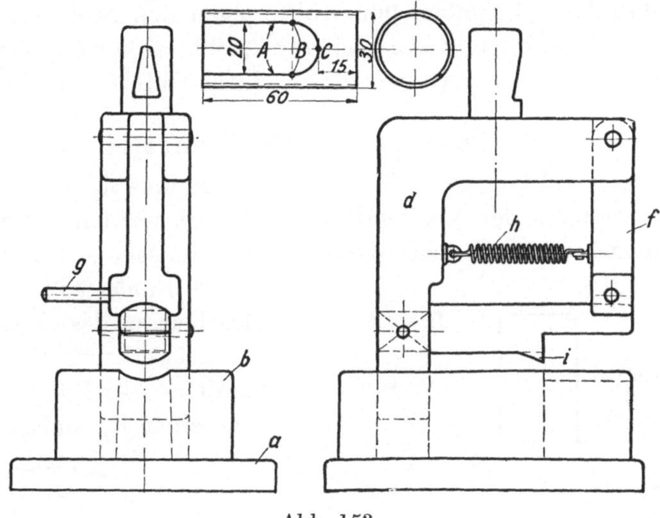

Abb. 153.

Festigkeit besitzt. Das dazu gehörige Werkzeug Abb. 153 besteht aus der Grundplatte a, der Schnittplatte b, die entsprechend dem Hülsendurchmesser ausgerundet ist. Der Schneidstempel ist mit einem Vierkantzapfen versehen, welcher mit dem Winkelstück d — dem Stempelträger — verstiftet ist. Zur Unterstützung des Schneidstempels c am andern Ende dient die Gelenkstütze f. Um die Hülse auf den Stempel c zu schieben, muß die Gelenkstütze f durch den Griff g hochgeklappt werden. Die Feder h sorgt für selbsttätiges und sicheres Einlegen der Stütze. Der Abstand von dem unteren Absatz des Stempelträgers d bis zur eingelegten Stütze f entspricht der Hülsenlänge; durch diese Anordnung wird die Schlitztiefe der Hülse festgelegt. Die Nase i des Stempels c ist durch die Rundung des Schlitzes bedingt. Bei einem geraden Stempel (gestrichelt angedeutet) würden die Seiten A des Schlitzes zuerst geschnitten werden und allmählich vom Beginn des Radius Punkt B bis zum Punkte C die Rundung. Es ist hierbei zu erkennen, daß durch den geraden Stempel die Hülse während des Schneidens in Richtung des Pfeiles fortgeschoben und so eine falsche Schlitztiefe erzeugt wird. Bei Vorsehung der Nase i, welche nach der Durchdringung gearbeitet ist, stehen sämtliche Schnittkanten des Stempels zugleich im Schnitt, so daß ein Schieben der Hülse vermieden wird. Von Vorteil ist es, die Nase i etwas früher schneiden zu lassen, damit ein Schieben der Hülse gegen den Stempelträger d eintritt und somit stets ein sicherer Anschlag gewährleistet ist. Die Führung des Stempelträgers d wird durch Unterführung besorgt.

<h3 style="text-align:center">Randabschneider für Ziehteile</h3>

Da der Rand gezogener Teile nie so gleichmäßig ausfällt, daß sie ohne weiteres der Verwendung zugeführt werden können, ist eine Nacharbeit durch Beschneiden des Randes unerläßlich. An dieser Stelle soll nur die Bearbeitung desselben durch Schnittwerkzeuge behandelt werden. — Die Abb. 154 zeigt einen Randabschneider

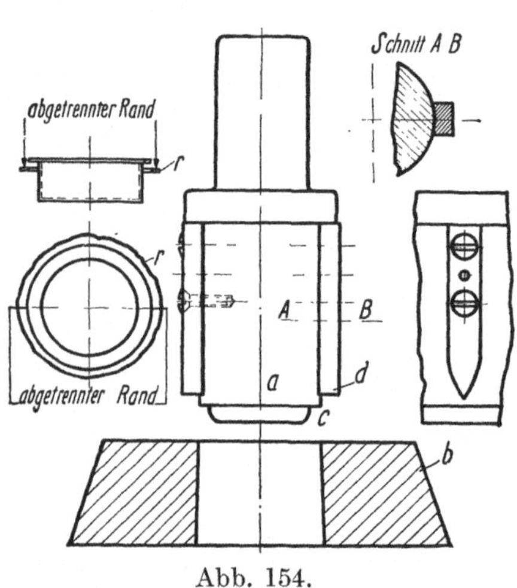

Abb. 154.

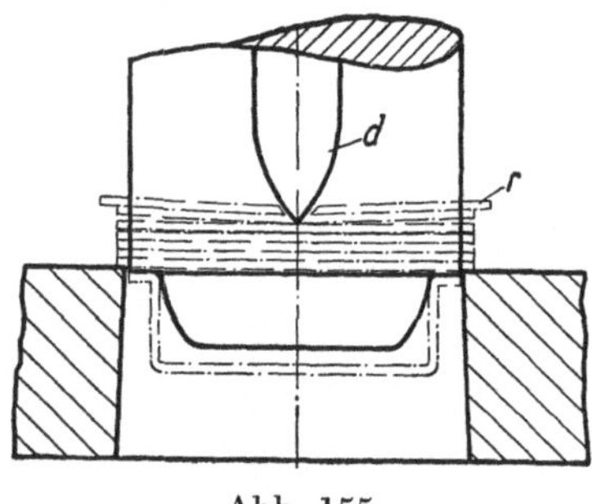

Abb. 155.

einfachster Ausführung, der zum Beschneiden des Flansches eines Ziehteiles dient. Das Arbeitsstück wird in den Durchbruch der Schnittplatte b eingeführt. Der naturharte Schneidstempel a ist mit einem Suchstift c versehen, um den Ziehteil zu zentrieren. Der sich beim Beschneiden des Werkstückes über den Schneidstempel schiebende ringförmige Abschnitt r (Abb. 155) wird durch die Meißel d getrennt und kann beseitigt werden.

Handelt es sich um ein Ziehteil ohne Flansch, dessen Höhe mit einem Schnitt auf Maß gebracht werden soll, so ist der Körper mit Flansch zu ziehen und vor dem Beschneiden an der Stelle k (Abb. 156) scharf zu stanzen. Da der Übergang eines Ziehkörpers zum Flansch stets eine Rundung d — die von der Abrundung des Ziehringes herrührt — hinterläßt und demzufolge bei abgetrenntem

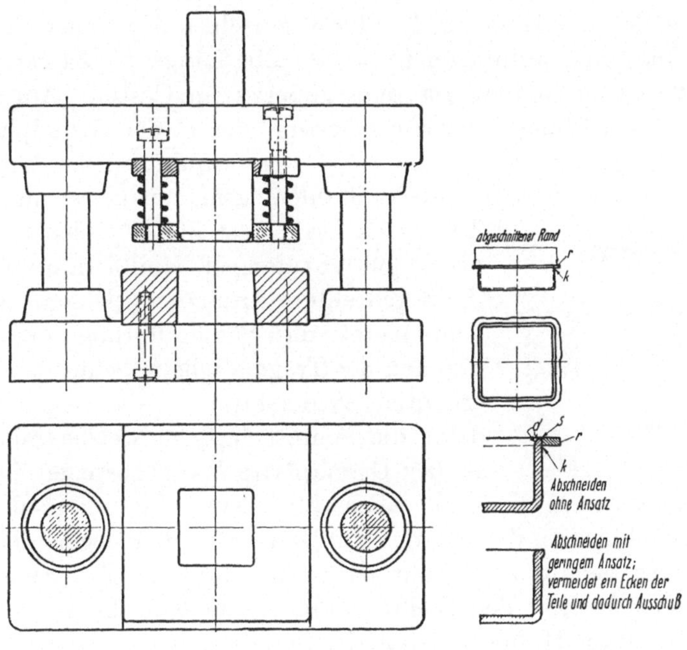

Abb. 156.

Rand die Kante s scharf ist, da außerdem Spuren eines Ansatzes des abgetrennten Randes am Ziehteil unvermeidbar sind, so ist diese Art des Beschneidens von Ziehteilen nur bei Herstellung billiger Massenware zu empfehlen. Das Werkzeug gleicht im Prinzip dem in Abb. 154 dargestellten, es ist durch die Säulenführung der Schneidstempel betriebssicher und besitzt einen Federabstreifer für den abgeschnittenen Rand. Dieser Abstreifer bezweckt aber in erster Linie das Niederdrücken des Ziehteiles bzw. Flansches auf die Schnittplatte, bevor der Schnitt erfolgt. Denn es ist infolge der angenäherten Gleichheit des Ziehteildurchmessers und der Schnittöffnung möglich, daß der Teil beim Einsetzen in die Schnittöffnung eckt und daher nicht von Hand bis auf den Flansch niedergedrückt werden kann. Ein geringer Spanansatz durch die scharfe Schneidkante genügt, um beim Aufsetzen des Stempels ein Abschneiden und Abreißen des Randes von der eckenden Stelle ab zu ergeben: man erhält einen schiefen Abschnitt (Abb. 157).

Einen Randbeschneider für vierseitige Ziehteile, bei denen ein stumpfer Abschnitt gefordert wird, stellt die Abb. 158 dar. Das Beschneiden der Höhe erfolgt durch einzelnes Abtrennen der vier Ecken bis einige Millimeter über die halbe Länge der Zargenseiten. Das Werkzeug besteht aus dem gußeisernen Gestell. Am Oberteil a ist ein Stempelträger c befestigt, der in der Grundplatte b nochmals geführt wird. Er trägt den schuhförmigen Schneidstempel d, bei welchem zwecks Stahlersparnis nur der schneidende

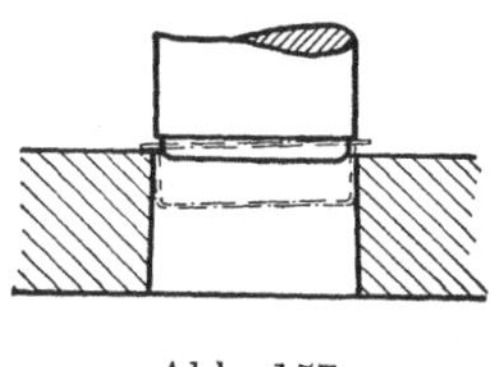

Abb. 157.

Teil f aus Stahl besteht. Um den Schnittdruck gut abzufangen, sind d in c und f in d mit gedrehtem Ansatz eingelassen. Außerdem bietet die Säulenführung dem Abdrängen des Trägers c beim Schneiden einen erhöhten Widerstand. Als Gegenschnitt dient die Schnittplatte g, welche mit dem an der Grundplatte b angegossenen Bock h verschraubt und dadurch abgestützt ist. Der Ziehteil wird beim Beschneiden des Randes mit seinem Boden gegen den Anschlagdorn gehalten; er ruht dabei auf der Schnittplatte g bzw. dem Bock h. Um den Ziehteil ständig auf dem Bock ruhen zu lassen, muß als Hubbegrenzung des Stempels nach oben die Innenkante der Zarge angesehen werden. Der Rand ist erst nach viermaligem Umstellen des Ziehteiles fertig beschnitten. Die abgeschnittenen Ecken fallen durch die Öffnung l der Grundplatte b. — Das Schärfen des Schneidstempels und der Schnittplatte geschieht von ihrer hohen Kante aus. Die geschärfte Schnittplatte wird durch Unterlegen bei k mit den Auflageflächen des Bockes h wieder ausgeglichen. — Als Charakteristik des beschriebenen Werkzeuges ist der von innen nach außen erfolgende Schnitt anzusehen.

In umgekehrter Folge — von außen nach innen — arbeitet das in Abb. 159 wiedergegebene Werkzeug, das für den gleichen Zweck wie das vorhergehende bestimmt ist. Der Schneidstempel c erhält seine Stütze durch die Verschraubung am Knacken d, welcher am Oberteil angegossen ist. Der Unterteil trägt die Schnittplatte

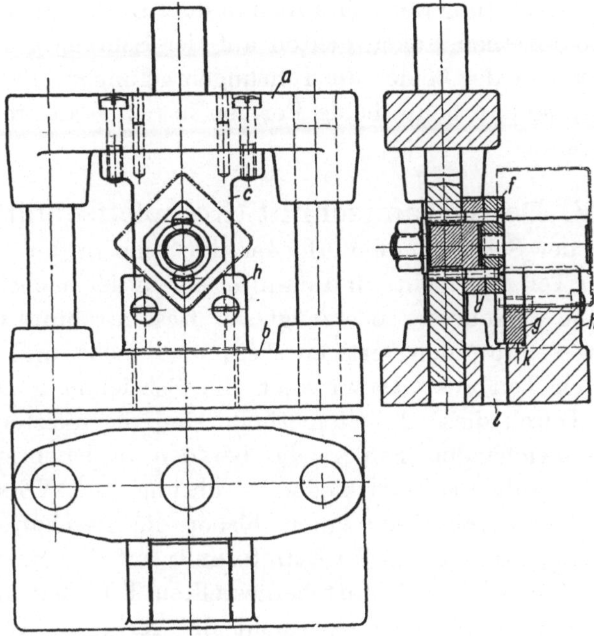

Abb. 158.

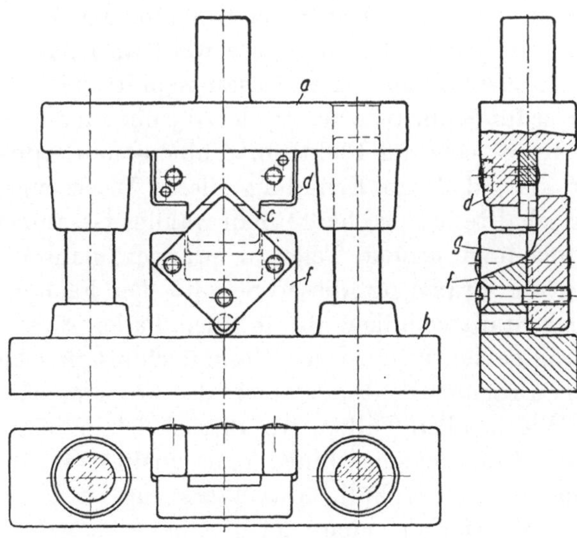

Abb. 159.

die zwecks Entlastung der Schrauben in dem Bock *f* eingelassen ist. Die abgeschnittenen Ecken gleiten auf der Schräge *g* ab.

Es ist keiner der beiden Ausführungen gelungen, die andere zu verdrängen, so daß heute beide Formen in den Stanzereibetrieben zu finden sind.

IV. Der Gesamtschnitt (Komplettschnitt)

Stellte der Schnitt mit Vorlocher die Teile in der Weise her, daß er den Teil erst lochte und dann in einem der nächstfolgenden Pressenhübe ausschnitt, so erzeugt der Gesamtschnitt durch nur ei nen Pressenhub den fertigen Teil, also locht und schneidet zugleich den Teil aus. Daher auch die Bezeichnung „Gesamtschnitt". Durch diese Arbeitsmethode sind die meisten der sich sonst einschleichenden Fehler, die bei den bisher besprochenen Werkzeugen auftreten, vermieden. Führung und Vorschub des Streifens, von deren Genauigkeit bisher die Beschaffenheit des Teiles abhing, haben bei dem Gesamtschnitt auf sie keinen Einfluß. Die mit einem solchen Schnitt hergestellten Teile haben in bezug auf Genauigkeit untereinander nicht die geringste Abweichung. — Ein besonderer Vorzug dieser Schnittart ist der, daß die scharfen Kanten der Teile alle auf einer Seite liegen, während Schnitte mit Vorlocher Teile erzeugen, bei denen die scharfe Kante der Lochung auf der einen, die scharfe Kante der Umgrenzung auf der entgegengesetzten Seite liegen; die eine Seite weist also teils abgerundete, teils scharfe Kanten auf. Der Gesamtschnitt wird infolgedessen vorzugsweise für Schnitteile verwendet, die übereinander geschichtet werden. (Kernbleche im Elektromaschinen- und Apparatebau.)

Es ist klar, daß die Erfindung dieses Werkzeuges sich viele Anhänger schaffte, und so baute man wahllos Gesamtschnitte, weil man ja unbedingt genaue Teile zu erlangen glaubte. Doch enttäuscht in der Praxis oft dieser Schnitt den Fachmann. Junge, unerfahrene Stanztechniker, die in allen Fällen diesem Werkzeug den Vorrang geben, bringen den Gesamtschnitt in schlechten Ruf. Über seine Brauchbarkeit hört man die widersprechendsten Meinungen. Wie in allen Fällen, wo Präzisionsteile gefertigt werden sollen, auch Präzisionsmaschinen und Qualitätsarbeit nötig sind, ist es auch in diesem Fall. Das Werkzeug ist bedeutend komplizierter und erfordert eine viel genauere Paßarbeit als andere Schnitte, so daß sich die Herstellung beträchtlich verteuert. Fachleute, die diese Bedingungen nicht erkennen und mit weniger qualifizierten Werkzeugmachern und Einrichtern solche Schnitte herstellen und einrichten lassen, können allerdings zu solchen auf falscher Grundlage beruhenden Ansichten kommen. Die Werkzeuge werden unter ihrer Leitung meist mit ungenügenden Hilfsmitteln angefertigt und dazu von Leuten, die gar keine Übung im Bau dieser Werkzeuge besitzen. Mitunter reicht auch die Befähigung des Werkzeugmachers für derartige Arbeiten aus, fehlt aber die Erfahrung und deswegen die genaue Unterweisung des Disponenten, der zwar das Prinzip des Werkzeuges kennt, aber nicht mit den Feinheiten dieses Spezialgebiets im Schnittbau vertraut ist und daher nicht weiß, worauf es ankommt. Die Enttäuschung ist groß, wenn die Leistungen des Werkzeuges weit hinter den gepriesenen Vorteilen zurückbleiben. Die Reparaturen wollen gar kein Ende nehmen, bis letzten Endes der Gesamtschnitt für sie eine nutzlose Erfindung ist, weil sie mit ihren alten Methoden viel bessere Arbeit erhalten. Die Anwendung des Gesamtschnittes kann nur dann von Erfolg sein, wenn die Herstellung desselben mit aller Präzision vorgenommen wird; dann erst ist die Überlegenheit des Gesamtschnittes in der Feinmechanik gegenüber anderen Schnitten gesichert. — In den kommenden Abschnitten werden die verschiedenen Bauweisen und Verwendungsmöglichkeiten dieser Werkzeugart vorgeführt. Die eine oder andere Konstruktion wird Nachteile und Vorteile in der Bequemlichkeit der Handhabung und Wirtschaftlichkeit aufweisen, die aber nur durch die Wahl der verwendeten Presse bedingt sind. Durch Beschaffung geeigneter Schnittpressen läßt sich die ökonomische Seite des Gesamtschnittes bedeutend günstiger gestalten.

Wirkungsweise des Gesamtschnittes:

In der Abb. 160a ist auf einer Grundplatte a ein Schnittring b montiert, über welchem sich ein Schneidstempel c befindet. Wenn wir von jedem inneren Mechanismus dieser beiden Teile absehen, so erkennen wir einen einfachen Scheibenschnitt, nur mit dem Unterschied, daß die Schnittkanten des Ringes parallel verlaufen. Denken wir uns die Abb. 160a auf den Kopf gestellt und sehen jetzt von dem Schnittring b ab, betrachten also nur den in der Mitte des Schnittringes eingebauten Schneidstempel d und den diesem Stempel gegenüberliegenden Durchbruch e, so ist aus beiden Teilen ebenfalls ein Scheibenschnitt zu erkennen. Es ist also klar, wenn man auf den Schnittring b ein Blech legt und den Stempel c niederbewegt, so arbeiten zwei Scheibenschnitte gegeneinander. Es wird eine große Scheibe ausgeschnitten, erzeugt vom Schnittring b und Stempel c. Im entgegengesetzten Sinne schneidet der Stempel d mit dem Durchbruch e des Stempels c eine kleine Scheibe aus der großen. Alle anderen in dem Stempel und Schnittring eingebauten Elemente, wie Federn f, Ringe g und h und Scheibe i, haben nur

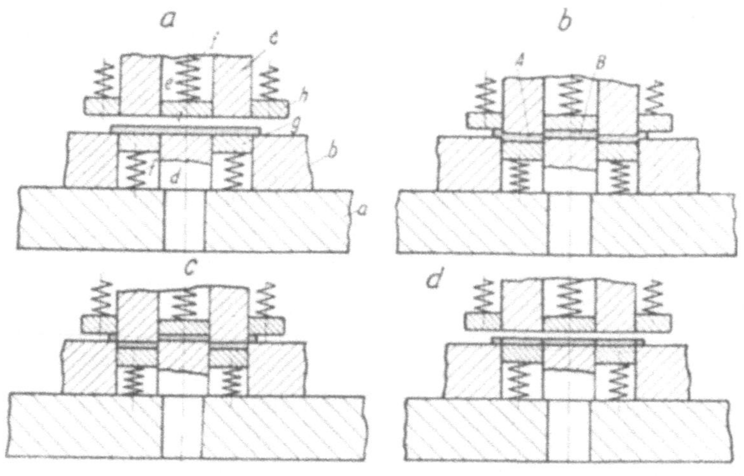

Abb. 160.

den Zweck, die Methode praktisch verwendbar zu machen. Und zwar haben der Ring g und die Federn f die Aufgabe, die ausgeschnittene Scheibe beim Hochgehen des Stempels aus dem Schnittring b wieder herauszudrücken. In gleicher Weise soll die Scheibe i und die Feder f die kleine Scheibe aus dem Durchbruch e herausbefördern. Der äußere Ring h um den Stempel c wirkt als Abstreifer für den Werkstoffstreifen. Abb. 160 b zeigt den Beginn des Schnittes. Die Stempel c und d bzw. die ausgeschnittenen Scheiben A und B drücken durch das Ineinanderschieben beider den Ring g und die Scheibe i in die Durchbrüche und spannen die Federn. Der Streifen bleibt auf dem Schnittring b liegen unter gleichzeitigem Spannen des Abstreifers h, ebenso die kleine Scheibe B auf dem Stempel d. Beide machen nur scheinbare Bewegungen. Dagegen macht die große ausgeschnittene Scheibe A eine Bewegung

in den Durchbruch des Schnittringes *b* hinein. Abb. 160c zeigt die
Stellung der beweglichen Teile nach beendetem Schnitt. Jetzt kann
der Stempel *c* wieder hochgehen, wobei der Abstreifer den Streifen
auf dem Schnittring *b* so lange niederhält, bis sich der Stempel
aus dem Ausschnitt des großen Ringes herausgezogen hat. Der
Ring *g* folgt aber infolge der Federspannung dem Stempel *c* und
drückt den ausgeschnittenen Ring *A* in den Ausschnitt des Streifens
zurück. Derselbe Vorgang spielt sich zu gleicher Zeit mit der
kleinen Scheibe ab, bis alle Teile wieder an den Ursprungsort zurück-
gekehrt sind (Abb. 160d); dann erst hebt der Stempel *c* sich vom
Blechstreifen ab. Die durch diese Schnittmethode entstandene
Ringscheibe *A* ist Gebrauchsware, die Scheibe *B* ist der Abfall.
Es wären also, nach diesem Vorgang zu urteilen, der innere Scheibenschnitt *d* und *e* und der äußere *c* und *b* als Schneidelemente zu betrachten. Weil gemäß Abb. 160 kein Teil durch die Durchbrüche
fällt, können diese parallel gearbeitet werden; deshalb kann auch
diese Art Schnitte bis zur Bewegungsgrenze des Auswerfmechanismus abgeschliffen werden. Der Einbau der Schneidelemente
erfolgt in einem Gestell aus Gußeisen, welches aus dem Oberteil
(Führungsteil) und dem Unterteil (Grundplatte) besteht.

In den weitaus meisten Fällen müssen in die Teile noch kleinere
Durchbrüche geschnitten werden (siehe Abb. 161). Dies ist also
nur zu bewerkstelligen, wenn der Stempel *c* auf dem Unterteil
montiert ist, damit die Lochputzen aus dem Schnitt fallen
können (Abb. 161).

Betrachten wir die Wirkungsweise der Auswerf- und Abstreifelemente, so stellen wir fest, daß der Werkstoffstreifen vom Beginn
bis zum Ende des Schneidvorganges eine Art Festspannung erfährt;
er wird durch die Wirkung der Federn gepreßt. Die Stellen des
Werkstoffstreifens, die davon betroffen werden — und das ist in
der Hauptsache der zu erzeugende Teil selbst —, werden eben
gedrückt und können infolgedessen durch die Wirkungen des Schnittdruckes (Spannungen) nicht hohl werden. Die Teile, die also der
Gesamtschnitt erzeugt, werden stets eben sein. Die Festhaltung
des Werkstoffes ist auch ein vorzügliches Mittel, um spröde Werkstoffe, z. B. Glimmer, vor dem Zerspringen zu bewahren.

Diese erwähnten Vorteile sind — unabhängig von seiner genauen
Arbeitsleistung — oft allein ausschlaggebend für die Verwendung
des Gesamtschnittes; so wird er bevorzugt für dünne, leicht bieg-

same Werkstoffe, z. B. Stanniol, die infolge ihrer Labilität sich mit anderen Schnittwerkzeugen nicht verarbeiten lassen, ohne die Befürchtung aufkommen zu lassen, daß die Teile verbogen oder ungenau werden.

Ein reiches Arbeitsfeld verdankt ferner der Gesamtschnitt seiner besonderen Fähigkeit, Abfallscheiben nutzbringend zu verarbeiten.

Gesamtschnitt mit Säulenführung, federndem Teilaus-
werfer und federndem Abstreifer

Um ein möglichst klares Beispiel eines Gesamtschnittes mit federndem Teilauswerfer zu gewinnen, ist ein ganz einfacher Teil

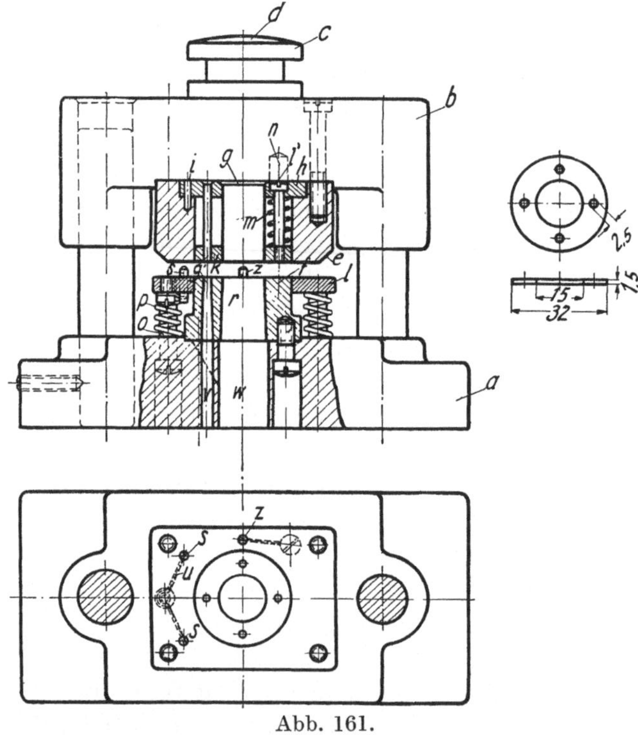

Abb. 161.

gewählt, eine Ringscheibe mit vier symmetrisch sitzenden Löchern. Das Gerippe des Werkzeuges Abb. 161 besteht aus der unteren gußeisernen Grundplatte a und dem Oberteil b. In der Grundplatte a sitzen zwei mit Haftsitz eingepaßte Säulen, die durch Spitzschrauben gegen Drehen gesichert sind; falls die Säulen de-

montiert werden, können sie vermittels dieser Schrauben wieder
in die richtige Lage gebracht werden. Die Säulen sind ungleich
stark, um verkehrtes Aufsetzen des Oberteils zu verhindern. Diese
beiden Säulen, die gehärtet und geschliffen sind, nehmen den Oberteil in zwei entsprechenden Bohrungen auf, so daß der Oberteil
sich leicht auf den Säulen schieben läßt, wozu die Passung „Gleitsitz“ für die Säulen notwendig ist, die Paßart also Einheitsbohrung
ist. Von der Genauigkeit der Säulenführung hängt die Arbeit des
Gesamtschnittes ab. Die Säulen müssen genau senkrecht zu den
Schneidelementen stehen, sie müssen dicht passend im Oberteil
verschiebbar sein. Ein geringes Sperren
der Säulen reibt die Bohrungen aus.
Ist auf diese Dinge beim Bau des Werkzeuges nicht geachtet worden oder hierbei die Präzision vernachlässigt, so ist
der Gesamtschnitt trotz aller Genauigkeit der Schneidelemente von vornherein
für die Fabrikation nicht tauglich. Die
oberen und unteren Schneidelemente
werden dann in Schneidstellung einer-
seits aneinander reiben oder aufsetzen
und deswegen Teile mit Grat erzeugen.

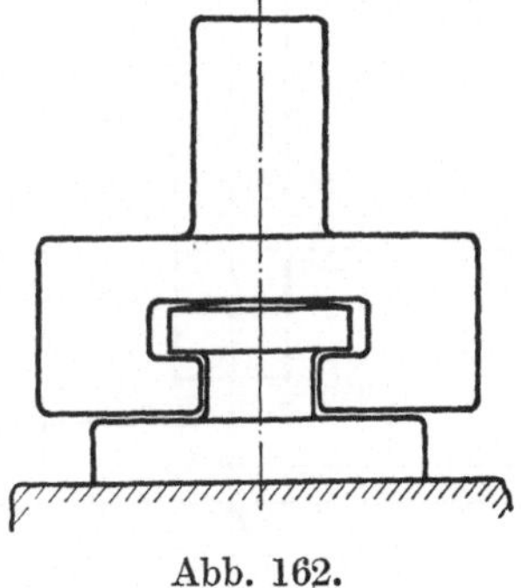

Abb. 162.

Der Schnitt muß dann mit neuen Säulen versehen werden,
anders ist diesem Übel nicht mehr abzuhelfen. — Teil c ist
der Kupplungskopf, auch „Wackelkopf“ genannt, weil er den
Oberteil mit dem Mitnehmer Abb. 162 und der Schnittpresse lose
bzw. beweglich verbindet. Die Rundung d des Wackelkopfes sorgt
stets für einen zentralen Angriff der Druckkraft auf den Oberteil.
Es ist auch zu empfehlen, den Kupplungskopf in den Schwerpunkt
des Schnittgebildes zu setzen, der bei diesem Teil im Mittelpunkt
desselben liegt. Findet der Angriff der Druckkraft nicht im Schwerpunkt des Schnittgebildes statt, so tritt die Wirkung des Hebel-
armes in Erscheinung. Die Seite der größeren Schnittfläche, vom
Angriffspunkt der Kraft gerechnet, wird stets das Bestreben haben,
nachzubleiben. Das Kippmoment wird sich auf die Säulen über-
tragen, diese sowie die Lager des Oberteils durch Ecken einseitig
ausreiben und somit die anfänglich gute Führung des Oberteils
nehmen. Ein gegenseitiges Aufsetzen der Schneidelemente wird
eintreten und das Werkzeug bald reparaturbedürftig machen.

(Neuausbohren und stärkere Säulen werden erforderlich.) Aus diesem Grunde ist es notwendig, für Schnitte mit Kupplungskopf beim Schneiden unsymmetrischer Schnittgebilde den Schwerpunkt

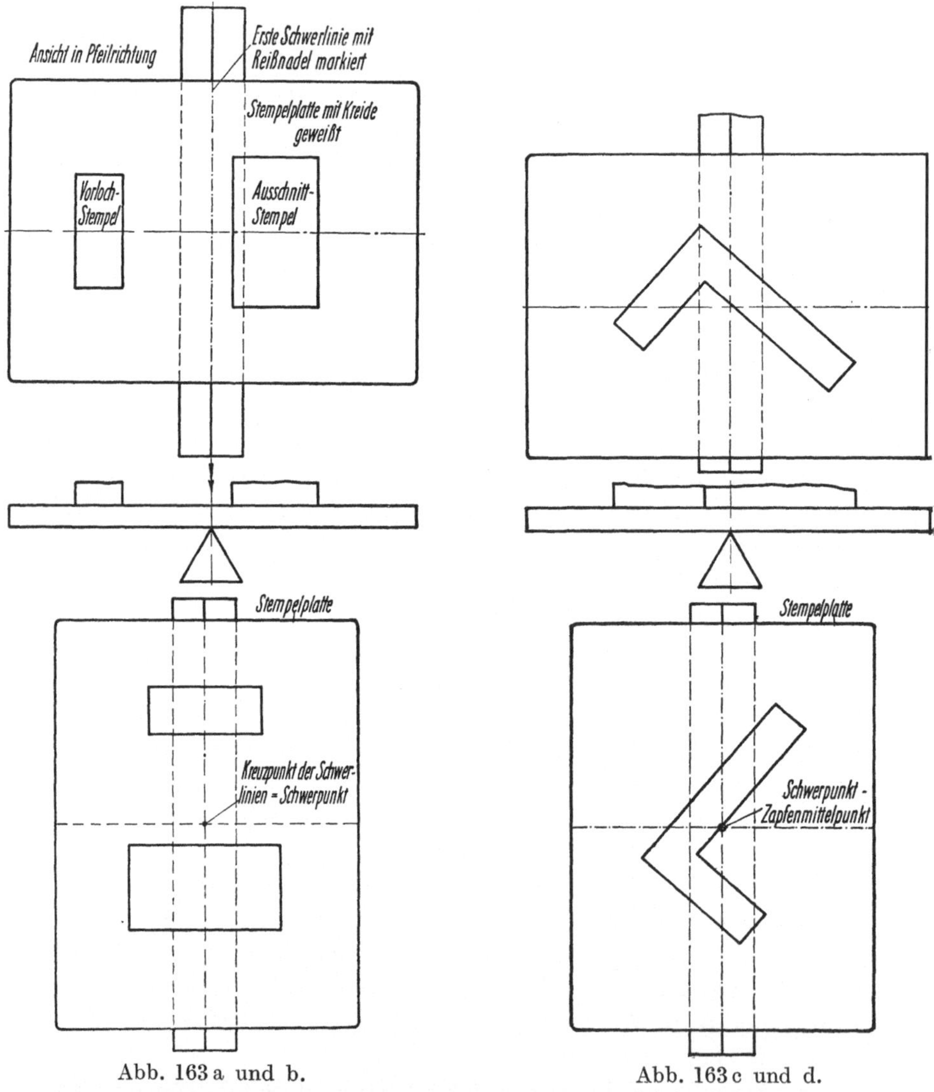

Abb. 163 a und b.   Abb. 163 c und d.

des Teiles zu suchen. Dies kommt aber nur bei Teilen in Frage, bei denen ein ungleichmäßiger Schnittdruck an den Enden des Teiles einen merklichen Einfluß auf die Gleichmäßigkeit der Bewegung des Oberteils ausübt. Deshalb wird der Wackelkopf nur für kleine Schnitteile benutzt, bei denen die Schwerpunktbestimmung außer acht gelassen werden kann. Insbesondere ist er geeignet bei symmetrisch-runden und -eckigen Formen.

Bei dieser Gelegenheit möchte ich bemerken, daß die Schwerpunktsbestimmung auch bei Führungsschnitten von Vorteil ist, jedoch auch hierbei nur bei größeren unregelmäßigen Schnittgebilden. Es liegt schon im Gefühl des Werkzeugmachers, daß er den Spannzapfen nach der großen Seite des Teiles verschiebt, oder bei Schnitten mit Vorlocher nach dem größeren Stempel hin. Er trifft den Schwerpunkt meist genau genug, d. h. der wirkliche Schwerpunkt liegt noch innerhalb des nach dem Gefühl versetzten Zapfenquerschnittes. Ist man sehr im Zweifel, ob der Zapfen zu dem Stempel oder den Stempeln im Schwerpunkt sitzt, so kann man den Schwerpunkt genügend genau folgendermaßen leicht auffinden:

Man lege auf ein Dreikantstück Abb. 163a die Stempelplatte, auf der man den Stempel regulär aufsetzt, und verschiebe sie so lange, bis sie im Gleichgewicht ist. Die Auflage der Stempelplatte im Gleichgewicht ist eine Schwerlinie. Jetzt drehe man die Stempelplatte um ca. 90° und suche gleichfalls ihre Gleichgewichtslage (Abb. 163b). Der Kreuzungspunkt der Gleichgewichtsachsen ist der gesuchte Schwerpunkt. In diesen Schwerpunkt setze man den Spannzapfen. — Abb. 163c und d zeigen das Aufsuchen des Schwerpunktes bei einem Umgrenzungsschnitt. Es versteht sich, daß in dem Fall, wo sich eine Schwerpunktsbestimmung als notwendig erweist, eine Verwendung vorrätiger Stempelköpfe nicht möglich ist, da ihr Spannzapfen in der Mitte angeordnet ist.

Außer der bei diesem Schnitt angewendeten Kupplung gibt es noch eine Verbindung des Schnittes mit dem Pressenbär durch Zapfen für mittlere Schnitte, und eine, die in Amerika weitverbreitet ist, mit Prismenspannung (Abb. 164), welche auch für alle übrigen Schnitte dort Anwendung findet. Größere Schnitte werden direkt mit ihrem Oberteil an dem Pressenbär mittels Spannschrauben befestigt. Der Pressenbär hat dann Spannuten, ähnlich denen des Pressentisches. Das Spannen mit Wackelkopf hat seinen Vorteil darin, daß man nicht von der Führung des Pressenbärs und von der mehr oder weniger genauen parallelen Lage des Tisches zu demselben abhängig ist; sein Nachteil besteht im Ecken des Oberteils, wenn eine Säule schwerer geht als die andere oder wenn der Wackelkopf nicht im Schwerpunkt des Schnittgebildes sitzt. — Die anderen beiden Methoden (Zapfen- und Prismenspannung) haben ihren besonderen Vorzug darin, daß der Oberteil mit der ganzen Fläche gegen den Pressenbär anliegt. Ein Nachbleiben des einen oder anderen Endes des Oberteiles kann hierbei nicht eintreten. Hängt aber der Tisch, so muß erklärlicherweise der Oberteil in den Säulen ecken. Aufsetzen der Schneidelemente und Ausreiben der Säulenführung sind die Folgen. Die Säulen haben in solchem Fall ihren Zweck verfehlt. (Gute Einrichter richten den Schnitt in solchen Fällen durch Unterlegen aus.) Also gehören hierzu wieder einwandfreie Pressen. Deshalb sollte man, ob nun die eine oder andere Art der Spannung bevorzugt wird, Gesamtschnitte nur an besonders dafür gehaltenen und gepflegten Pressen verwenden. Von dem Zustand der Presse hängt ebenfalls der Erfolg des Gesamtschnittes ab.

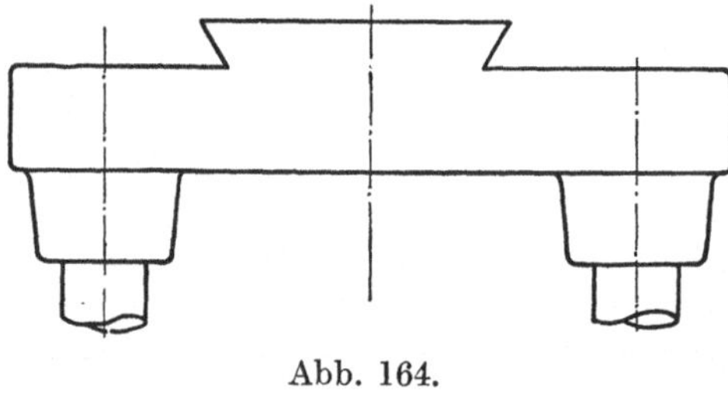

Abb. 164.

Der Einbau der Schneidelemente ist so getroffen, daß die Schnittplatte e vom Oberteil b aufgenommen ist und der Ausschneidstempel f auf dem Unterteil a sitzt. g ist der Lochstempel, der in einer Stempelplatte h befestigt ist; diese wiederum ist in eine entsprechende Ausdrehung der Schnittplatte versenkt, und da sie die Form eines Umdrehungskörpers besitzt, ist dieselbe durch den Stellstift i mit der Schnittplatte e gegen Verdrehen zu derselben gesichert. Außerdem sind in der Stempelplatte h die vier Lochstempel g' aufgenommen, die durch den Auswerfer k hindurchgehen und durch ihn ihre Führung erhalten. Da der Auswerfer k auch zugleich die Führung des Lochstempels g ist, ist es notwendig, denselben sehr dicht, aber schiebbar einzupassen. Der Auswerfer wird durch vier symmetrisch angeordnete Distanzschrauben l' in gleicher Höhe der Schnittplattenoberfläche festgehalten. Die Distanzschrauben l' sind von den Druckfedern m umgeben. Damit die Distanzschrauben sich während des Schneidens frei nach oben bewegen können, ist ein Sackloch n für jede derselben vorgesehen. Den Stempel f umgibt, als viereckige Platte ausgebildet, der Abstreifer, der durch die vier Schrauben o

und Federn p mit dem Stempel f in bündiger Lage gehalten wird. Steht der Abstreifer und Auswerfer nach mehrmaligem Schärfen des Schnittes zu weit vor, so müssen die Schrauben o und l' entsprechend gekürzt werden. In dem Stempel f befinden sich die Schnittlöcher g' für die Lochstempel. Außerdem ist bei diesem Schnitt der Durchbruch r nicht mit einem Auswerfer versehen, so daß die kleine Scheibe durch denselben hindurchfallen kann; er ist deshalb etwa um $1,0°$ konisch ausgebildet. Diese Methode ist aber nur zulässig, wenn das Mittelloch eine größere Toleranz haben darf, da beim Schärfen der Durchbruch sich etwas vergrößert. Der Vorteil dieser Art des Schneidens besteht darin, daß Abfall und Gebrauchsware gleich gesondert werden. Derartige Schnitte lassen sich nicht bis auf die Bewegungsgrenze der Auswurfelemente infolge des sich erweiternden Durchbruchs durch Schärfen abbrauchen. Kommt es jedoch auf ein Größerwerden der Löcher infolge des Abschleifens der Schneidelemente nicht an, so setzt man, wenn die Löcher durch die Vergrößerung des Durchbruches gratig werden, entsprechend größere Lochstempel in den Schnitt ein. Hierdurch ist es möglich, die Schneidelemente bis auf die Bewegungsgrenze der Auswurfelemente abzubrauchen. Oft arbeitet man mit doppeltem Auswerfer und schneidet nur die Löcher im Teil durch. Die beiden in den Abstreifer eingebauten Federstifte s dienen zur Führung des Streifens, der Federstift z zum Einhängen desselben. Alle drei Federstifte werden beim Niedergang der Schnittplatte durch dieselbe in den Abstreifer zurückgedrückt und durch die Federn u beim Aufwärtshub wieder in ihre Ruhestellung gebracht. Beim Hochgehen des Oberteils wird, wie schon erklärt, der ausgeschnittene Ring wieder in den Streifen zurückgedrückt. Soll der nächste Schnitthub erfolgen, so muß erst der Ring von Hand aus dem Streifen gedrückt werden, wozu der Streifen entsprechend aus dem Schnitt zurückgezogen werden muß. Alsdann kann derselbe in den Ausschnitt eingehängt werden. Obwohl das Werkzeug in Konstruktion und Arbeitsgenauigkeit nichts zu wünschen übrigläßt, so steht doch die Wirtschaftlichkeit hinter der eines Schnittes mit Vorlocher zurück. Das Herausnehmen des Teiles aus dem Streifen und Wiedereinhängen desselben in den Einhängestift z deckt die Unwirtschaftlichkeit des Werkzeuges auf. Geübte Stanzerinnen arbeiten auch ohne Einhängung des Werkstoffstreifens und entfernen die Teile, während der Streifen mit dem eingedrücktem Teil aus dem Schnitt tritt[1]). — Auf die beschriebene Bauweise des Gesamtschnittes ist man bei Verwendung gewöhnlicher Pressen angewiesen. Wir werden später sehen, daß bei Verwendung einer schrägstellbaren Presse mit durchbrochenem Körper der ökonomische Wert des Werkzeuges durch Änderung der Konstruktion des Auswerfers bedeutend verbessert wird.

Die Konstruktion eines Gesamtschnittes mit Säulenführung, bei der die Betätigungsfedern für den Teilauswerfer und Abstreifer außerhalb der Schneidelemente untergebracht sind, zeigt Abb. 165. Diese Werkzeugart eignet sich vorzugsweise für kleine Teile und solche, bei denen die Unterbringung von Federn nach Abb. 161 wegen Raummangels nicht möglich ist. Der Zwischenraum von Schnittplatte a und Lochstempel b ist vollständig von dem Teilauswerfer c ausgefüllt und bietet dem Lochstempel b eine gute Führung. Der Ansatz des Auswerfers c begrenzt seine Bewegung nach unten, nach oben bietet er Platz für die Auflage von vier Betätigungsstiften d, welche durch die Stempelplatte e und Deckplatte f hindurchgehen. Die Stifte d tragen den Federteller g, auf welchem eine sehr starke Druckfeder unter Spannung ruht. Die in dem Oberteil eingeschraubte Loskupplung bildet mit ihrer Ausdrehung eine Art Federgehäuse. Durch den oberen Federteller g' und die Schraube h ist die Feder nachstellbar, ein besonderer Vorteil, da die Federn von Zeit zu Zeit in der Spannung nachlassen. Nach Abb. 161 müssen in diesem Fall neue Federn eingesetzt oder Scheiben untergelegt werden. Der Schneidstempel i ist bei diesem Schnitt nicht wie bisher mit dem Unterteil verschraubt, sondern mit dem Zylinderteil seines Fußes eingelassen und gegen Drehen mittels Stellstift gesichert. Ein konischer Spannring k sorgt für die Festspannung des Schneidstempels mit dem Unterteil. Ring l ist der Abstreifer, welcher bei Hochstellung noch einige Millimeter mit seiner unteren Fläche in der Ausdrehung des Unterteiles verbleibt und dadurch dem Schnitt ein geschlossenes Aussehen gibt (Abb. 166). Die Führung des Werkstoffstreifens geschieht durch eine in den Abstreifer eingehobelte Nut Abb. 166. Auf dem Abstreifer ist noch eine Führungsplatte m für das Schneidelement a vorgesehen. Vier regulierbare Schrauben n stellen die Verbindung

---

[1] Bei schwachem Werkstoff fallen die eingedrückten Teile oft beim Vorschieben des Streifens heraus; ein Zurückziehen des Streifens und Entfernen des Teiles vor dem nächsten Hub bewahrt vor Betriebsstörungen.

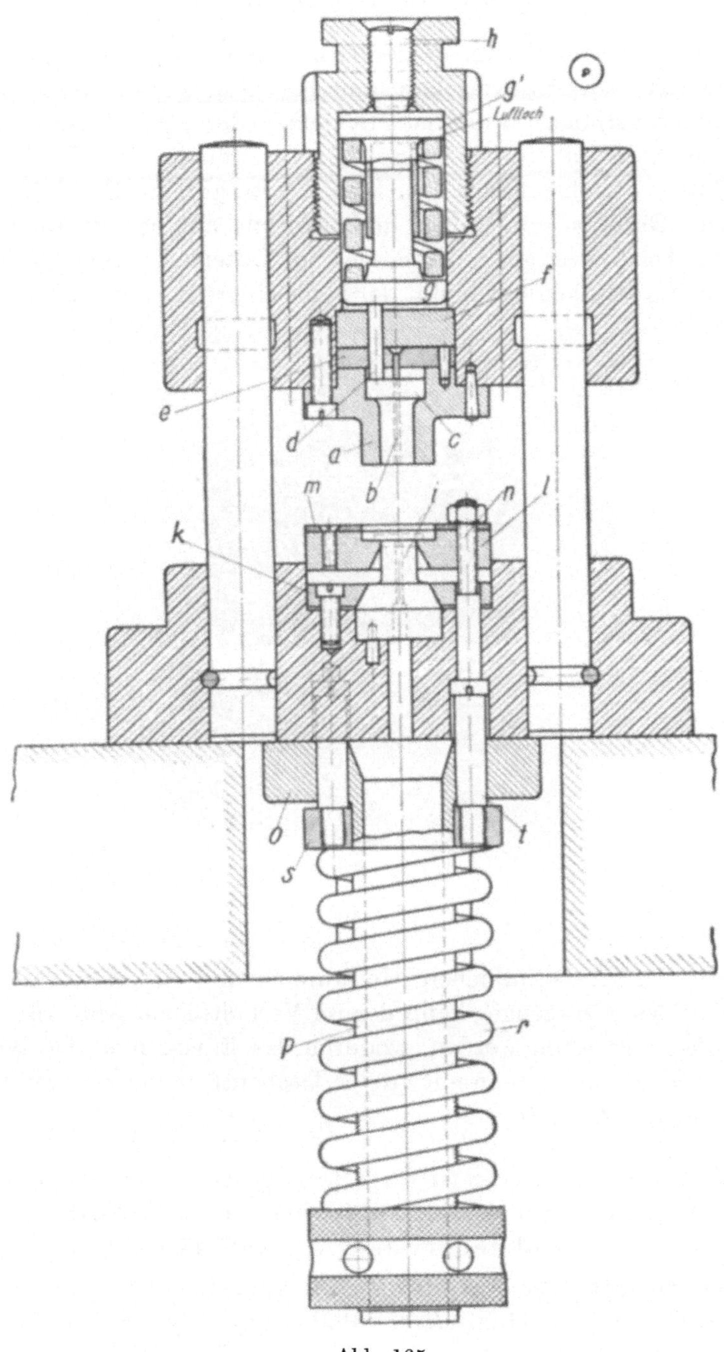

Abb. 165.

des Abstreifers mit dem an der Grundfläche des Unterteiles angebrachten Federdruckmechanismus her. Der letztere besteht aus dem Montageflansch o und ist mit dem Federbolzen p verbunden, der zum Durchfallen des Lochputzens ausgebohrt ist. Die durch die Mutter nachstellbare Druckfeder p trägt eine Druckplatte s mit vier Druckbolzen, welche in Berührung mit den Schrauben n stehen. Die Befestigung der Säulen im Unterteil geschieht durch einen Stift, der in eine Ringnut der Säule eingreift. Die im Unterteil

Abb. 166.

um die Säulen befindlichen Hohlräume sind Ölkammern. Als Nachteil des Werkzeuges kann der im Verhältnis zu Abb. 161 sehr hohe Bau angesehen werden, wodurch das Einspannen des Werkzeuges auf Schnittpressen mit großer Tischentfernung vom Pressenbär beschränkt bleibt.

Gesamtschnitt mit Säulenführung und zwangsweisem Teilauswerfer, betätigt durch den Schnitt, und federndem Abstreifer

Der Schnitt Abb. 167 dient zum Ausschneiden des Ankerbleches C aus dem Abfall B des Polbleches A auf S. 155. Er ist mit Loskupplung versehen. Der Unterteil a trägt in einer Aus-

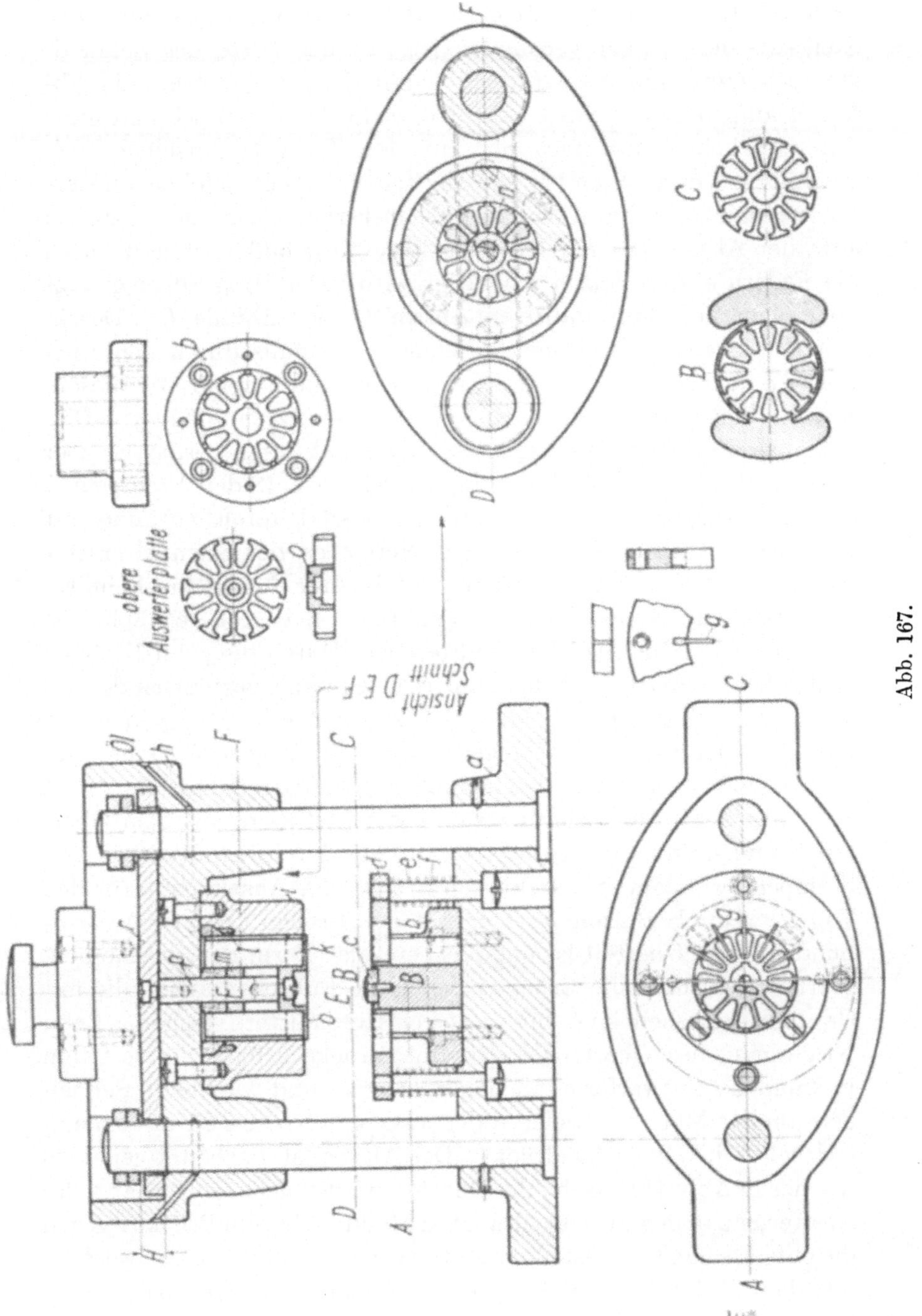

Abb. 167.

drehung den Stempel b, welcher durch vier Schrauben und vier Stellstifte mit jenem verbunden ist. In der Mitte des Schneidstempels sitzt eine Aufnahme c, womit der zu verarbeitende Abfall B aufgenommen wird. Die Nuten in dem Stempel sind ganz durchgearbeitet und fast bis auf den Flansch desselben aufgeschlitzt. Dieser Stempel ist sehr schwierig herzustellen und erfordert eine sehr gute Werkzeugmacherarbeit. Um den Stempel sitzt der Abstreifer d, welcher als Ring ausgebildet ist und durch die Federn e und Bolzen f betätigt wird. Der Ring allein genügt aber nicht zum einwandfreien Abstreifen des Abfalls B. Der in den Nuten ausgeschnittene Abfall muß ebenfalls durch den Auswerfer d gehoben werden, da er sonst eckt und abreißt. Zu diesem Zweck dienen die in den Auswerfer eingesetzten Stege g. Dieselben sind mit dem Auswerferring oben und unten vernietet. Der Oberteil h trägt den Schnittring i, welcher mit den Stempeln k die Schnittplatte bildet. Die Stempel k sind durch Antimon mit dem Schnittring i vergossen. Das Vergießen der Stempel ersetzt die sonst übliche Stempelplatte und ist nur für kleine Schnitte mit geringem Schnittdruck anwendbar. Bei größerer Schneidbeanspruchung lockern sich die Stempel. Durch die zehn Löcher l in der Schnittplatte i, welche auf dem Umfang verteilt sind, sind die Stempel k gegen Drehen gesichert. Außerdem sorgt der fest zwischen den Stempeln k eingepreßte Kupferring m für eine gute Anlage derselben gegen den Schnittring i. Der Schnittring i ist ebenfalls durch vier Schrauben und vier Stellstifte mit dem Oberteil h verschraubt und gesichert. In dem durch Schnittring i und Stempel k gebildeten Durchbruch n sitzt der Auswerfer o für den Teil C. Durch Bolzen p ist er mit der Brücke (Traverse) r verbunden. Der Oberteil ist entsprechend der Form der Brücke ausgearbeitet. Durch die Brücke r gehen die Führungssäulen, die mit Gewinde versehen sind und je zwei Ringmuttern tragen. Beim Niedergang des Oberteils h geht die Brücke r bzw. der mit ihm verbundene Auswerfer o mit demselben mit und wird beim Schneiden um das Maß, um welches der ausgeschnittene Teil in i hineingedrückt wird, zurückgedrückt. Der Abstreifer d arbeitet genau so wie der in Abb. 161. Geht der Oberteil wieder hoch, so verharrt der Auswerfer o in der zurückgedrängten Stellung, bis die Brücke r gegen die entsprechend eingestellten Muttern schlägt und den Auswerfer o mit dem Teil herausdrückt. Teil und Streifen werden bei diesem

Auswerfer also nicht wieder ineinandergedrückt. Nach mehrmaligem Schärfen müssen auch hier die Abstreiferbolzen f und das Zwischenstück p des Auswerfers entsprechend gekürzt werden. Die Muttern werden nur einmal für einen größten Hub, angenommen 20 mm, eingestellt. Der Hub der Presse wird nach dem Einspannen des Werkzeuges tiefer gestellt, so daß die Brücke r noch nicht gegen die Muttern schlägt. Jetzt schneidet man den ersten Teil, indem die Presse von Hand durchgedreht wird, alsdann wird der Pressenbär so weit hochgestellt, bis die Brücke r gegen die Muttern schlägt und der Teil ausgeworfen wird. Der Schnitt ist dann eingestellt. Sind die Schneidelemente so weit abgeschliffen, daß die Brücke r bei Einstellung der Schneidelemente auf Schnitt den Auswerfer nicht genügend herausdrückt, um den Teil auszuwerfen, dann müssen die Ringmuttern nachgestellt werden. Der Hub des Schnittes bleibt deshalb doch der gleiche. Man kann den Hub natürlich nach Bedarf geringer wählen, muß aber dann auch die Ringmuttern entsprechend herunterschrauben. Die Grenzen der Hubregulierung gibt das Maß H an. Damit die Säulen durch den Schlag der Brücke sich nicht nach oben herausziehen, sind sie mit einem Bund versehen. Ein Abreißen der Muttern kann durch ungenügende Aufmerksamkeit beim Einstellen der Presse vorkommen. Deshalb ist der Schnitt mit der Größe des Hubes zu beschriften: „Achtung! Hub 20 mm." Für diesen Schnitt kann eine gewöhnliche Schnittpresse benutzt werden. Der Abfall und der Teil werden von Hand fortgenommen. Zwangsweise Auswerfer sind dort zu verwenden, wo mit schrägstellbarer Presse und mit durchbrochenem Körper gearbeitet wird, damit die Teile wegrutschen können. Federauswerfer sind für gewöhnliche Pressen vorteilhaft, damit die Teile wieder in den Streifen zurückgedrückt werden. Es ist jedoch zu empfehlen, den Federauswerfer bei Schnitten, die nicht genügend starke Federn aufnehmen können und bei denen ein Versagen des Auswerfers zu befürchten ist, mit der zwangsweisen Auswerfung zu kombinieren. Die durch den Schnitt betätigten zwangsweisen Auswerfer gestatten es, in Ermangelung einer Presse mit Maschinenauswerfer, derartige Werkzeuge für gewöhnliche Pressen zu benutzen.

Ein weiteres Beispiel soll die Anwendung des durch den Schnitt betätigten zwangsweisen Auswerfers bei einem Gesamtschnitt mit vier Säulen (Abb. 168) für ein Statorblech A (Abb. 169) veranschaulichen. Der Auswerfer a für den Abfall B steht nicht mit den Füh-

rungssäulen in Verbindung, sondern wird durch zwei gesonderte
Steuerungsbolzen *b* betätigt. Dieselben sind zum Einstellen des
Auswerfers auf Wirkung verstellbar. Die Wirkung des Auswerfers

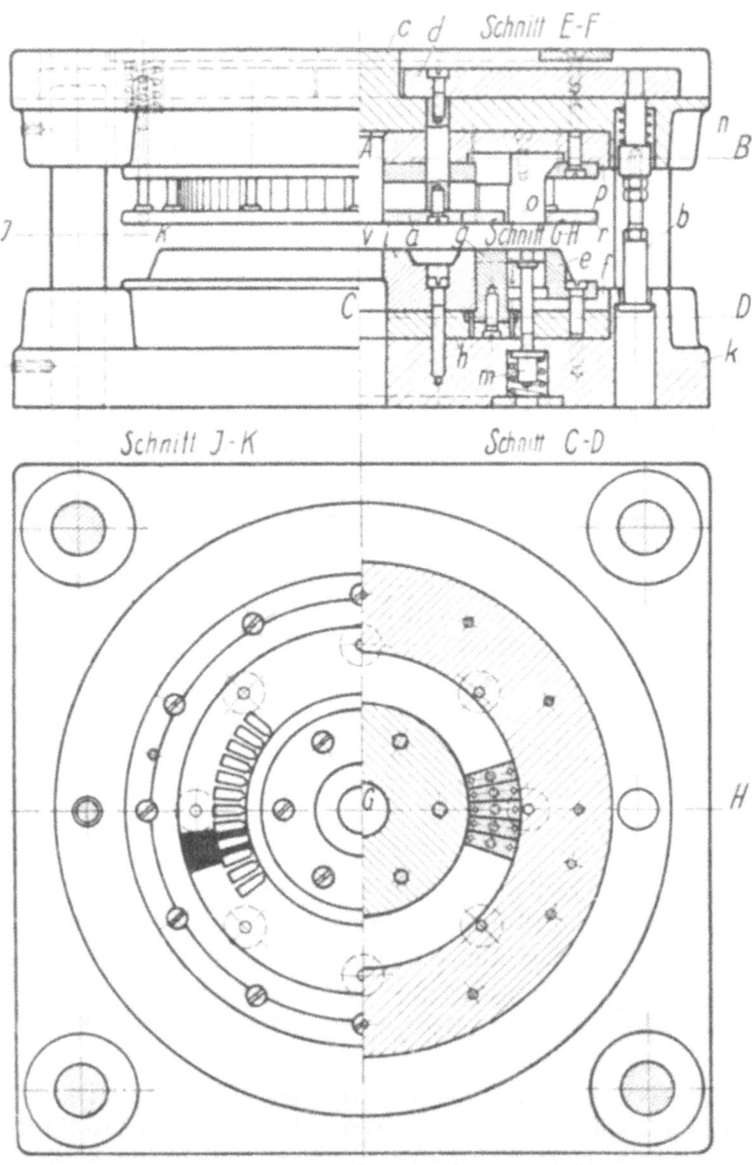

Abb. 168 a.

wird durch zwei Federn unterstützt. Dieser Auswerfer braucht
nicht vor dem Einspannen des Schnittes auf den Hub eingestellt
zu werden, sondern läßt sich bei eingespanntem Schnitt für jeden

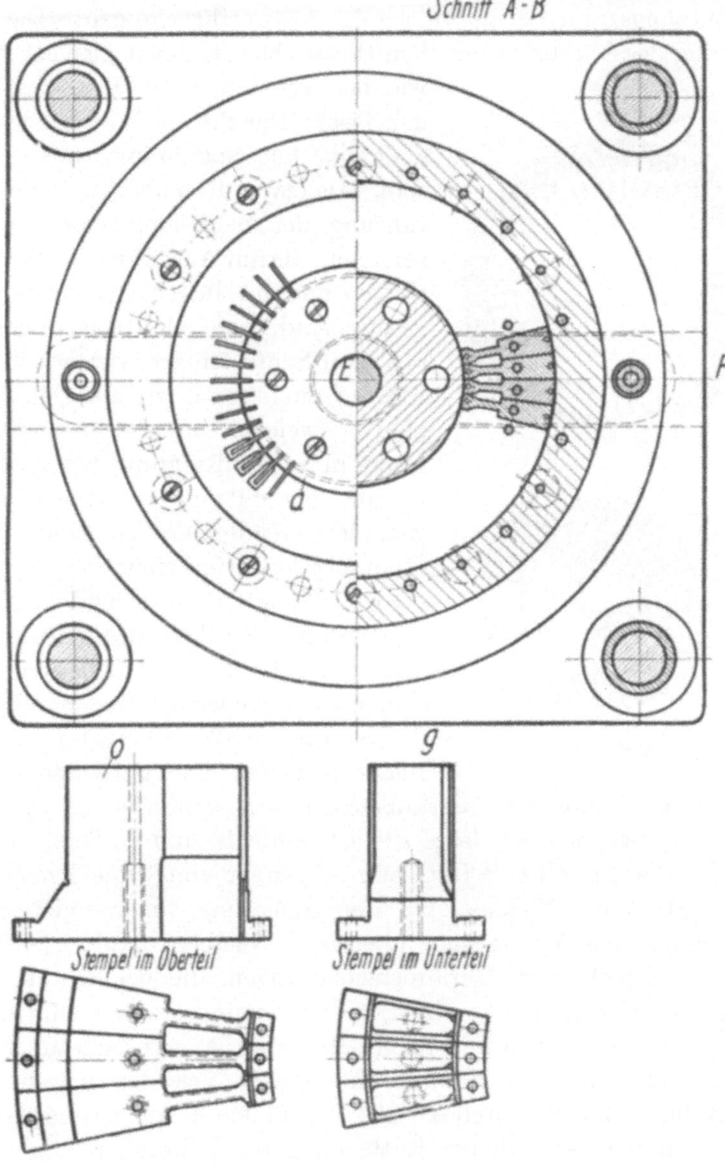

Abb. 168 b.

Hub regulieren: ein gewisser Vorteil gegenüber dem in Abb. 167 dargestellten Auswerfer. Im übrigen ähneln sich alle weiteren Einzelheiten des Auswerfmechanismus mit dem vorerst besprochenen. Der Oberteil des Schnittes besitzt in der Mitte einen Abstützungszapfen c, der durch die Auswerfbrücke geht. Die Verbindung des Oberteiles mit dem Pressenbär erfolgt in gleicher Weise

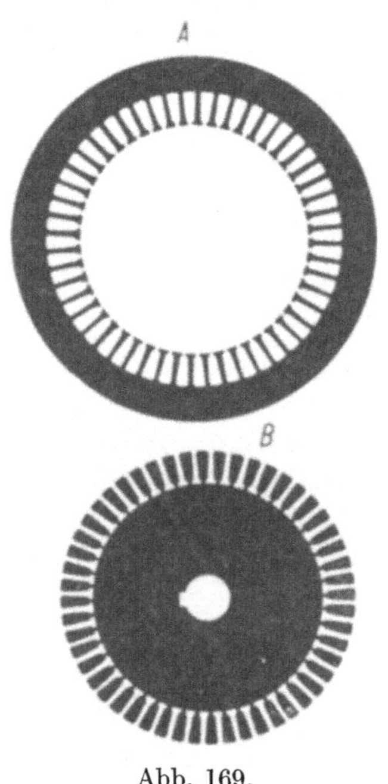

Abb. 169.

wie das Festspannen des Unterteiles auf den Tisch. Der Pressenbär muß deshalb ebenfalls mit Spannmuttern versehen sein. Als etwas Besonderes ist die Ausführung der Schneidelemente zu bezeichnen, die mit Ausnahme des Schnittringes e aus einzelnen Teilen zusammengesetzt sind. Die Schnittplatte besteht aus dem Schnittring e, welcher in eine Platte f eingelassen ist, und den Stempeln g, welche durch segmentarische Füße in einer Ringnut der Platte h — um das mittlere Schneidelement i gruppiert — aufgenommen sind. Jeder Stempel g ist mittels einer Schraube und zweier Stellstifte in seiner Lage gesichert und der Fuß desselben nochmals durch die Platte f und das Schneidelement i abgedeckt. Die Bündigkeit der Schrauben der Stempel g mit der Platte h bietet eine gute Schraubensicherung. Diese Art Schraubensicherung sollte, wenn möglich, stets angewendet werden; sie ist einfach und äußerst sicher. Im allgemeinen sollen Befestigungsschrauben von Schneidelementen gesichert sein. Welche Art der Sicherung angewendet wird, soll ganz der Möglichkeit überlassen bleiben. (Abb. 170 zeigt einige Beispiele von Schraubensicherungen, die bei Schnittwerkzeugen in Anwendung kommen). Platte f und Platte h sind durch Schrauben verbunden und nochmals durch längere Schrauben mit der Grundplatte k verschraubt. In gleicher Weise ist auch die Verschraubung des Mittelteiles i mit der Platte h und Grundplatte k vorgenommen, so daß bei Entfernung der Schrauben, die bis in die Grundplatte k reichen, die Schnittplatte, bestehend aus den

Teilen e, g und i, als Ganzes aus der Grundplatte k entfernt werden kann. Der Durchbruch der Schnittplatte ist schwarz kenntlich gemacht. Die gleiche Form hat der Teilauswerfer l, welcher durch Federn betätigt wird, die in die Grundplatte k verlegt sind und dadurch einen weitmöglichen Abschliff der Schnittplatte gestatten. Seine Auswerfbolzen sind nachstellbar und brauchen nicht abgedreht zu werden. Der Auswerfer braucht auch nicht beim Schärfen entfernt zu werden, sondern wird durch Anziehen der Mutter m zurückgestellt. Der Oberteil n trägt den Schneidstempel, welcher ebenfalls durch Einzelteile o segmentartig zusammengesetzt ist. Die Füße sind gleichfalls in eine Ringnut der Platte p eingelassen. Im übrigen ist der Einbau und die Verschraubung des Schneidstempels nach gleichem Prinzip vorgenommen wie bei der Schnittplatte im Unterteil. Ebenso ist der Betätigungsmechanismus des Abstreifers r der gleiche wie bei dem des Teilauswerfers l im Unterteil. Der Stempel v dient zum Lochen des Abfalles B, der weiter zum Rotorblech verarbeitet wird. Die Führung des Oberteiles geschieht in gehärteten Stahlbuchsen, die in letzter Zeit

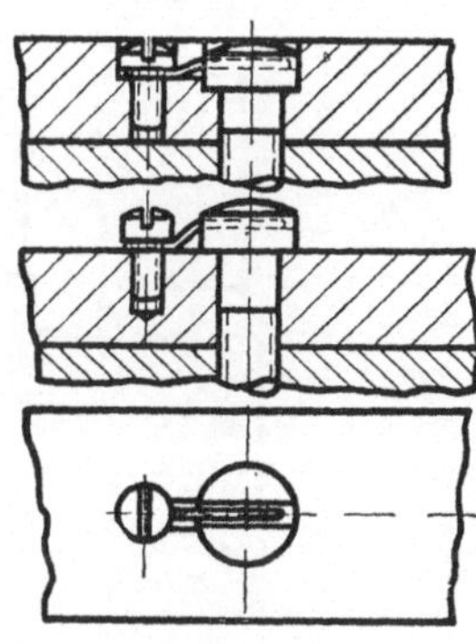

Abb. 170.

bei säulengeführten Schnitten immer mehr in Anwendung kommen. Ihre Lebensdauer übertrifft die der Gußführung, bei der dieselbe infolge des recht verschiedenen Ausfalls der Dichte und Härte des Gusses sehr schwankend ist. Da bei diesem Schnitt die Schnittplatte auf der Grundplatte k sitzt, kann der Abfall auf den in den Schnittstreifen zurückgedrückten Stator fallen und mit dem Hub des Werkstoffstreifens aus dem Schnitt befördert werden. Vorschubreglung des Werkstoffstreifens erfolgt ohne Einhängestift.

Gesamtschnitt mit Säulenführung, zwangsweisem Teilauswerfer, betätigt durch die Schnittpresse, und Abstreifer, betätigt durch Federdruckapparat

Mit dem in Abb. 171 dargestellten Gesamtschnitt wird das Polblech A, welches aus 0,5 mm Dynamoblech besteht, hergestellt. B ist der Abfall, welcher für das Ankerblech C auf S. 147 verwendet wird. Zu diesem Zweck ist auch gleich das Loch für Welle und

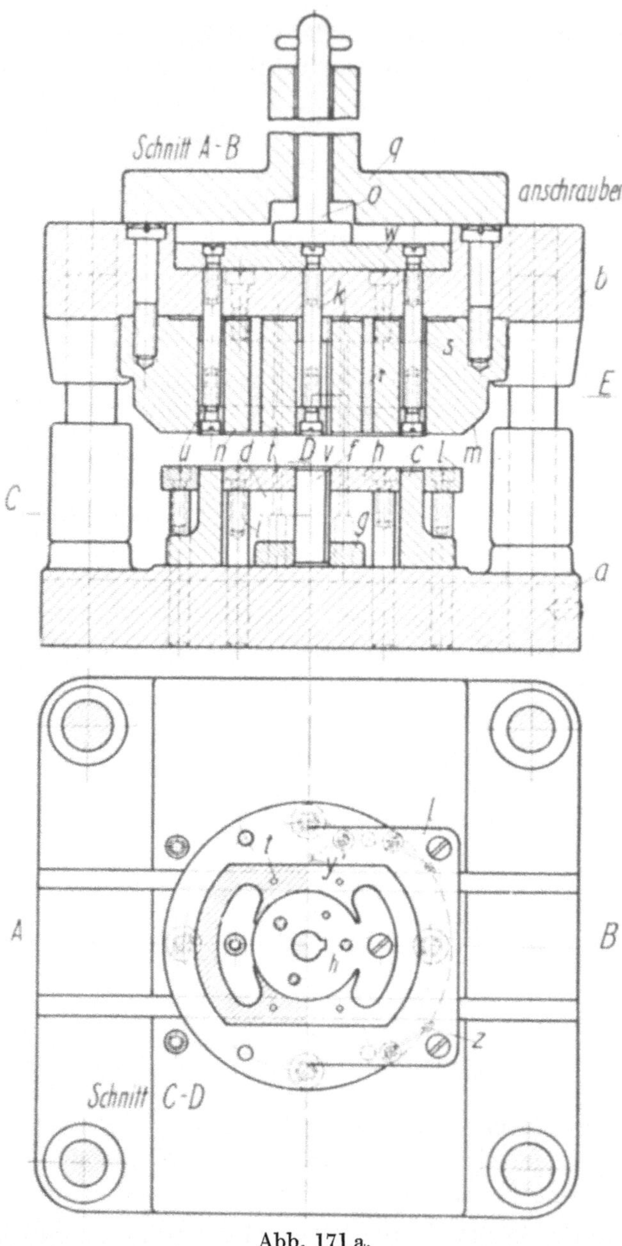

Abb. 171 a.

Nut mit ausgeschnitten. Der Schnitt ist ein Viersäulenschnitt.
Der obere Auswerfer wird durch eine im Pressenbär vorgesehene

Vorrichtung zwangsweise betätigt. Für die Betätigung des unteren Auswerfers und Abstreifers dient ein im Pressentisch eingesetzter Federdruckapparat, der den sonst üblichen Federmechanismus des

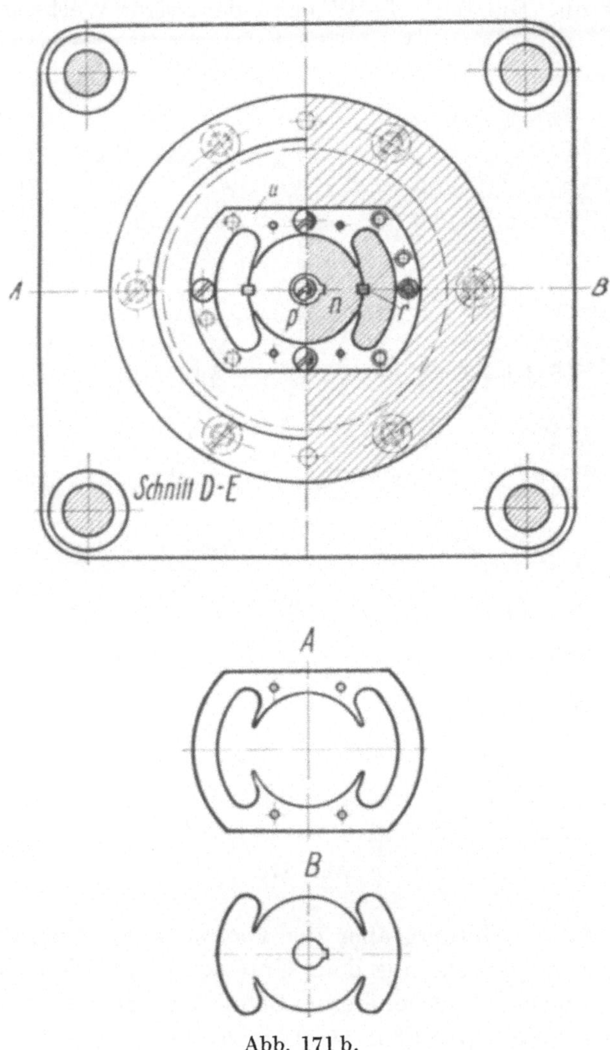

Abb. 171 b.

Schnittes ersetzt. Diese Bauart eignet sich besonders für schrägstellbare Pressen, wo die Teile, nachdem sie ausgeworfen sind, nach hinten wegrutschen können. Durch die Verwendung einer derartigen Schnittpresse sind die Schneidelemente nach jedem Hub

frei von ausgeschnittenen Teilen und Abfallstücken. Ein Wegnehmen der Teile und des Abfalls ist hierbei nicht notwendig, so
daß mit geringer Hubpause gleich der nächste Teil ausgeschnitten
werden kann. Die Wirtschaftlichkeit derartiger Werkzeuge ist die

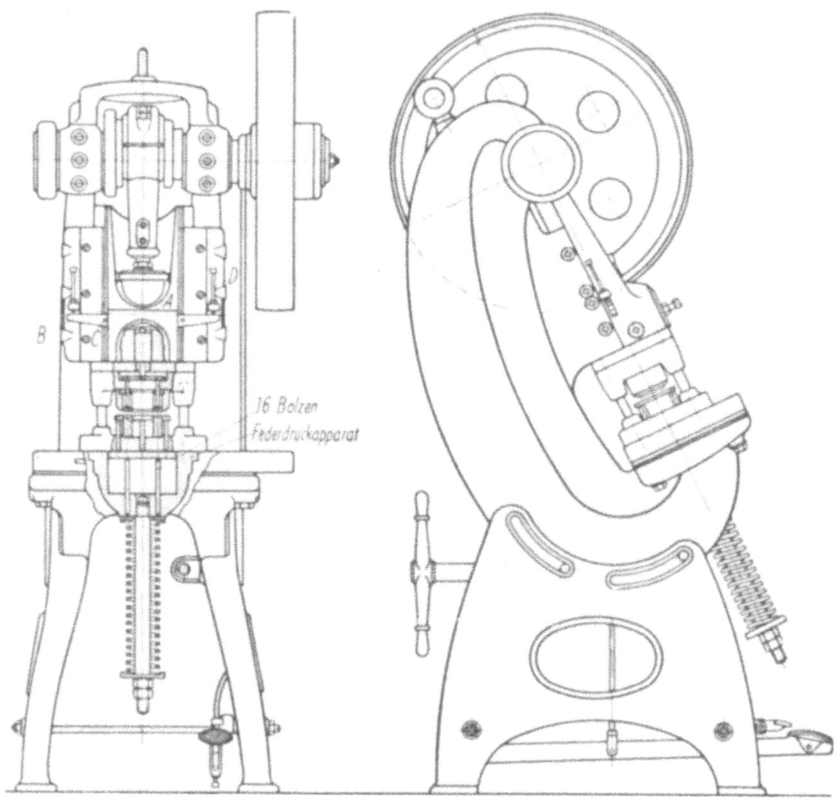

Abb. 172.

denkbar beste, erfordert aber die vorerst angeführte Pressenart.
Das Werkzeug besteht aus dem Unterteil a und dem Oberteil b.
Der Kupplungskopf ist bei diesem Schnitt wegen des zwangsweisen
Auswerfers nicht anwendbar, weshalb Zapfenspannung gewählt ist.
Im andern Fall wäre auch der Schnitt für eine Loskupplung schon
zu groß. Der Unterteil a trägt den Schnittstempel c und ist mit
demselben durch vier Schrauben und vier Stellstifte verbunden.
In der Mitte des in dem Stempel c ausgearbeiteten Durchbruches d
für den Abfall B sitzt der Lochstempel f für das Wellenloch mit

Federnut. Dieser Lochstempel ist in der Stempelplatte g, welche gleich dem Durchmesser des Durchbruches ist, aufgenommen. Drei Schrauben und Stellstifte verbinden die Stempelplatte mit dem Unterteil. Den Raum zwischen Lochstempel f und Schnittstempel c nimmt die Auswerfplatte h ein, welche mit zwei Bolzen i verschraubt ist. Die Länge der Bolzen ist so abgestimmt, daß bei eingespanntem Schnitt der Auswerfer einige Zehntelmillimeter über den Schneidelementen steht. In gleicher Weise ist der Abstreifer l ausgerüstet. Der Oberteil b trägt die Schnittplatte m und den Schneidstempel n für den Ausschnitt B. In dem Schneidstempel n befindet sich der Gegenschnitt p für den Stempel f. Im Grundriß des Oberteils ist zu ersehen, daß der Schneidstempel n zusammengesetzt ist. Fixiert werden die einzelnen Teile durch Nut und Leisten r. Im Zwischenraum der beiden Schneidelemente sitzt die mit dem Oberteil verschraubte Stempelplatte s, für den Stempel n und für die Lochstempel t. Außerdem befindet sich in diesem Zwischenraum die Auswerfplatte u für den Teil A. Desgleichen sitzt in dem Durchbruch p die Auswerfplatte v für den Ausschnitt des Wellenloches. Beide Auswerfplatten sind mittels Bolzen k mit der Platte w verbunden, welche den Stößel o trägt, der durch den Zapfen des Spannkopfes q geht. Der Streifen wird an zwei federnden Führungsstiften z entlanggeführt und in einem federnden Einhängestift y eingehängt. Zur Unterstützung der Führung des Streifens an diesem sowie allen anderen Schnitten ist es ratsam, noch ein besonderes Auflageblech mit Führungsleiste an den Abstreifer zu montieren. Um die Klarheit der Abbildungen nicht zu beeinträchtigen, ist jene fortgelassen. Abb. 172 zeigt eine für diesen Schnitt notwendige Schnittpresse. In einem quer zum Pressenbär befindlichen Durchbruch A befindet sich die Auswerfbrücke B, die gegen seitliches Herausschieben durch die Stifte C gesichert ist. Als Anschlag für die Brücke B dienen die an der Bärführung angebrachten verstellbaren Anschläge D. In dem Pressentisch befindet sich der Federdruckapparat. Die Wirkungsweise des maschinenbetätigten zwangsweisen Auswerfers ist dieselbe wie bei dem durch den Schnitt betätigten. Die maschinenbetätigten Auswerfer haben jedoch den Vorteil, daß die Betätigungsbrücke im Pressenbär der Schnittpresse untergebracht ist und somit die Konstruktion des Werkzeuges vereinfacht. Außerdem kann man den Hub des Werkzeuges in viel weiteren Grenzen regulieren. Der Maximalhub

Alle 6 Teile sind mit diesem Gesamtschnitt herzustellen
a
e
b
c
d
Tisch der Presse
6 Löcher
4 Stck. Werkstoffstreifen - Führungsstifte

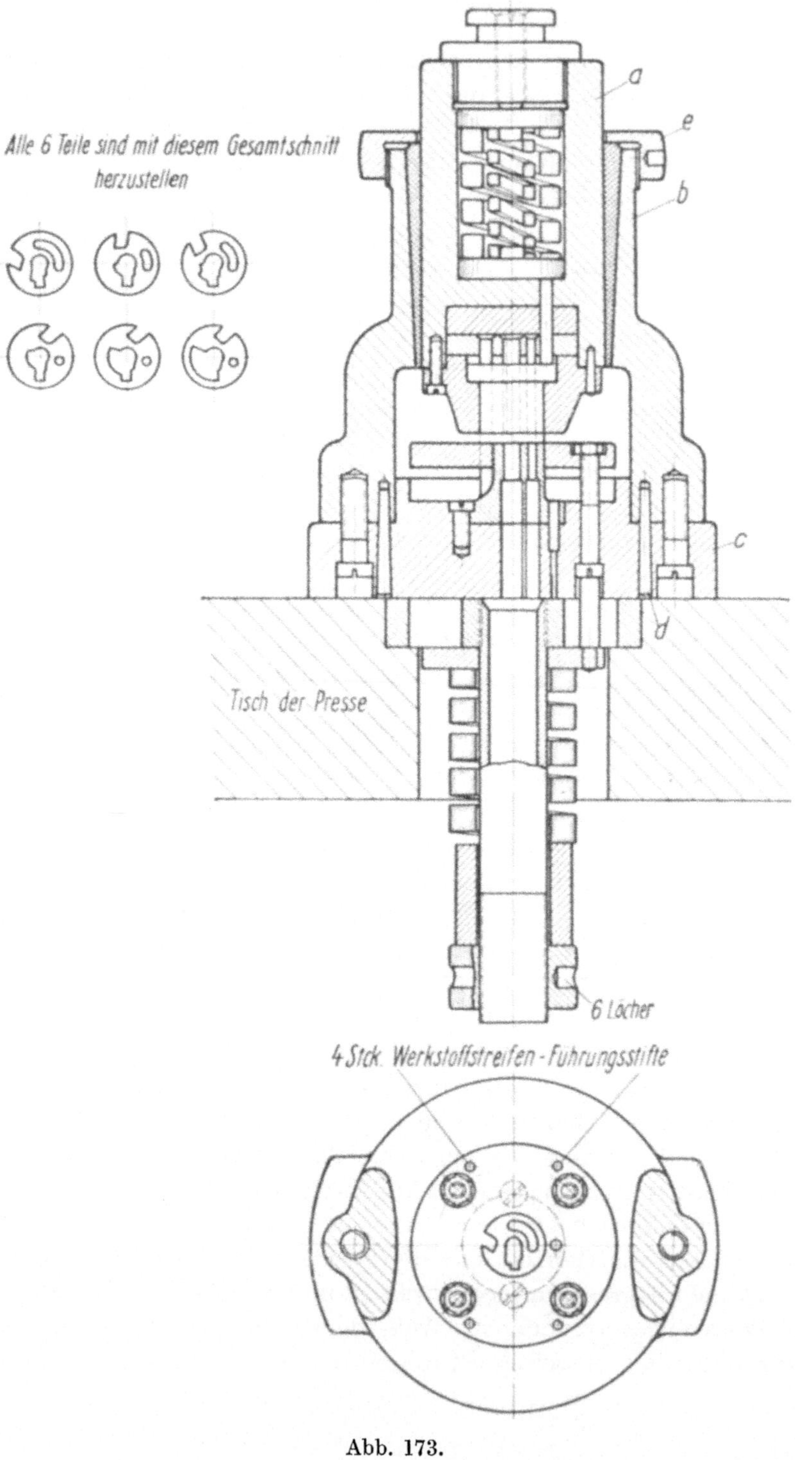

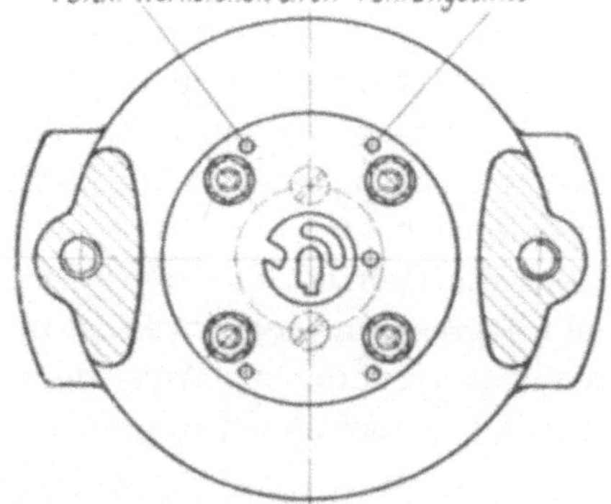

Abb. 173.

kann bei diesen Werkzeugen gleich dem Hub der Presse sein. Beim Einspannen des Werkzeuges und Hubstellen der Schnittpresse ist nur darauf zu achten, daß die Anschläge D nicht mit der Brücke

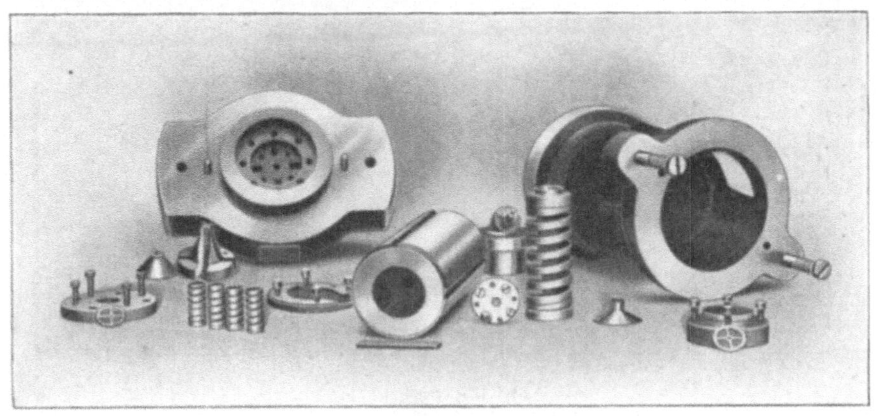

Abb. 174.

Abb. 175.

in Berührung kommen. Für das Regulieren des Auswerfers auf Wirkung ist nur das Regulieren der Anschläge D nötig, und zwar ebenfalls nach einem Probeschnitt. Nachdem die Einstellung erfolgt ist, werden die Anschläge durch die Gegenmuttern festgestellt. Die Einstellung des Werkzeuges ist hierbei weit übersichtlicher.

Abb. 176 und 177.

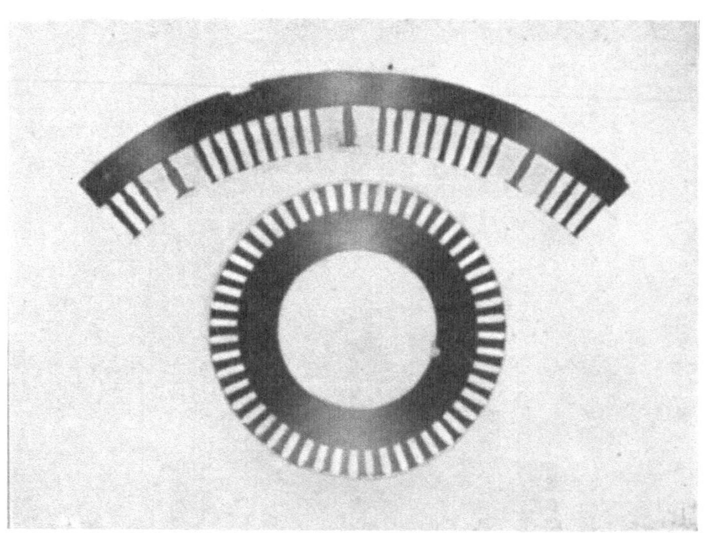

Abb. 178.

Gesamtschnitt mit Zylinderführung[1]

Denkt man sich in Abb. 165 die Schneidelemente des Oberteils und seinen gesamten Mechanismus in einem Kolben nach den

---

[1] Die Abbildungen sind von der Firma Gebr. Thiel, Ruhla in Thüringen, freundlichst zur Verfügung gestellt.

strichpunktierten Linien untergebracht, schiebbar beweglich und den Oberteil feststehend, so hat man einen Gesamtschnitt mit Zylinderführung. Die wirkliche Ausführung ist die nach Abb. 173. Der Kolben *a* wird hier in einem mit Weißmetall ausgegossenen Zylindergehäuse *b* geführt und durch mehrere Nuten und Keile (Abb. 174) gegen jede Drehung gesichert. Durch die Ringmutter *e*

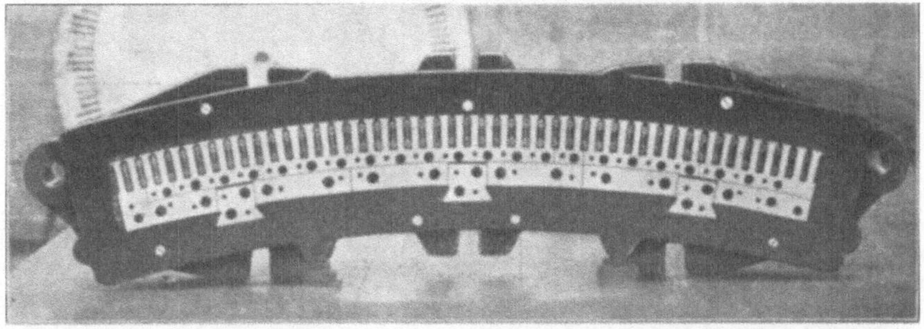

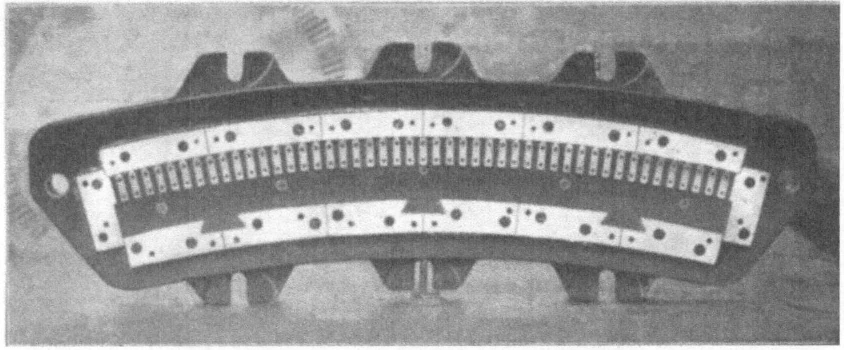

Abb. 179 a und b.

ist die Führung des Kolbens nachstellbar. Das Zylindergehäuse ist auf einer Grundplatte *c* montiert. Da die Löcher für die Stellstifte *d* nicht durch das Zylindergehäuse hindurchgebohrt werden können, müssen die Stellstifte konisch sein, um Grundplatte *c* und Gehäuse *b* leicht zu demontieren. In der Höhe der Schneidelemente ist das Gehäuse für die Durchführung des Werkstoffstreifens durchbrochen (Abb. 175).

Auch bei diesem Schnitt besteht der Nachteil in dem hohen Aufbau. Seine Anwendung ist bevorzugt für kleinste Teile. Diese

Bauart und die der Abb. 165 findet man in der Uhrenindustrie in weiter Verbreitung.

Abb. 180.·

Abb. 181.

Abb. 182.

Bei all den beschriebenen Gesamtschnitten läßt sich die Werkstoffzuführung auch automatisch bewerkstelligen, wozu ein Walzen- oder Zangentransportgerät dient. Es gehört entweder direkt zur Exzenterpresse oder kann gesondert angebracht werden. Die Einhängestifte müssen dann entfernt werden.

Abb. 183.

Die Abb. 176 bis 182 zeigen Gesamtschnitte mit zusammengesetzten Schneidelementen aus dem Elektromaschinenbau. Siehe auch Abb. 169.

Metalle bei einer Steglänge l unter 30, l' unter 100												
s	0,1÷1	1,1÷1,2	1,3÷1,4	1,5÷1,6	1,7÷1,8	1,9÷2,0	2,1÷2,2	2,3÷2,4	2,5÷2,6	2,7÷2,8	2,9÷3,0	3,1÷3,2	3,3÷3,5
δ	0,8	0,9	1,0	1,1	1,2	1,3	1,5	1,6	1,7	1,9	2,0	2,2	2,5
δ'	0,5	0,7	0,8	0,9	1,0	1,1	1,3	1,4	1,5	1,7	1,8	1,9	2,0
c	2 *	1,5			2					2,5 Seitenschn. m. Führungszapfen			

Metalle bei einer Steglänge l über 30, l' unter 100 oder l unter 30, l' über 100												
δ	1,0	1,2	1,3	1,4	1,5	1,6	1,8	2,0	2,2	2,4	2,6	2,8	3,0
δ'	0,8	0,9	1,0	1,1	1,2	1,3	1,5	1,6	1,7	1,9	2,0	2,2	2,5
c	2 *	1,5			2					2,5 Seitenschn. m. Führungszapfen			

Papier, Preßspan und ähnliche Stoffe												
δ	2,0	2,0	2,0	2,5	2,5	2,5	3,0	3,0	3,0	3,5	3,5	4,0	4,0
δ'	2,0	2,0	2,0	2,5	2,5	2,5	3,0	3,0	3,0	3,5	3,5	4,0	4,0
c	2,0				2,5						3,0		

Hartgummi, Pertinax und andere leicht zerplatzende Stoffe						
Für Teile mit scharfen Ecken						
δ	1,5	2,5	2,5	3,0	3,5	3,5
δ'	1,5	2,5	2,5	3,0	3,5	3,5
c	2,0		2,5			
Für Teile mit runden Ecken						
δ	1,0	1,5	2,0	2,5	2,7	3,0
δ'	1,0	1,5	2,0	2,5	2,7	3,0
c	1,5	2,0		2,5		

* Für $s \cdot 0,2$ und darunter   ** für alle Metalle in Foliostärke δ u. $\delta' = 2$ $^m/_m$

Tabelle III.

C. Anhang

Anleitung zur Wahl der geeignetsten Schnittwerkzeuge
(Hierzu Tafel I und II)

Die folgenden Zeilen sollen eine Anleitung zur Lösung von in der Praxis vorkommenden Aufgaben sein. Der Wert dieser Ausführungen kann nur ein begrenzter sein, da zur richtigen Wahl der geeignetsten Werkzeugart für einen Stanzteil in erster Linie Betriebspraxis gehört. — Es ist früher gezeigt worden, wie man Schnitteile mit Werkzeugen verschiedener Arbeitsweise herstellen kann. Sie kennzeichnen sich durch Vor- und Nachteile, die in der Qualität der Teile, aber auch in der Wirtschaftlichkeit der Gestehungsweise zum Ausdruck kommen. Wir können z. B. für die Erzeugung eines Teiles bei Verwendung der einfachsten Werkzeuge an Werkzeugkosten sparen, müssen aber dafür wirtschaftliche Fertigung sowie Sauberkeit und Genauigkeit zurückstellen. In der Stanzereitechnik gibt es nun sehr verschiedene Fabrikationszweige; ebenso verschieden ist auch bei diesen die verlangte Sauberkeit und Genauigkeit der Stanzteile. Es ist selbstverständlich, daß Betriebe, die Massenware fabrizieren und weniger Wert auf die vorerst erwähnten Anforderungen legen, Werkzeuge verwenden, die viel ökonomischer arbeiten, indem oft Schneid-, Biege-, Stanz- und Ziehoperationen in einem Werkzeug vereint sind. Die Fertigungszeit der Teile ist in solchen Fällen auf das geringste herabgedrückt, die Teile selbst aber werden weder sauber, gleich, noch maßlich genau. Der Genauigkeitsgrad einer solchen Fabrikationsweise, welcher in diesem Betrieb genügt, wird einem Betriebe mit Präzisionsstanzteil-Erzeugung nicht mehr entsprechen. Letzterer wird seine Fabrikationsmethoden mehr den an die Teile gestellten Anforderungen (z. B. Genauigkeit) anpassen und den wirtschaftlichen Gesichtspunkt erst in zweiter Linie verfolgen. Die Gestehung der Teile erfolgt in diesen Betrieben meist durch Einzeloperationen, was einen Mehraufwand an Lohn bedeutet. — Glaubt der Stanzfachmann, bei Massenware unter Vernachlässigung der Genauigkeit der Teile die wirtschaftlichste Werkzeugart anwenden zu können, so ist er oft infolge der Eigenart (z. B. Form) des Teiles daran behindert. Dieser letzte Punkt setzt der wirtschaftlichen Fertigung und den qualitativen Anforderungen an den Stanzteil die Grenze, d. h. aus der Eigenart des Teiles läßt sich feststellen, inwieweit diesen Forderungen Rechnung getragen werden kann.

Für die Präzisionsstanzteil-Erzeugung würde die Wahl eines Werkzeuges in folgender Weise vorzunehmen sein:

I. Bestimmung des Werkzeuges nach der Eigenart des Stanzteiles.

II. Prüfung des gewählten Werkzeuges, ob seine Arbeitsweise den gestellten Anforderungen an den Stanzteil gerecht werden kann.

III. Prüfung an Hand der Stückzahl der Teile, ob ohne Beeinträchtigung von Punkt 1 und 2 ein wirtschaftlicher arbeitendes Werkzeug für die Herstellung verwendet werden kann.

Diesen 3 Punkten ist noch ein vierter hinzuzufügen, der leider noch allzuwenig Beachtung findet. Das ist nämlich die Überprüfung der Stanzteile seitens des Stanzfachmannes, ob durch zulässige Abänderungen des Teiles einfachere Werkzeuge verwendet oder Operationen gespart werden können. Am besten läßt sich dies bewerkstelligen, wenn vor Abnahme der Konstruktion des Apparates dem Stanzfachmann die Gesamtzeichnung nebst Teilzeichnungen zur Fabrikationskritik zur Verfügung gestellt wird. Er muß sich dann über seine Vorschläge, die ausschließlich von dem Gesichtspunkte der Verbilligung der Fabrikation ausgehen, mit dem Konstruktionsbüro auseinandersetzen. Seine Prüfung müßte sich nach folgenden Richtungen erstrecken:

a) Prüfung der Form des Teiles, ob sich durch Änderung derselben die Herstellung des Werkzeuges verbilligen läßt, oder einfache Werkzeuge angewendet werden können.

b) Prüfung, ob nicht durch ungeschickte Maßeintragung die Herstellung des Werkzeuges erschwert wird.

c) Prüfung der Maßeintragung, ob nicht durch dieselben die Genauigkeit an eine verkehrte Stelle gelegt ist.

Als Eigenart eines Stanzteiles sind zu nennen:

1. Form der Umgrenzung. 2. Form und Größe der Durchbrüche im Stanzteil, ihre Lage zueinander und zur Umgrenzung. 3. Lage

der Durchbrüche bei gebogenen Teilen zur Biegung. (Können jene eine Veränderung beim Biegen erleiden?). 4. Art der Biegung. (Kann sie eine Veränderung der Umgrenzung bewirken?) 5. Größe des Teiles. 6. Art des Werkstoffes. 7. Stärke des Werkstoffes.

Anforderungen, die an einen Stanzteil gestellt werden können, sind:

1. Maßhaltigkeit der gesamten Umgrenzung oder nur eines Teils derselben.

2. Maßhaltigkeit der Form der Durchbrüche oder nur einzelner.

3. Maßhaltigkeit der Abstände der gesamten Durchbrüche zur Umgrenzung oder nur einzelner.

4. Maßhaltigkeit der Abstände der gesamten Durchbrüche nur zueinander oder nur einzelner.

5. Bei Teilen aus Bandwerkstoff wird genau gerader Abschnitt gefordert.

6. Die Maßhaltigkeit der Lochung zueinander und zur Umgrenzung ist weniger von Bedeutung, aber der Schnitt muß ohne Ausnahme gleiche Teile liefern (Teile, welche paketiert werden).

7. Teile müssen gleich plan geschnitten werden.

8. Kanten der Umgrenzung sollen auf beiden Seiten scharf sein (starke Werkstoffe).

9. Schnittfläche muß poliertblank geschnitten werden (starke Werkstoffe).

10. Größe des zulässigen Grates.

11. Grat darf nur auf einer Seite des Teiles auftreten.

Teil 1: Sicherungsscheibe
Werkstoff: Eisenblech

Beispiel a)

Stückzahl: 200. Fabrikation wiederholt sich nicht.

Anforderungen: Keine besondere Genauigkeit.

Wahl des Werkzeuges:

Der Eigenart des Teiles entspricht ein Schnitt mit Plattenführung, Vorlocher und Suchstift. Die geringe Stückzahl verneint die Verwendung dieses Schnittes. Herstellung der Scheibe muß wie folgt vorgenommen werden:

Ausschneiden der Scheibe mit 25 mm Rundschnitt (24 mm nicht vorhanden). Konstruktionsbüro damit einverstanden. (Abänderung der Zeichnung.) Lochen der Scheibe mit Universal-locher (Lochring 8 mm vorhanden). Schlitzen der Scheiben auf einem etwa 100 Scheiben fassenden Dorn mittels Fräsers.

Beispiel b)

Derselbe Teil. Stückzahl 10 000.

Wahl des Werkzeuges:

Der Eigenart des Teiles wie Beispiel a), der Stückzahl entsprechend das Werkzeug als 3fach Schnitt mit Einhängestift und Suchstift.

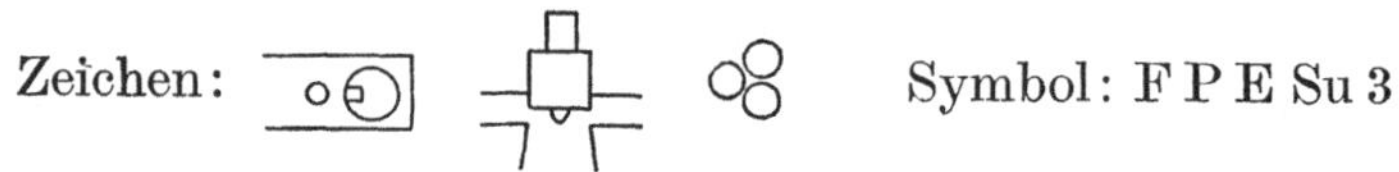

Zeichen: Symbol: F P E Su 3

Bemerkung:

Nach Fertigstellung des Auftrages kann wegen nicht wieder-kehrender Fabrikation der Schnitt mit entfernten Schlitzstempeln als 3fach Scheibenschnitt 24 × 8 mm abgestellt werden.

Beispiel c)

Derselbe Teil wie b), aber auf 10 mm Scheibendurchmesser ver-kleinert.

Wahl des Werkzeuges:

Wegen des kleinen Durchmessers der Scheibe Vorschub-regelung durch Seitenschneider. Schnitt mit Vorl. und 2 Seitenschneidern, 3fach.

Zeichen: Symbol: F P 2 Se 3

Beispiel d)

Derselbe Teil als Kernblech.

Werkstoff: leg. Eisen. Stückzahl 20 000.

Anforderungen: Genaueste Einhaltung der Maße. Gleichheit der Teile (Kern besteht aus 100 Scheiben), Teile müssen plan aus dem Schnitt kommen.

Wahl des Werkzeuges:

Der Form und Stückzahl entsprechend würde die Her-stellung der Scheibe mit dem Schnitt mit Vorlocher, Plattenführung und Suchstift, 3fach, die wirtschaftlichste Gestehungsweise garantieren. Den Anforderungen an den Teil genügt jedoch diese Schnittart nicht. Gleiche und plane Teile erfordern die Anwendung des Gesamtschnittes. Die Herstellung desselben ist der Stückzahl entsprechend lohnend.

Das gewählte Werkzeug soll auf einer schrägstellbaren Presse mit Auswerfbrücke (Abb. 172), aber ohne Federdruckapparat Verwendung finden. Der Vorschub des Werkstoffstreifens soll durch automatischen Transport erfolgen.[1]

Gesamtschnitt mit Säulenführung ohne Werkstoffstreifen-Einhängung mit zwangsweisem Auswerfer, betätigt durch die Maschine, und federbetätigte Abstreifer.

Zeichen: Symbol: $GSH\dfrac{Zm}{F}$

Teil 2: Feder
Werkstoff: Federbandstahl

Beispiel a)

Stückzahl 500 (Fabrikation wiederholt sich nicht). Anforderungen: keine besondere Genauigkeit.

Wahl des Werkzeuges:

Bei einer solchen geringen Stückzahl muß zu den einfachsten Mitteln gegriffen werden. Dies erlauben auch die Anforderungen an den Teil.

Die Länge der Feder wird mit einem Abhackschnitt mit verstellbarem Anschlag hergestellt. Ist derselbe nicht vorhanden, so kann auch mit der Maschinenschere abgehackt werden.

Für Loch 3 mm wird Universallocher verwendet. Schlitz 7,5 mm wird durch Lochen mit 7,5 Universallocher und Ausschneiden mit passendem oder schmalerem (2 mal schneiden) rechteckigem Freischnitt erzeugt (Freischnitt mit Einlage). Die verrundeten Ecken der Feder werden geschliffen.

Beispiel b)

Derselbe Teil.

Stückzahl: 2000 (Fabrikation wiederholt sich oft).

---

[1] Bei automatischen Transport ist ein sicheres und schnelles Wegrutschen der Teile Bedingung. Ein Ausblasen der Teile aus dem Schnitt durch Druckluft ist unerläßlich.

Wahl des Werkzeuges:

Stückzahl und die sich wiederholende Fabrikation machen die Anfertigung eines Schnittwerkzeuges lohnend. Da Bandwerkstoff für die Feder vorgesehen ist, eignet sich ein Abhackschnitt mit Plattenführung und Vorlocher.

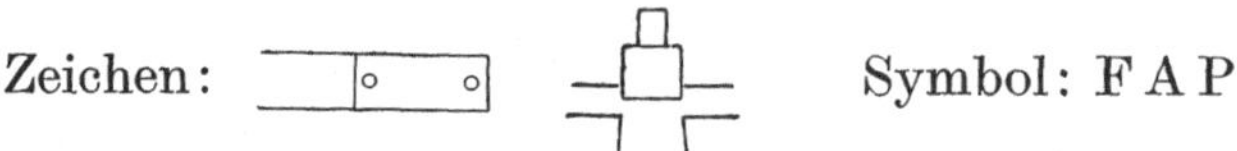

Zeichen: Symbol: F A P

Beispiel c)

Derselbe Teil.

Stückzahl 200. Werkstoff: Federbronze (Tafeln).

Wahl des Werkzeuges:

Der geringen Stückzahl wegen Zuschneiden der Umgrenzung des Teiles mit der Schere. Weitere Gestehungsweise wie Beispiel a).

Beispiel d)

Derselbe Teil.

Stückzahl 2000 (Fabrikation wiederholt sich).

Werkstoff: Federbronze (Tafeln).

Es lohnt die Verwendung eines Schnittes mit Vorlocher, Plattenführung mit Einhängestift und Suchstift.

Zeichen: Symbol: F P E Su

Teil 3: Riegelblech
Werkstoff: Eisenblech

Stückzahl: 100 000.

Anforderungen: Keine besondere Genauigkeit.

Wahl des Werkzeuges:

Die geradlinige Umgrenzung (Eigenart) des Teiles läßt sich abfallfrei herstellen. Der Stückzahl entsprechend ist es eine große Ersparnis an Werkstoff. Die Anforderungen an den Teil stehen dieser Gestehungsweise nicht entgegen.

Abhackschnitt mit Plattenführung, mit Vorlocher und Durchdrückstempel (Abfallfrei arbeitend.)

Zeichen: Symbol: F A P

Bemerkung:
Streifenbreite 48 mm. Schnitt mit Streifenandrückvorrichtung versehen. Abhackstempel entsprechend Abb. 142 ausführen. Verlängerung des Abhackstempels wird als Anschlag benutzt.

Teil 4: Firmenschild
Werkstoff: Messingblech, hartblank

Stückzahl: 5000.

Anforderungen: keine besondere Genauigkeit.

Wahl des Werkzeuges:

Der dichten Lage der Durchbrüche entsprechend ist die Herstellung des Teiles in 2 Operationen zu empfehlen. 1. Operation: Schnitt mit Vorlocher, mit Plattenführung und Einhängestift. 2. Operation: Lochschnitt mit Plattenführung und geschlossener Einlage.

Zeichen: Symbol: F P E

Zeichen: Symbol: L P g

Teil 5: Bürstenhalter für elektrische Motore
Werkstoff: Messingblech, hartblank

Stückzahl: 5000.

Anforderungen: Löcher 22 $\varnothing$ und 4 $\varnothing$ müssen auf Umschlag passen. Schlitze 1 mm, Nasen 3 mm, keine besondere Genauigkeit.

Wahl des Werkzeuges:

Die Größe des Teiles und die genaue Einhaltung des Abstandes für 22 mm und 4 mm Löcher erfordert die Herstellung des Teiles in 2 Operationen.

1. Operation: Ausschneiden der Umgrenzung des Teiles mittels Umgrenzungsschnitts mit Plattenführung und Einhängestift, derselbe auf Zwischenschneiden eingerichtet. 2. Operation: Lochen

sämtlicher Durchbrüche sowie Herstellung der Nasen mittels Trenn-
biegestempel (Abb. 143c) im Lochschnitt mit Plattenführung und
geschlossener Einlage (2 Teilauswerfer entsprechend den Pfeilen).

1. Op., Zeichen: Symbol: U P E

2. Op., Zeichen: Symbol: L P g

Teil 6: Lamelle
Werkstoff: Eisenblech

Stückzahl 5000.

Anforderungen: Genaueste Einhaltung aller Maße, Gleichheit
der Teile, gratfreie Teile.

Wahl des Werkzeuges:

Wegen des dünnen Werkstoffes ist die genaueste Einhaltung
der Masse und die Gleichheit der Teile nur beim Gesamtschnitt
garantiert. Die Dünne des Werkstoffes verlangt auch einen feder-
betätigten Teilauswerfer, sowie Abstreifer, damit der Werkstoff
vor dem Schneiden zwischen beide gedrückt wird. Es wird also
ein Gesamtschnitt mit Säulenführung, ohne Werkstoff-
streifeneinhängung, federbetätigtem Teilauswerfer und federbetätigtem Abstreifer vorgesehen.

Zeichen: Symbol: $G\,S\,H\,\dfrac{F}{F}$

Bemerkung:

Ein Schnitt mit Vorlocher würde bei dem labilen Werkstoff
mehr Ausschuß schneiden als brauchbare Teile. Aus dem gleichen
Grunde würde ein Lochschnitt nicht geeignet sein; das Einlegen der
Teiles in die Einlage wäre sehr zeitraubend und schwierig.

Teil 7: Kontaktteil

Stückzahl: 30 000.

Anforderungen: Keine besondere Genauigkeit. Umgrenzung
des Teiles gratfrei, Loch 2,5 mm und Lötösenschlitz 1,2 mm können
bis zu 0,2 Grat gelocht werden.

Wahl des Werkzeuges:
Es eignet sich ein Schnitt mit Vorlocher und Plattenführung und 1 Seitenschneider.

Zeichen: Symbol: F P Se

Teil 8: Hebel
Werkstoff: Messingblech, hartblank

Stückzahl: 1500.
Anforderungen: Durchbrüche müssen auf Umschlag passen.
Wahl des Werkzeuges:
Der Stückzahl und der Anforderung entsprechend ist ein Umgrenzungsschnitt mit Plattenführung und Einhängestift und Lochschnitt mit Plattenführung und geschlossener Einlage geeignet. Ein Gesamtschnitt ist nicht lohnend.

1. Op.: Zeichen: Symbol: U P E

2. Op.: Zeichen: Symbol: L P g

Teil 9: Träger
Werkstoff: Messingblech, hartblank

Stückzahl: 5000.
Anforderungen: genaueste Einhaltung aller Maße bzw. Gleichheit der Teile.
Wahl des Werkzeuges:
Wie bei Teil 8.

Teil 10: Brücke
Werkstoff: Eisenblech, hartblank, 1 mm
Stückzahl: 1000.
Anforderungen: genaue Einhaltung aller Maße.
Wahl des Werkzeuges: wie bei Teil 8.
Bemerkung:
Stempel wegen der Länge aus 3 Teilen zusammensetzen.

Teil 11: Isolierplatte

Werkstoff: Pertinax

Stückzahl: 5000.

Anforderungen: keine besondere Genauigkeit.

Wahl des Werkzeuges:

Infolge der Lage der 2-mm-Löcher nahe der Umgrenzung des Teiles werden beim Lochen derselben die Ecken des Teiles platzen. Diese Löcher müssen gebohrt werden. Für die Umgrenzung des Teiles und Mittelloch eignet sich ein Schnitt mit Vorl., Plattenführung, mit Einhängestift und Suchstift.

Zeichen: Symbol: F P E Su

Bemerkung:

Ist es gestattet, den Teil aus 2 mal 1 mm starkem Pertinax herzustellen, so werden die Ecken dem Schnittdruck beim Lochen der Ecklöcher standhalten. Es kann derselbe Schnitt für sämtliche Löcher ausgeführt werden.

Teil 12: Lasche

Werkstoff: gez. Eisen

Stückzahl 5000.

Anforderungen: Abstand der beiden Löcher zueinander genau einhalten.

Wahl des Werkzeuges:

Obwohl für den Teil ein Abhackschnitt mit Vorlocher geeignet erscheint, muß wegen der Stärke des Werkstoffes auf das Vorlochen des Teiles verzichtet werden. Die Stärke der Schnittplatte zwischen Abhackstempel und Vorlocher würde der Schnittbeanspruchung auf die Dauer nicht widerstehen. Außerdem sind die Vorlocher infolge der Werkstoffverdrängung seitens des Abhackstempels stark auf Abdrängen beansprucht.

Es wird also benötigt:

1. Op.: **Abhackschnitt mit Plattenführung** für Länge des Teiles.

2. Op.: **Lochschnitt mit Plattenführung und geschlossener Einlage.**

1. Op.: Zeichen: [Zeichnung] Symbol: A P

2. Op.: Zeichen: [Zeichnung] Symbol: L P g

Teil 13: Träger
Werkstoff: Eisenblech

Stückzahl: 5000.

Anforderungen: Einhaltung der Lochabstände zueinander, für Maß 20 bis $\pm 0,2$, für die übrigen Maße ohne Toleranz (nach Schublehre).

Als erstes ist vorauszusehen, daß das 8-mm-Loch erst nach dem Biegen des Teiles gelocht werden darf, da es sich infolge der nahen Lage an der Biegekante aufzieht (Abb. 70). Es wird also für Loch 8 mm ein sonderkonstruierter Lochschnitt benötigt. Bei der Voraussetzung, daß das zur Verwendung kommende Blech höchstens eine Toleranz von $\pm 0,1$ mm in der Stärke hat, kann der Teil mit einem Schnitt mit Vorlocher mit Plattenführung und Suchstift für die übrigen Löcher hergestellt werden. Die Toleranz von 0,2 läßt sich dann einhalten. Die Abstände der Löcher im Schnitt müssen ausprobiert werden. Ein gewisser Prozentsatz Ausschuß wird nicht zu vermeiden sein.

1. Op.: Schnitt mit Vorlocher, Plattenführung mit Einhängestift und Suchstift.

Zeichen: [Zeichnung] Symbol: F P E Su

2. Op.: Biegen.

3. Op.: Sonderlochschnitt.

Zeichen: [Zeichnung] Sonderkonstr. Symbol: L Sonderkonstr.

Bemerkung:

Wird die Einhaltung der Lochabstände auf das genaueste verlangt, so muß das Lochen sämtlicher Löcher des Teiles nach dem Biegen mit einem sonderkonstruierten Lochschnitt erfolgen.

Teil 14: Winkel
Werkstoff: Winkelmessing

Stückzahl 1000.

Anforderung: keine besondere Genauigkeit.

Wahl des Werkzeuges:

Lochschnitt mit Plattenführung und offener Einlage.

Zeichen: ◎   [Symbol]   Symbol: L P o

Teil 15: Lager
Werkstoff: Messingblech, hartblank

Stückzahl: 2000.

Anforderung: Einhaltung der Lochabstände.

Wahl des Werkzeuges.

Es ist ein Schnitt mit Vorlocher, Plattenführung mit Einhängestift und Suchstift geeignet. Der Abstand der Löcher für den Schnitt muß ausprobiert werden, damit man nach dem Biegen das Zeichnungsmaß erhält. Ein gewisser Prozentsatz Ausschuß wird auch hierbei nicht zu vermeiden sein.

Zeichen: [Symbol]   Symbol: F P E Su

Teil 16: Teilsegment
Werkstoff: Messingblech hartblank

Stückzahl: 1000.

Anforderung: genaueste Einhaltung der Toleranz der Schlitze.

Wahl des Werkzeuges:

Eine saubere und genaue Herstellung der Lochung ist nur mittels Lochschnitt möglich. Die Schnittplatte muß ähnlich Abb. 169 aus Segmenten hergestellt werden. Da aber für eine derartige geringe Stückzahl ein Lochschnitt für sämtliche Schlitze nicht lohnend ist, wird man den Lochschnitt nur für einen inneren und äußeren Schlitz herstellen und die Teilung mittels einer am Schnitt montierten Teilvorrichtung vornehmen.

1. Op.: **Umgrenzungsschnitt** mit Plattenführung und Einhängestift.

Zeichen: ⟨Zeichen⟩ Symbol: U P E

2. Op.: **Lochschnitt, Sonderkonstruktion** und **Teilvorrichtung.**

Zeichen: ◎ Sonderkonstr. Symbol: L, Sonderkonstr.

Teil 17: Frontblech
Werkstoff: Messingblech hartblank

Beispiel a).

Stückzahl: 1000.

Anforderung: keine besondere Genauigkeit, Grat auf einer Seite.

Wahl des Werkzeuges:

Die geringe Stückzahl erfordert möglichst wenig Werkzeugkosten, was durch Herstellung des Teiles in Einzeloperationen erreicht werden kann. Umgrenzung mittels Umgrenzungsschnitts mit Plattenführung, Lochen der halbkreisförmigen Durchbrüche durch Lochschnitt ohne Führung, mit offener Einlage, Umstecken des Teiles. Lochen der Schlitze im Lochschnitt mit einem Schlitzstempel. Ausführung wie Umgrenzungsschnitt mit Einhängestift. Teil wird zuerst bei *a* eingehängt und folgend in den gelochten Schlitzen. Ein an dem Werkzeug angebrachter Anschlag zeigt die Beendigung des Lochens an.

1. Op.: **Umgrenzungsschnitt** mit Plattenführung und Einhängestift.

Zeichen: ⟨Zeichen⟩ Symbol: U P E

2. Op.: **Lochschnitt ohne Führung mit offener Einlage.**

Zeichen: ◎ ⟨Zeichen⟩ Symbol: L Fo

3. Op.: Lochschnitt mit Plattenführung und Einhängestift (für Schlitze). In diesem Fall gleicht der Lochschnitt einem Umgrenzungsschnitt mit Plattenführung und Einhängestift.

Zeichen: (Schlitzstempel.)   Symbol: L P E
Schlitzstempel

Beispiel b).

Derselbe Teil.

Stückzahl 20 000.

Wahl des Werkzeuges:

Es lohnt sich bei dieser hohen Stückzahl, ein ökonomischer arbeitendes Werkzeug zu beschaffen. Es muß jedoch wegen der Forderung: Grat auf einer Seite von der Verwendung eines Schnittes mit Vorlocher abgeraten werden; wenn er verwendet werden könnte, müßte derselbe natürlich wegen des geringen Abstandes der Schlitze mit versetzten Schlitzstempeln ausgeführt werden.

Es bleibt also für die Herstellung der Umgrenzung der Umgrenzungsschnitt wie bei Beispiel a). Die Durchbrüche werden in 2 Lochschnitten hergestellt, und zwar für halbkreisförmige Durchbrüche ein Lochschnitt mit Plattenführung und geschlossener Einlage. Wegen der Dichte der Schlitze ist ein Lochschnitt mit nur 6 Schlitzstempeln im Abstand von 8 mm zu empfehlen, der jedoch mit einer verschiebbaren Einlage für das Lochen der dazwischenliegenden Schlitze ausgerüstet ist. Der Teil verbleibt nach dem Lochen der ersten Hälfte der Schlitze in der Einlage, die dann um 4 mm verrückt wird, worauf der 2. Hub die andere Hälfte locht.

Da der Teil nach dem ersten Hub in die Einlage zurückfallen muß, ist es nötig, den Teilauswerfer für Hub 1 auszuschalten.

Teil 18: Führungsblech
Werkstoff: Eisenblech, blank

Stückzahl 2000.

Anforderung: keine besondere Genauigkeit, aber sauber geschnittene Teile.

Wahl des Werkzeuges:

Gemäß der Form des Teiles ist es selbstverständlich, die T-Schlitze und die anderen beiden Schlitze gesondert auszuschneiden. Abgesehen von der Forderung: Grat auf einer Seite, ist die saubere Herstellung des Teiles mit einem Schnitt mit Vorlocher zweifelhaft. Da der Ausschneidstempel nach 18a und die Vorlocher nach 18b ausgeführt werden müssen, und da wegen Werkstoffersparnis zwischengeschnitten werden muß, kann bei geringem Verziehen des Werkstoffstreifens und nachlässiger Streifenführung seitens der Stanzerin viel Ausschuß nach 18c geschnitten werden. Es ist aus diesem Grunde ein Lochschnitt mit Plattenführung und geschlossener Einlage erforderlich.

1. Op.: Umgrenzungsschnitt mit Plattenführung und Einhängestift zum Zwischenschneiden nach Abb. 18a.

Zeichen:　　　　　　　　　　　Symbol: U P E

2. Op.: Lochschnitt mit Plattenführung und geschlossener Einlage mit Stempel nach Abb. 18b.

Zeichen:　　　　　　　　　　　Symbol: L P g

Teil 19: Kettenrad
Werkstoff: SM-Stahl

Stückzahl 5000.

Anforderung: Loch 56 mm genau zentral zum Umfang. Grat auf einer Seite.

Wahl des Werkzeuges:

Der Größe des Teiles wegen Ausschneiden der Umgrenzung mit Rundschnitt ohne Führung. Für Loch 56 mm Lochschnitt mit Plattenführung und halboffener Einlage. Für große kreisförmige Ausschnitte: Lochschnitt (mit 1 Stempel) zum Dreiteilen. Für kleine Durchbrüche: Lochschnitt für eine Stempelgruppe zum Dreiteilen. Aufnahme für den Teil in beiden Lochschnitten vom 56-mm-Loch aus. Schnittdruckverringerung nach Seite 105 erforderlich.

Teil 20 und 21: Seitenteil
Werkstoff: Eisenblech

Stückzahl: je 200.

Anforderung: Durchbrüche müssen auf Umschlag passen.

Wahl des Werkzeuges:

Bei dieser geringen Stückzahl sind die Werkzeugkosten so niedrig wie möglich zu halten. Zunächst gibt uns die Ähnlichkeit der Umgrenzung beider Teile die Gelegenheit dazu. Schneiden wir von dem Teil 21 den Lappen A ab, so erhalten wir die Umgrenzung von Teil 20. Da die gesamte Lochung auf Umschlag stimmen soll, so ist für sie der Lochschnitt das geeignetste.

Aus der Ähnlichkeit der Teile ergibt sich folgende billigste und den Anforderungen an die Teile entsprechende Gestehungsweise.

1. Op.: (Teil 21) Schnitt mit Vorlocher (38-mm- und 4-mm-Loch, statt 6 mm) mit Plattenführung und Suchstift.

1. Op.: (Teil 20) Abschneiden der Lappen A von Teil 2.

Bemerkung zur Ausführung des Lochschnittes:

Die Einlage des Lochschnittes ist nach Teil 21 ausgeführt, so daß Teil 20 ebenfalls in dieselbe eingelegt werden kann. In dem Lochschnitt sind sämtliche Stempel für noch herzustellende Durchbrüche eingebaut mit Ausnahme des Schlitzes für 38-mm-Loch (Teil 20 und 21), welche eingesägt werden. Da die durchgezogenen Lappen (Teil 21) für 1-mm-Löcher mit den 22×72 Durchbrüchen (Teil 20) ineinanderfallen und die letzteren mit dem gleichen Locher hergestellt werden sollen, so sind für diese die Stempel auf der entgegengesetzten Seite in den Lochschnitt einzubauen. Der Lochschnitt erhält außerdem das Loch 6 mm für Teil 21.

2. Op.: (Teil 21) Lochen des Teiles bei entfernten Stempeln, 22 und 7 mm (dabei wird das im Schnitt mit Vorlocher hergestellte 4-mm-Loch auf 6 mm aufgelocht).

2. Op.: (Teil 20) Einsetzen der Stempel 22 und 7 mm und Entfernen des 6-mm-Stempels und der Trenn- und Biegestempel für Lappen. Lochen des Teiles durch Einlegen desselben mit dem Loch 38 mm in umgekehrter Weise wie bei Teil 21.

Teil 22: Mitnehmer

Werkstoff: Eisenblech

Stückzahl: 5000.

Anforderung: keine besondere Genauigkeit.

Wahl des Werkzeuges:

Der Stärke des Werkstoffes wegen ist ein Schnitt mit Vorlocher nicht zu empfehlen, da sich der Teil infolge des hohen Schnittdruckes bei der Umgrenzung nahe des Fassondurchbruches sehr hohl biegen würde. Nach dem Planieren würde eine schiefe Schnittfläche entstehen und dem Teil ein unsauberes Aussehen verleihen. Aus diesem Grunde ist zu empfehlen:

1. Op.: Umgrenzungsschnitt mit Plattenführung und Einhängestift.

Zeichen: Symbol: U P E

2. Op.: Lochschnitt mit Plattenführung und halboffener Einlage.

Bemerkung:

Fassonstempel hohl schleifen, zwecks Schnittdruckreduzierung.

Zeichen: Symbol: L P ho

Teil 23: Ankerblech

Werkstoff: Dynamoblech

Stückzahl: 20 000.

Anforderung: genaueste Innehaltung der Löcher, Gleichheit der Teile.

Wahl des Werkzeuges:

Den Anforderungen entsprechend und der hohen Stückzahl wegen ist ein Gesamtschnitt lohnend. Da schrägstellbare Presse mit Auswerfbrücke und Federdruckapparat zur Verfügung steht, ist ein Gesamtschnitt mit Säulenführung, Teilauswerfer (betätigt durch die Maschine), Abstreifer (betätigt durch den Federdruckapparat) und Einhängestiften notwendig.

Zeichen: Symbol: $\mathrm{G\,S\,E}\,\dfrac{\mathrm{Zm}}{\mathrm{Fd}}$

Teil 24: Isolierscheibe
Werkstoff: Preßspan

Stückzahl: 5000.

Anforderung: keine besondere Genauigkeit.

Wahl des Werkzeuges:

Schnitt mit Vorlocher, mit Plattenführung, Einhängestift und Suchstift.

Zeichen: Symbol: F P E Su

Teil 25: Zahnrad
Werkstoff: Messing, hartblank

Stückzahl 3000.

Anforderung: keine besondere Genauigkeit.

Wahl des Werkzeuges: wie bei Teil 24.

Teil 26: Mitnehmerblech
Werkstoff: Eisenblech

Stückzahl: 1000.

Anforderung: Teil muß auf Umschlag passen. Grat auf einer Seite.

Wahl des Werkzeuges:

Den Anforderungen entsprechend Umgrenzungsschnitt mit Plattenführung und Einhängestift, und Lochschnitt mit Plattenführung und geschlossener Einlage.

1. Op.: Zeichen: Symbol: U P E

2. Op.: Zeichen: Symbol: L P g

Teil 27: Klappe
Werkstoff: Eisen

Stückzahl 200.

Anforderung: Durchbruch des Teiles muß auf Umschlag passen.

Wahl des Werkzeuges:

Schnitt mit Vorlocher mit Plattenführung, Einhängestift und Suchstift.

Zeichen: Symbol: F P E Su

Teil 28: Lagerplatte
Werkstoff: Eisen

Stückzahl: 1000.

Anforderung: Durchbrüche müssen auf Umschlag passen.

Wahl des Werkstoffes:

Den Anforderungen entsprechend für Umgrenzung und Rippen ein Folgeschnitt mit Plattenführung und Einhängestift. Für die Durchbrüche ein Lochschnitt mit Plattenführung und geschlossener Einlage.

1. Op.: Zeichen: Symbol: F P E

2. Op.: Zeichen: Symbol: L P g

Teil 29: Lager

Stückzahl: 2000.

Anforderung: Abstände der Durchbrüche müssen zueinander und zur Umgrenzung genau passen.

Wahl des Werkzeuges: wie bei Teil 28.

Teil 30: Führungsblech

Stückzahl: 1500.

Anforderungen: genaue Innehaltung des Abstandes der Lochung.

Wahl des Werkzeuges:

Den Anforderungen entsprechend muß der Teil nach dem Biegen gelocht werden, abgesehen davon würden vor dem Biegen gelochte Schlitze durch das Einstanzen der Rippen sich verziehen;

zu dem kommt noch hinzu, daß die Schlitze senkrecht zur Montage-
ebene stehen müssen. Der Teil wird also wie folgt herzustellen sein:

1. Op.: Umgrenzungsschnitt mit Plattenführung und Einhängestift (Umgrenzung des Teiles längs der Rippen muß ausprobiert werden, da sie sich infolge des Einstanzens der Rippen
einzieht).

Zeichen: 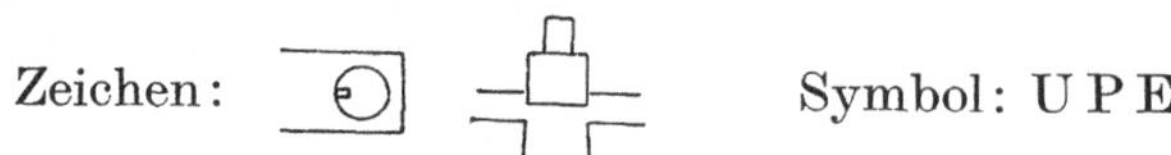 Symbol: U P E

2. Op.: Biegen und Einstanzen der Rippen.

3. Op.: Lochen der gesamten Durchbrüche mit einem Lochschnitt mit Verbundführung und geschlossener Einlage.

Zeichen: 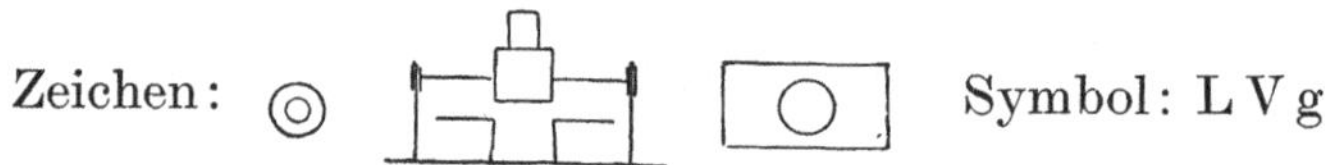 Symbol: L V g

Teil 31: Gelenkschiene

Stückzahl: 2000.

Anforderung: Abstand der Löcher genau einhalten.

Wahl des Werkzeuges:

Die Herstellung des Schlitzes muß, da er nahe der Biegekante
liegt und sich dadurch beim Biegen aufzieht, in einem gesonderten
Lochwerkzeug vorgenommen werden.

Die übrigen Löcher werden vor dem Biegen mit einem Lochschnitt mit Plattenführung und geschlossener Einlage hergestellt.
Die achsiale Lage und der Abstand der 28 Löcher ist aber nur zu
erreichen möglich, wenn ein Blech von gleicher Stärke verwendet
wird, im anderen Fall würden sehr viel Ausschußteile erzeugt.

1. Op.: Umgrenzungsschnitt mit Plattenführung und Einhängestift.

2. Op.: Lochschnitt mit Plattenführung und geschlossener
Einlage.

3. Op.: Biegen (Aufnahme von den 2,5-Löchern aus).

4. Op.: Lochschnitt, Sonderkonstruktion für Schlitz.

Bemerkung:

Op. 4: Schneidstempel für Schlitz hohl schleifen (Abb. 127 b),
da sonst Schnittdruck zu hoch und dadurch Ausbauchen der
Schiene längs des Schlitzes erfolgt.

Teil 32: Kontaktblech
Werkstoff: Federbronceblech

Stückzahl: 5000.

Anforderung: keine besondere Genauigkeit.

Wahl des Werkzeuges:

Den Anforderungen entsprechend genügt ein Schnitt mit Vorlocher und Plattenführung, mit einem Seitenschneider.

Zeichen: Symbol: F P S

Bemerkung:

Der Fassonstempel ist im Auslauf etwas zu verlängern, damit keine Ecken durch evtl. Vorschubdifferenz entstehen und dadurch dem Teil ein unsauberes Aussehen verleihen.

Ursachen der Betriebsstörungen an Schnittwerkzeugen

Es soll nicht verabsäumt werden, den Leser auch auf die möglichen Störungen bei der Schnitteilerzeugung hinzuweisen. Dem in diesem Band behandelten Stoff entsprechend soll nur auf die Störungen an Schnitten eingegangen werden. Es können natürlich von den vielen in der Praxis vorkommenden Störungsfällen nur die häufigsten, bekanntesten und leicht verständlichsten besprochen werden; sie sind nur ein Bruchteil aller vorkommenden Fälle. Zu den Störungen sind nicht solche Fabrikationsunterbrechungen zu rechnen, die durch eine natürliche Stumpfung des Werkzeuges hervorgerufen werden, sondern lediglich Fälle, die sich durch fehlerhafte Bauweise, unsachgemäßes Einrichten oder Bedienen einstellen.

Dementsprechend lassen sich die Betriebsstörungen an Schnittwerkzeugen, bzw. die Ursachen, die ein frühzeitiges Aufarbeiten oder Reparieren derselben zur Folge haben, in 3 Gruppen einteilen:

I. Betriebsstörung durch unsachgemäße Fertigung des Werkzeuges.

II. Betriebsstörung durch unsachgemäßes Einspannen des Werkzeuges in die Schnittpresse.

III. Betriebsstörung durch unsachgemäße Bedienung des Werkzeuges.

Die folgende Aufstellung enthält die bekanntesten Störungsfälle, und zwar ist jedesmal der Beschreibung des Falles die Fehlerquelle vorausgeschickt (hierzu Abbildungen Seite 187).

Gruppe I.

Fall 1[1]): Die Stempel stehen nicht rechtwinklig (Abb. 1, 2, 3). Es entsteht eine schiefe Schnittfläche an dem Teil. Beim Lochen entstehen schiefe Löcher. Die Führung reibt sich schnell aus. Mit zunehmendem Verschleiß Aufsetzen der Stempel auf die Schnittkanten, Stumpfwerden der Schnittkanten, Gratschneiden, Ausbrechen der Schnittkanten und Abbrechen kleiner Stempel.

Fall 2[1]): Die Führung der Stempel ist eine rechtwinklige, aber die Stempel sperren durch schiefen Sitz in der Kopfplatte (Abb. 4), oder der Abstand der Stempel in der Kopfplatte ist enger oder weiter als in der Führungsplatte (Abb. 5). Die Stempel werden gezwungen, in der Führung winkelrecht zu gehen. Durch das Sperren haben die Stempel das Bestreben auszuweichen und reiben die Führung mit der Zeit in der Sperrrichtung aus. Es tritt dasselbe wie bei Fall 1 ein.

Fall 3: Stempel gehen zu stramm in der Führung. Stempel fressen in der Führung und reißen aus der Kopfplatte aus. Bei starkem Stempel Abreißen der Kopfplatte.

Fall 4: Stempel haben zu kleinen Kopf (Vorlochstempel). Bei stärkeren Blechen ziehen sich die Stempel infolge der hohen Reibung in dem Blechstreifen aus der Kopfplatte. Es ist vorteilhaft, bei sehr starkem und weichem Werkstoff Lochstempel kurz hinter der Schneidbrust um 120° abzuflachen, um die Reibung zu verringern (Abb. 6).

Fall 5: Stempel am oberen Ende zu weich (schwache Lochstempel, Abb. 7). Stempel verbiegen sich durch die Schneidbeanspruchung.

Fall 6: Bei hochbeanspruchten kleinen Stempeln Fehlen der Stahlplatte zwischen Kopf- und Stempelplatte.

---

[1]) Fall 1 und 2 sind die verbreitetsten aller Fälle. Sie sind die typischsten Fehler, die die Lebensdauer des Werkzeuges am meisten beeinträchtigen. Die Kontrolle der Werkzeuge auf diese Fehler hin ist ganz besonders wichtig.

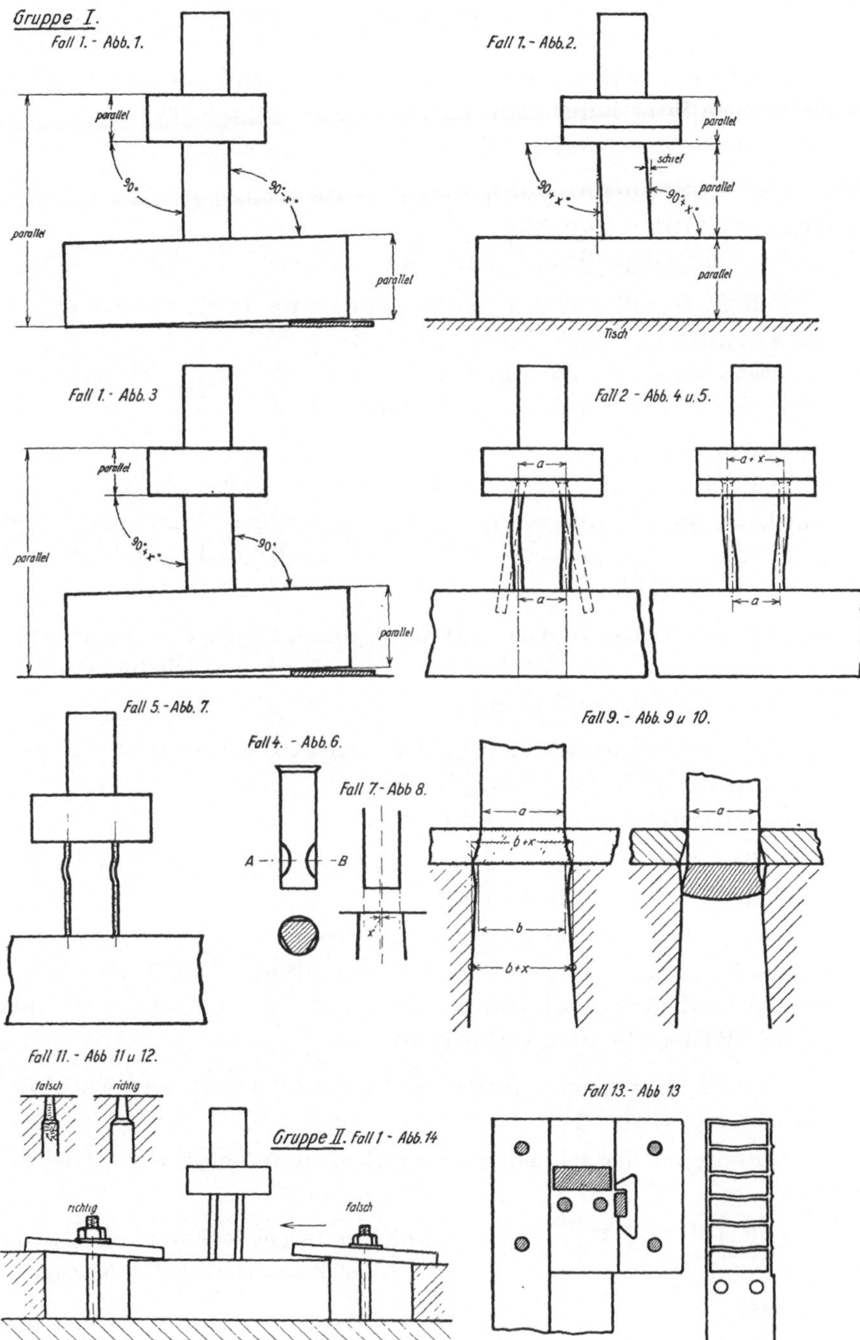

Gruppe I.
Fall 1. - Abb. 1.
Fall 1. - Abb. 2.
parallel
parallel
90°
90°-x°
parallel
parallel
schief
90°+x°
90°-x°
parallel
parallel
Tisch
Fall 1. - Abb. 3
Fall 2 - Abb. 4 u. 5.
parallel
parallel
90°+x°
90°
parallel
a
a + x
a
a
Fall 5. - Abb. 7.
Fall 4. - Abb. 6.
Fall 7. - Abb 8.
Fall 9. - Abb. 9 u 10.
A
B
a
a
b + x
b
b + x
Fall 11. - Abb 11 u 12.
falsch
richtig
Gruppe II. Fall 1 - Abb. 14
Fall 13. - Abb 13
richtig
falsch

Stempel schlagen sich mit ihrem Stempelkopf ein und erhalten dadurch in ihrer Längsrichtung Spiel. Als Folge hiervon kann der Stempel aus der Kopfplatte reißen.

Fall 7: Stempel geht nicht genau symmetrisch zum Gegenschnitt (Abb. 8).

Gratschneiden (Schnittplatte hat sich beim Härten verzogen).

Fall 8: Spiel zwischen Stempel und Gegenschnitt ist im Verhältnis zur Blechstärke zu groß.

Gratschneiden, evtl. durch den um den Stempel sich legenden Grat. Hochkommen der ausgelochten Putzen.

Fall 9. Schnittplatte hat Vorweite (Abb. 9 und 10).

Der Putzen wird infolge der Vorweite größer ausgeschnitten und kann nicht durch die Schnittöffnung fallen. Durch Grat und Erschütterung kommt der Putzen mit hoch, auch durch Öl und magnetische Nadel.

Fall 10: Schnittstempel und Schnittplatte zu weich.

Stempel und Schnittplatte werden durch natürliche Schnittbeanspruchung schnell stumpf.

Fall 11: Schnittöffnung für kleine Löcher nicht genügend aufgebohrt (Abb. 11, 12).

Schnittöffnung verstopft sich.

Fall 12: Seitenschneider steht nicht parallel zur Streifenführung (s. Textabb. 91).

Seitenschneider schneidet Zacken. Streifen klemmt in der Führung. Es werden unganze Teile geschnitten. Durch einseitiges Schneiden der Stempel können diese auf den Schnittkanten aufsitzen. Kleine Stempel brechen ab.

Fall 13: Seitenschneider geht nicht dicht an den Vorschubanschlag (Abb. 13).

Seitenschneider schneidet kleine Zacken an den Seiten. Gleiche Folgen wie bei Fall 12.

Fall 14: Der Vorschubanschlag beim Schnitt mit Seitenschneider ist an der weichen Zwischenlage angearbeitet.

Bei starken und harten Werkstoffen schnelle Abnutzung, Stahlstücke einsetzen.

Gruppe II.

Fall 1: Höhe der Unterlagen der Spanneisen liegt unter der Spannfläche des Schnittes (Abb. 14).

Beim Festspannen kann durch ungleichmäßiges Anziehen der Spannschrauben der Schnitt entsprechend der Stabilität der Stempel mehr oder weniger aus seiner normalen Lage abgedrängt werden (besonders bei schwachen Stempeln). Führung und Stempel stehen unter dauerndem seitlichen Schub. Die Stempel reiben demzufolge die Führung aus. Es ist deshalb vorteilhaft, die Unterlagen für die Spanneisen etwas höher zu wählen.

Fall 2: Der Einrichter spannt erst die Schnittplatte fest und dann die Spannbacke des Bärs.

Der Spannzapfen bzw. Stempelkopf und die Stempel des Schnittes werden, wenn der Zapfen nicht zufällig an der hinteren Wand des Spannloches anliegt, um das Maß des Abstandes zwischen Zapfen und Wand beim Festziehen der Spannbacke abgedrängt. Es ist also notwendig, erst den Zapfen im Bär festzuspannen und dann den Schnitt auf dem Tisch. Folgen nach Gruppe I, Fall 1.

Fall 3: Der Tisch des Pressenbärs hängt (meist bei Pressen mit verstellbarem Tisch).

Der Schnitt wird um das Maß des Tischhängens schief aufgespannt. Kleine Stempel biegen sich durch. Bei starkem Stempel muß die Führungs- oder Kopfplatte nachgeben. Die Stempel stehen dadurch unter dauerndem seitlichen Druck in der Führung: Baldiges Aufsetzen der Stempel auf die Schnittkanten, Stumpfwerden derselben, Gratschneiden, Ausbrechen der Schnittkanten, Abbrechen kleiner Stempel. Der Einrichter muß deshalb die Auflage des Schnittes vor dem Festspannen desselben auf dem Tisch prüfen und entsprechend unterlegen. Besser ist es, den Tisch aufarbeiten zu lassen.

Fall 4: Der verstellbare Pressentisch ist nicht festgezogen worden.

Der Tisch hängt, es tritt dasselbe ein wie bei Fall 3.

Fall 5: Der Tisch der Presse wird nach dem Festspannen des Werkzeuges festgestellt.

Der Tisch stellt sich in die Normallage, es tritt derselbe ähnliche Fall ein.

Fall 6: Parallelstück liegt unter der Schnittöffnung eines Vorlochers.

Die ausgeschnittenen Putzen können nicht nach unten herausfallen. Der Durchbruch wird bis zur Schnittkante zugestopft. Abbrechen der Stempel. Bei schweren Schnitten ist wegen Verschiebung durch Erschütterung derselben beim Schneiden vorteilhaft, Schmirgelleinen zwischen Parallelstück und Schnittplatte zu legen.

Gruppe III.

Fall 1: Die Stanzerin zieht den Streifen nicht bis an den Anschlag oder Einhängestift.

Es können unganze Teile geschnitten werden. Schwache Stempel drängen dadurch besonders stark von ihrer Richtung ab. Stempel setzen auf die Schnittkanten auf. Abbrechen derselben.

Fall 2: Schnitt ist vor Beginn der Arbeit nicht geölt worden.

Schnitt wird sehr warm während des Schneidens, schnelles Auslaufen der Führung.

Fall 3: Streifen ist nicht gefettet worden.

Schnittkanten werden schneller stumpf.

Fall 4: Streifen klemmt in der Führung.

Streifen ist zu breit geschnitten oder konisch. Streifen bleibt beim Hochgehen der Stempel hängen und kippt. Abbrechen der schwachen Stempel. Schuld trifft den Zuschneider.

Sachverzeichnis

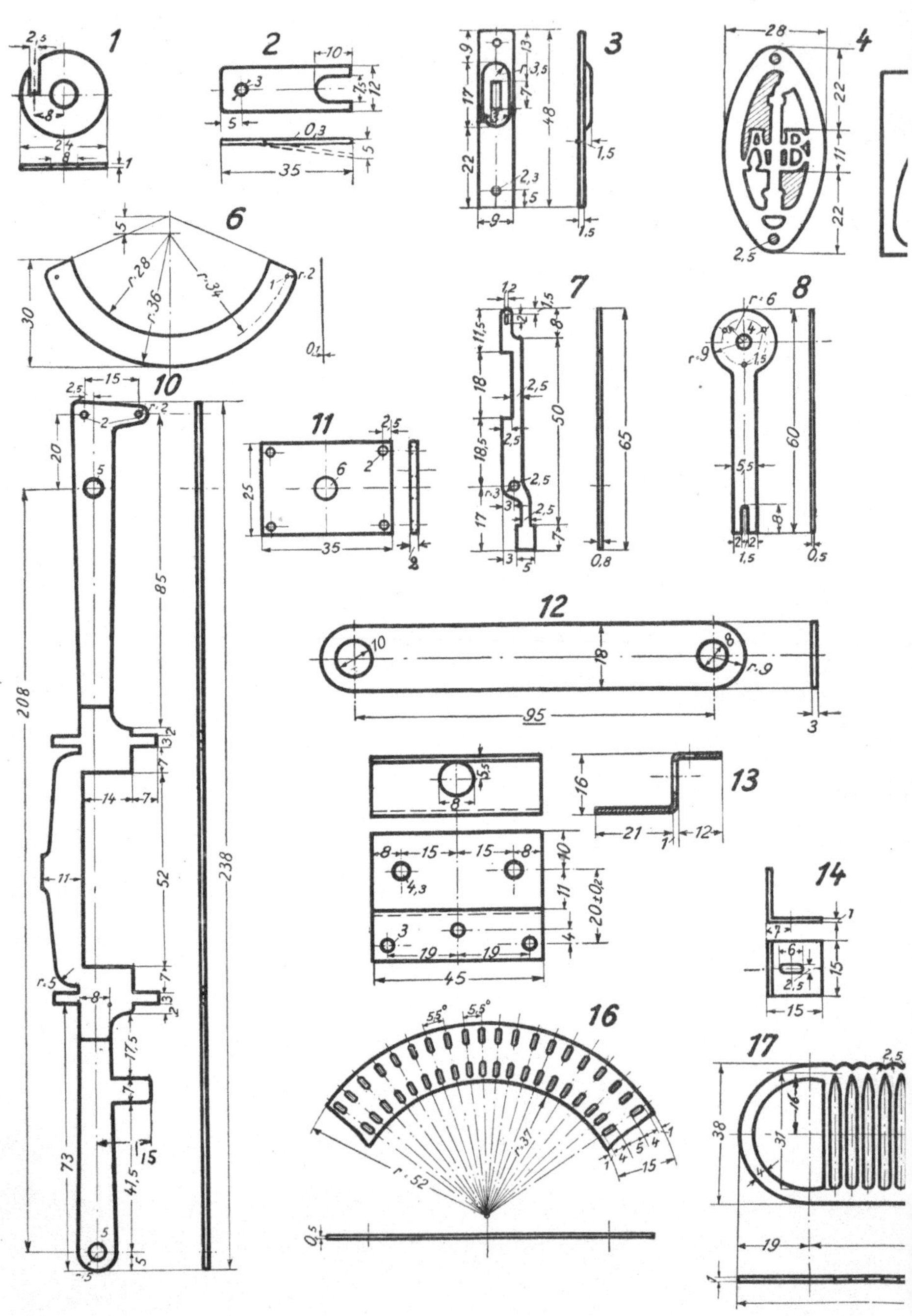

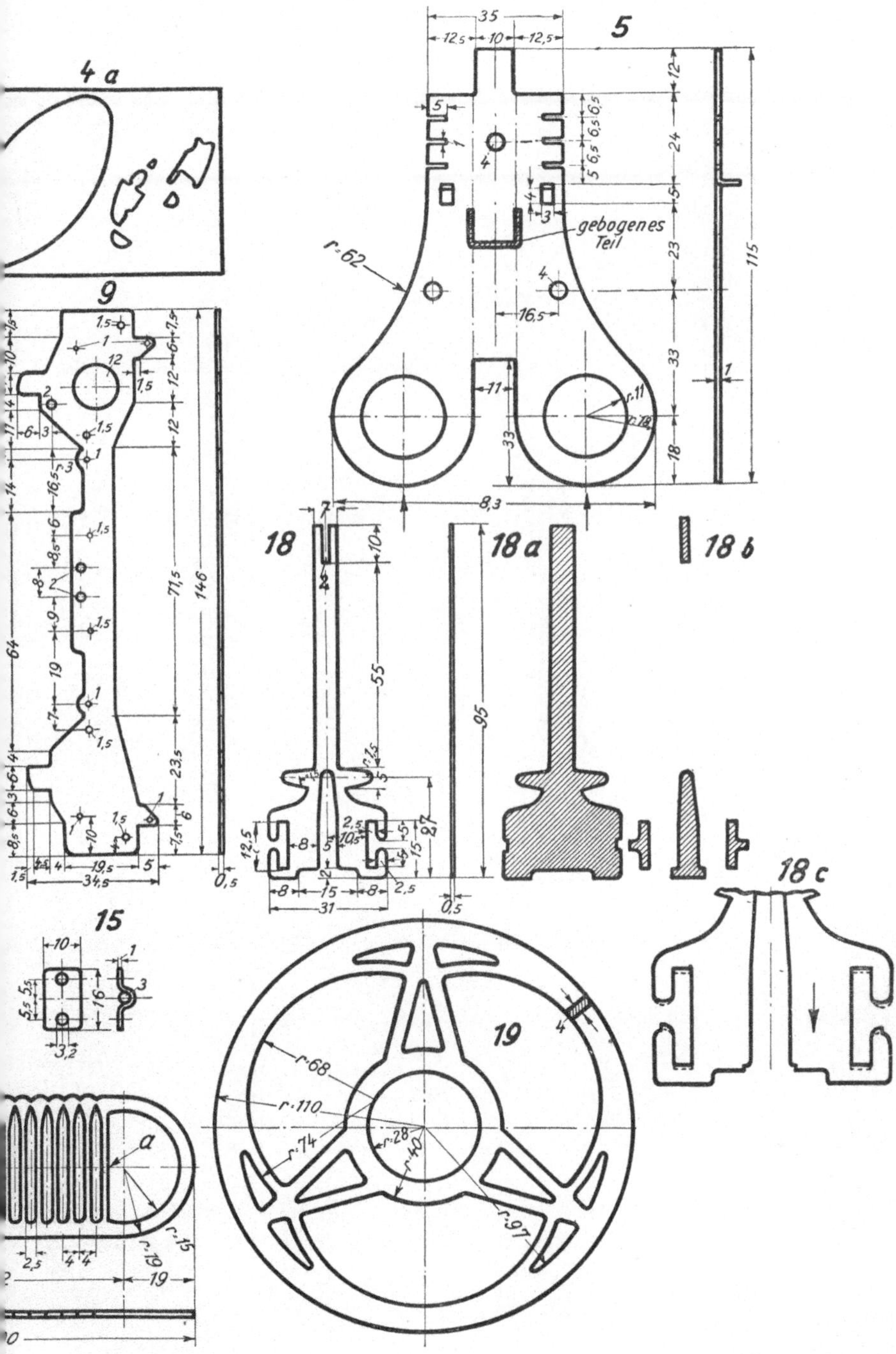

Anleitung zur Wahl der geeignetsten Schnittwerkzeuge (vgl. Seite 165 ff.)

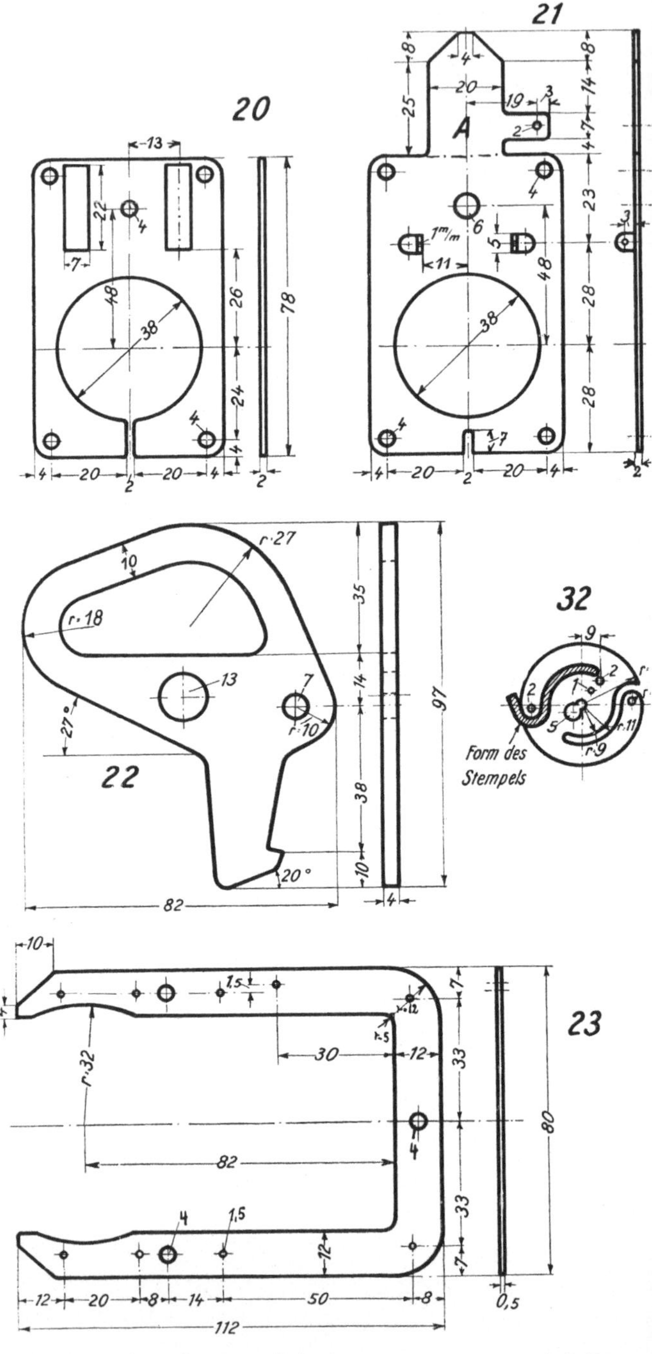

Anleitung :

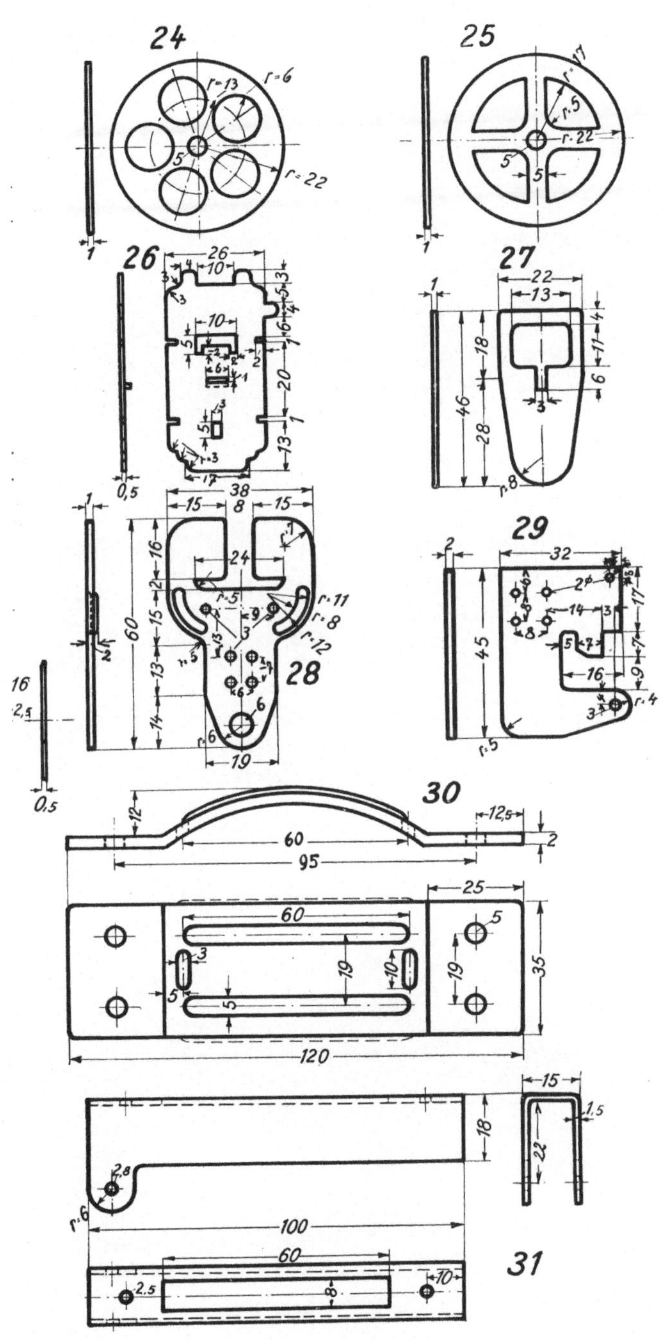

zur Wahl der geeignetsten Schnittwerkzeuge (vgl. Seite 180 ff.)